图文并茂，
超级好理解！

跟着物理学家学物理

东京大学讲师
［日］左卷健男 编著

黎瑞芝 译

世界是建立在物理规律的基础上的

中国青年出版社

主　编 张　鹏
策划编辑 田　影
营销编辑 时宇飞
责任编辑 徐安维
特邀顾问 段成禹
封面设计 乌　兰
插图绘制 [日] meppelstatt

版权登记号: 01-2021-2325

图书在版编目(CIP)数据

跟着物理学家学物理 / (日)左卷健男编著; 黎瑞芝译. -- 北京: 中国青年出版社, 2022.2 (2025.2重印)
ISBN 978-7-5153-6456-8

I.①跟… II.①左… ②黎… III. ①物理学—普及读物
IV. ①O4-49

中国版本图书馆CIP数据核字(2021)第257394号

跟着物理学家学物理
[日] 左卷健男 / 编著　黎瑞芝 / 译

出版发行: 中国青年出版社
地　　址: 北京市东四十二条21号
邮政编码: 100708
电　　话: 010-59231565
传　　真: 010-59231381
编辑制作: 北京中青雄狮数码传媒科技有限公司
印　　刷: 北京博海升彩色印刷有限公司
开　　本: 880mm x 1230mm 1/32
印　　张: 10.25
字　　数: 334千字
版　　次: 2022年2月北京第1版
印　　次: 2025年2月第13次印刷
书　　号: ISBN 978-7-5153-6456-8
定　　价: 69.80元

本书如有印装质量等问题，请与本社联系
电话: 010-59231565
读者来信: reader@cypmedia.com
投稿邮箱: author@cypmedia.com

开篇

请试着把一个苹果放在手上。苹果压着手的同时，是否感觉到手也压着苹果呢？你可能会感受到手被苹果压着，但很难感受到手压着苹果吧？

学习物理时，最先接触的是力学。力学之所以难，主要是看不到“力”。换一种说法，你的手和苹果之间的力的关系，我们用“科学的眼睛”去“看”，就是牛顿第三定律（作用力与反作用力定律）。

推或拉一个物体时，我们和这个物体之间就会产生力的相互作用。此时，作用力与反作用力的方向相反、大小相等。牛顿看到了这一点。

科学家们虽然经历了许多失败，但是他们还是用“科学的眼睛”，从观察和实验中发现了定律和原理。

本书通过讲解50个物理定律和原理，让你轻松快乐地掌握物理学的基础知识。

说到物理，经常会听到有人说教科书索然无味，不是自己的菜（不是喜欢的东西）。

然而，过去的许多科学家也是从身边的简单问题出发，发现了重要的定律和原理。

为了让大家感受到这些科学家的激情，本书通过虚构科学家的访谈，对每一个定律和原理进行讲解。

此外，为了让大家更容易理解高度抽象的物理学原理，我们还加入了梅坡尔施塔特（Mepplstatt）先生的趣味插画、解释图和大量补充说明。相信你们一定会享受和发现这些物理学原理的科学家一起阅读！

同时，我们还讲解了这些定律和原理在现代生活中许多方面的应用。

通过阅读本书，你能够真正感受到“世界是建立在物理规律的基础上的”。

虽然本书中有些定律和原理你们可能听说过，但还有你们不知道的定律和原理哦！本书的结构如下：

- 力和能量篇——物体是怎样运动的？

万有引力定律、牛顿第一定律、牛顿第三定律、能量守恒定律……

- 电磁学篇——无处不在的无形电流

欧姆定律、焦耳定律、弗莱明左手定则、电磁波……

- 波篇——万事万物的传播方式

声音的三要素、惠更斯原理、反射和折射定律、多普勒效应……

- 流体力学篇——气体和液体是如何运动的？

阿基米德原理、帕斯卡定律、库塔-茹科夫斯基定理……

- 热篇——热量是如何产生的？

波义耳-查理定律、热力学第零定律、热力学第一定律、热力学第二定律……

- 微观篇——时间和空间是如何形成的？

原子结构、放射性与放射线、核反应、光速不变原理和狭义相对论……

我们是高中或大学的科学教师和物理教师，一直在推广本质的、易懂的物理教育，试图以一种简洁、严谨、关注细节的风格，从基本原理到最先进的研究成果来讲解物理学，同时维持一定的学术高度。

希望这本书能让那些不擅长物理的人，以及那些在学生时代学过物理，但是现在已经把知识“还”给老师的人，有机会重新理解物理的规律和原理，体会到学习物理的乐趣。

最后，衷心地感谢我的第一个读者绵由里老师，感谢她为本书编辑出版所付出的努力。

作者代表（主编） 左卷健男

目录

力和能量篇

物体是怎样运动的？

伽利略

兰金

迈尔

电磁学篇

无处不在的无形电流

弗莱明

法拉第

麦克斯韦

波篇

万 事 万 物 的 传 播 方 式

惠更斯

斯涅尔

牛顿

夫琅和费

流体力学篇

气 体 和 液 体 是 如 何 运 动 的 ？

热篇

热量是如何产生的？

汤普森

波义耳

麦克斯韦

微观篇

时间和空间是如何形成的？

力和能量篇

物 体 是 怎 样 运 动 的 ？

胡克定律

物体在力的作用下会发生怎样的形变呢？胡克定律是适用于玻璃和金属的了不起的定律。

发现契机！

——“胡克定律”是由17世纪英国科学家罗伯特·胡克先生（1635—1703）发现的。

嗨，我是胡克。我从小就喜欢机械拆解和绘图，擅长机械技术。后来，有幸成为波义耳先生的助手，对，就是那个发现波义耳定律的大名鼎鼎的科学家。之后，我又成为伦敦皇家学会（科学家学会）的实验室负责人。作为实验室负责人，我做了各种实验，从这些实验中发现了胡克定律。虽然人们只关注弹簧，但胡克定律还包含了更为广泛的内容。

——“胡克定律”又称弹性定律。

不仅仅是弹簧，胡克定律适用于所有固体。给物体施加作用力，物体就会发生伸长、缩短、弯曲、扭曲、歪曲、变形等形变，这是各类物体都具有的特性。通过对金属、木块、石头、陶瓷、丝绸、骨骼、肌腱、玻璃等物体进行实验，我证实了形变程度和作用力的大小成正比。这一研究成果最初是以拉丁语字谜的方式公之于众的。

——所有固体都是弹性物体，在施加作用力后会发生形变，撤去作用力便恢复原状。所以，我们也可以把它们理解为弹簧吧？

是的哟。想要弄清建筑物或机械等材料在施加作用力之后会如何变化，这一定律相当重要哦。

原理解读！

- 形变的大小与引起形变的作用力成正比。
- 弹力的大小F与弹簧伸长（或缩短）的长度x成正比，即F、x与常数k的关系如下。

$$F = -kx$$

k称为弹簧的劲度系数，表示弹簧的韧性。x前面添加负号是因为力是矢量，会根据方向不同有正负之分。

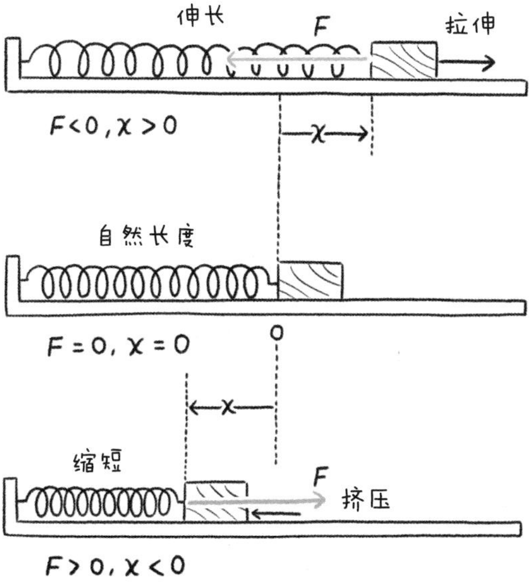

如果向右为正值，向左为负值，那么x为正值时（弹簧伸长时），弹力F方向为左（即为负值）。

x为负值时（弹簧缩短时），弹力F方向为右（即为正值）。

直线倾斜幅度小的弹簧B更易于伸长。

劲度系数k = 弹簧的韧性

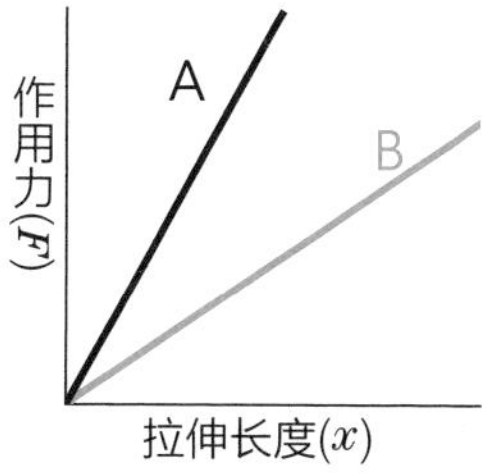

常数k（倾斜幅度）的值越大，发生相同形变所需的作用力就越大。

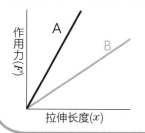

胡克定律适用于所有固体

固体在施加作用力后发生形变，撤去作用力便恢复原状，这一性质称为“弹性”。胡克定律不仅适用于弹簧，也适用于所有弹性固体（线性弹性体）。任何固体在施加作用力时都会发生形变，这是弹性的表现。但是，随着作用力的加大，形变也越来越大，直到物体无法恢复到原来的形状，最终就会形成破坏。在能恢复原状的范围内称为“弹性”，在不能恢复原状的范围内称为“塑性”。图1展示了作用力和形变量的关系。

[图1] 作用力、比例极限、弹性极限和屈服点

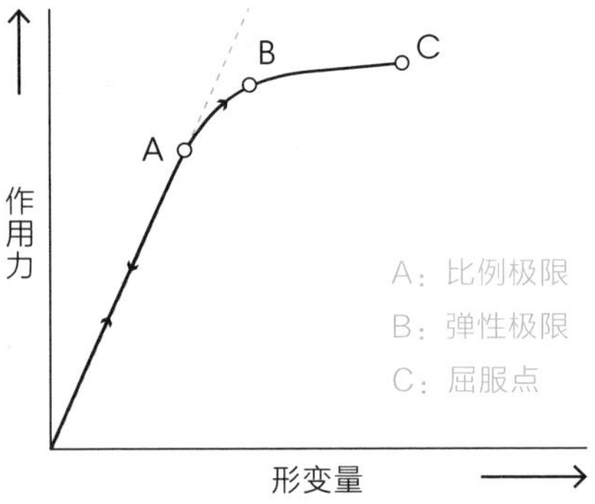
B
C
A
作用力
A：比例极限
B：弹性极限
C：屈服点
形变量

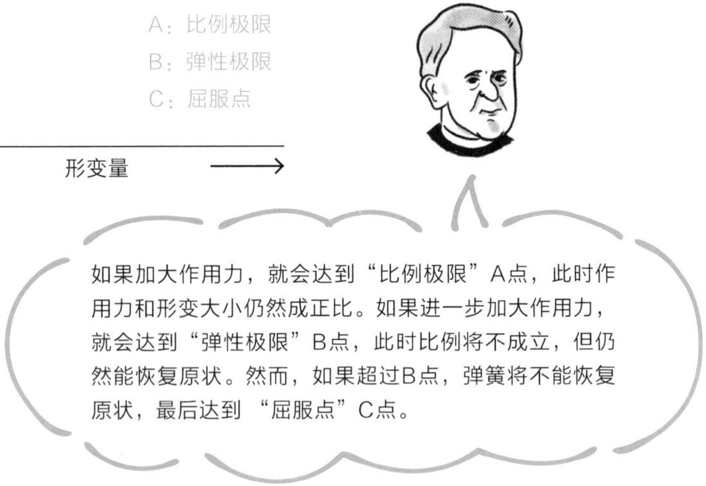
如果加大作用力，就会达到“比例极限”A点，此时作用力和形变大小仍然成正比。如果进一步加大作用力，就会达到“弹性极限”B点，此时比例将不成立，但仍然能恢复原状。然而，如果超过B点，弹簧将不能恢复原状，最后达到 “屈服点”C点。

胡克还研究了这些物体

事实上，胡克总结定律的时候，还证实了这一定律也适用于金属、木

头、石头、陶器、毛发、角、丝绸、骨骼、肌腱、玻璃等其他任何有弹性的物体。

笔者在科学课堂上进行了关于玻璃棒弹性的实验。玻璃棒受力后很容易断裂，但如果将玻璃棒两端水平撑起，中间挂重物，玻璃棒会稍微弯曲，但不至于断裂。取下重物时，玻璃棒会恢复原状。如果增加重物的数量，玻璃棒就会在某一时刻断裂。和其他固体一样，玻璃棒在超过其弹性极限时，会达到屈服点，发生断裂。

如果用手指按压一张结实的钢制办公桌，办公桌会有所收缩，但肉眼看不到。事实上，当每1m^2施加1N的力时，书桌会收缩二十万分之一。

从微观角度分析弹性形变的原因

在固体中，原子、分子和离子的排列方式基本是有规律的（虽然可能存在缺陷）。这些原子、分子、离子都在各自场所振动，如果对它们施加作用力，在施加作用力的地方，它们之间的距离会缩小，停止施加作用力时，它们便恢复原状。这是因为原子、分子和离子之间是相互连接的，就好像有弹簧将它们捆绑在一起。构成物体的微粒是由“弹簧”连接起来的，如图2所示。

[图2] 构成物体的微粒是由“弹簧”连接起来的

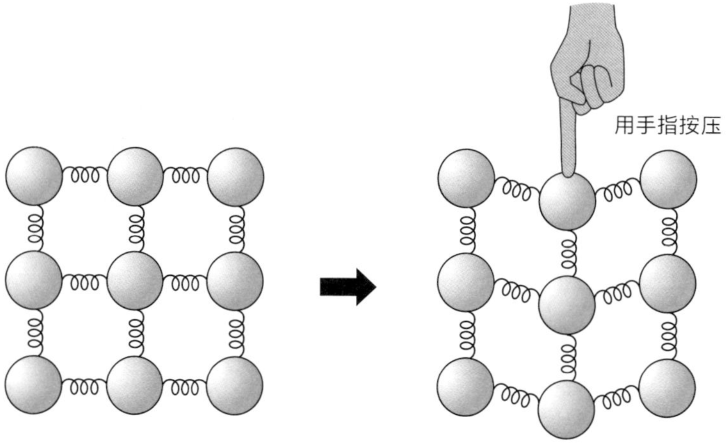

原理应用知多少！

从台秤（弹簧秤）到房屋、飞机和水坝的安全设计

根据胡克定律，弹簧可以测量力的大小。

例如，用0.1N的力拉动弹簧，10cm的弹簧变成了12cm，弹簧被拉伸了2cm。相反，如果弹簧被拉伸了2cm，就意味着弹簧受到0.1N的力。因此，弹簧能够作为工具来测量物体受力的大小，它被活用于测量各种事物重量的秤之中，如图3所示。

例如，在建筑设计领域，**必须掌握材料的弹性性能，才能决定使用哪种材料，以及什么形状和尺寸。**在这种情况下，弹性系数k可以理解为杨氏模量（材料有软硬之分，杨氏模量是描述固体材料抵抗形变能力的物理量）。在房屋、建筑、桥梁、车体、船舶、飞机、堤坝的强度等方面的安全设计中，胡克定律已经成为不可缺少的定律。

［图3］台秤

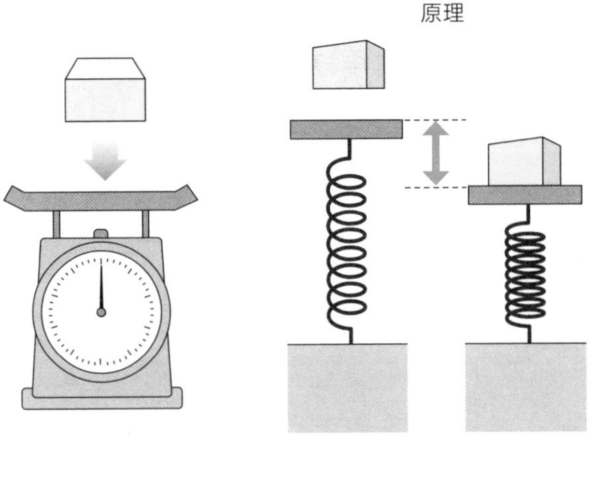

台秤利用的是弹簧的弹力和伸缩性。电子秤则利用力传感器来测量受力时的形变量。力传感器中含有弹性体，受力时，弹性体会收缩，工作原理与台秤的弹簧相同。

趣闻轶事

“细胞”之父—— 胡克

胡克不只发现了胡克定律，还在能放大几十倍的显微镜下观察各种物体，并画出了令人难以置信的详细草图。

关于酒瓶的软木塞，胡克提出了疑问：“软木塞难道不是因为有许多看不见的微小缝隙才浮在水面吗？”“为什么水没有进入缝隙呢？难道有一种特殊的机制可以防止水进入缝隙？”为了解决这些疑问，胡克通过显微镜观察软木塞，发现了网状的小室，并将其命名为细胞（cell）。

其实，胡克看到的并不是我们今天所熟知的细胞，而是细胞壁的残余。但不管怎么说，他成了生物最小单位“细胞”的命名者。

那个被牛顿抹去的人

胡克是一位优秀的实验家，是伦敦皇家学会的秘书，在各个领域都有成就。然而，当牛顿成为皇家学会主席后，胡克的各种实验仪器和画像全部从皇家学会消失了。胡克声称自己是发现光学理论和万有引力定律的人，因此他与牛顿发生了激烈的争论，这让牛顿很不喜欢他。有人认为，牛顿可能已经把胡克的痕迹从皇家学会中抹去了。换句话说，胡克是一个被牛顿抹去的人。但近年来，他又被重新评价。

力的平行四边形定则

力的平行四边形定则也存在于桥梁和人体中，是适用于三个平衡力之间的定律。

发现契机！

——荷兰的西蒙·斯蒂文先生（1548—1620）声称，作用在静止物体上的平衡力适用于力的平行四边形定则。

这个定则是在发明家阿基米德的研究基础上发展而来的，我在1586年出版的《静力学基础》一书中，提出了以下机械装置。在一个两边边长比为1∶2的直角三角形上，等距离挂上14个重量相等的球体，并用绳子把每个球体连接起来，形成一条链子。在这种情况下，链条保持平衡并处于静止状态（第13页）。

——如果三角形的顶点受力平衡，那么“力的平行四边形定则”就成立。是这样的吧？

是的。后来我还发现，如果运动中的物体在受力平衡的情况下，也适用于力的平行四边形定则。

——从高处将两个重量相差10倍的物体同时抛下，它们几乎同时落地。这是您做过的一个实验，我也是因为这个实验知道您的。

这个实验到现在还这么有名吗？我真是太高兴了！

——其实是伽利略的弟子将“伽利略在比萨斜塔上做的落体实验”的消息传开的，然后就……

啊，原来如此。

原理解读！

- 力是有大小和方向的量（矢量），所以可以用箭头表示。当有两个力作用在物体上时，根据力的方向画出一个平行四边形就能得出两个力之和，这两个力合成的力叫合力。

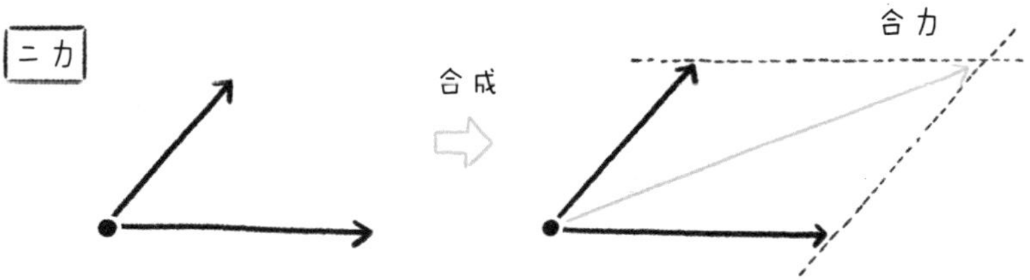

二力
合成
合力

- 如果有三个力相互平衡，那么其中任何两个力所产生的合力都等于剩下的那个力。

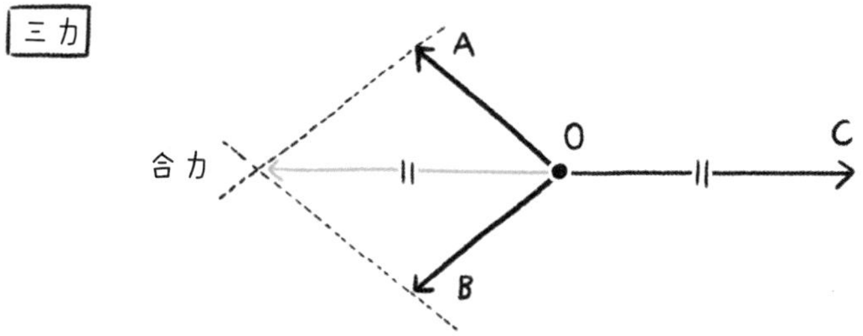

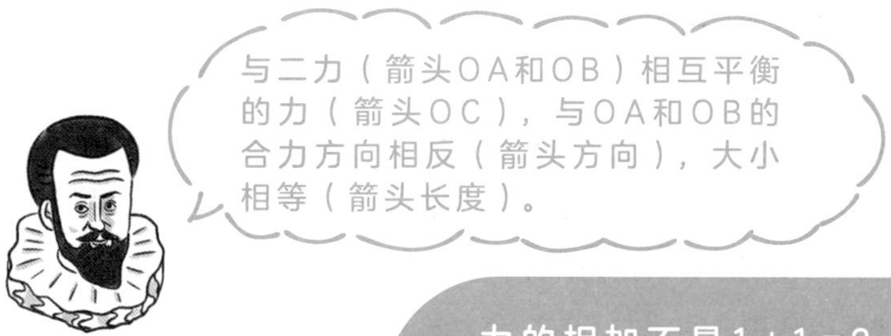

与二力（箭头OA和OB）相互平衡的力（箭头OC），与OA和OB的合力方向相反（箭头方向），大小相等（箭头长度）。

力的相加不是1+1=2。因为它是有大小和方向的，所以要用矢量的相加法则。

二力平衡

当静止的物体受到力的作用并未发生位移时，也就是受到两个大小相等、方向相反的力的作用。此时，二力平衡。

如果静止的物体受到力的作用并发生位移，有可能出现以下情况：

- 只有一个作用力。
- 有两个作用力（物体移动方向上的作用力较大）。

挂在绳子或弹簧上的静止物体，受到绳子或弹簧向上的拉力和重力的作用，且这两个力相互平衡，如图1所示。

［图1］挂在绳子上的物体和桌子上的物体

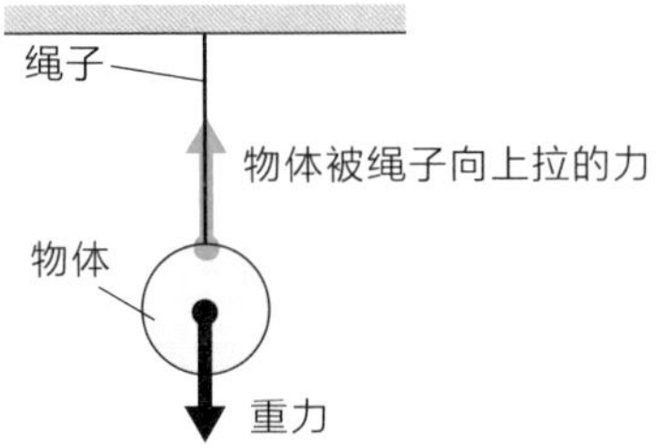

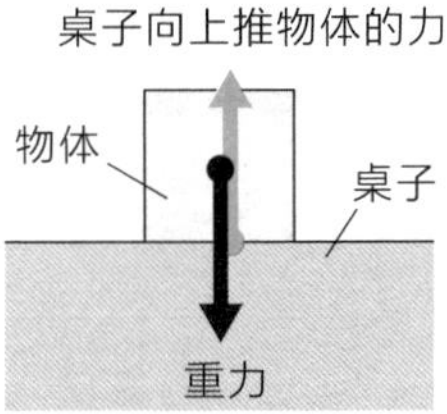

三力平衡

图2用绳子将一个球体从两边挂起，假设两根绳子的拉力分别为F_1和F_2。

当球体被提升到一定高度并保持静止时，作用在球体上的力应该相互平衡。在这种情况下，利用力的平行四边形定则得出F_1和F_2的合力，这个合力与物体的重力相等、方向相反。

虽然作用在物体上的三个力方向不同，但如果它们相互平衡，其中两个力

［图2］三力平衡

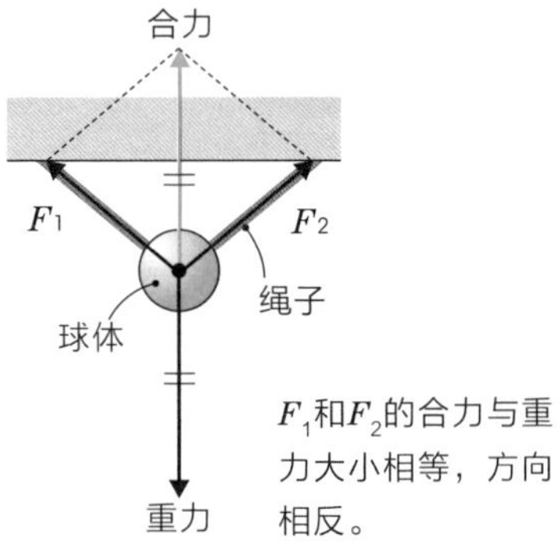

的合力必定与剩下的那个力大小相等、方向相反。

一个力分成两个力

一个力可以分为两个力，这就叫力的分解，分解后产生的两个力叫分力，如图3所示。

力的分解与力的合成刚好相反。二者的区别在于，力的合成只能是将两个力合成一个合力，而力的分解可以根据分解方向的不同，分解成无数个分力。

［图3］计算力*F*的分力

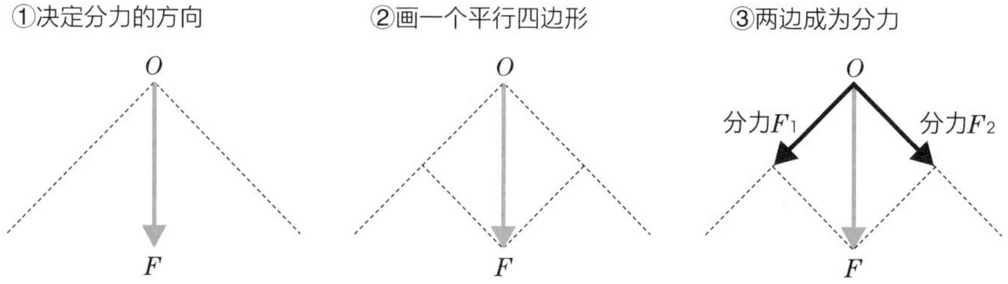

原理应用知多少！

电线为什么会下垂？

电线在电线杆之间不是水平直线拉伸的，总是以松弛的曲线悬挂着，如图4所示。晾晒衣物的长绳也是如此。

这不是有意为之，而是必须要这样的。

F_1和F_2的合力必须等于重力才能平衡。F_1和F_2之间的角度越大，F_1和F_2

［图4］作用在电线上的力

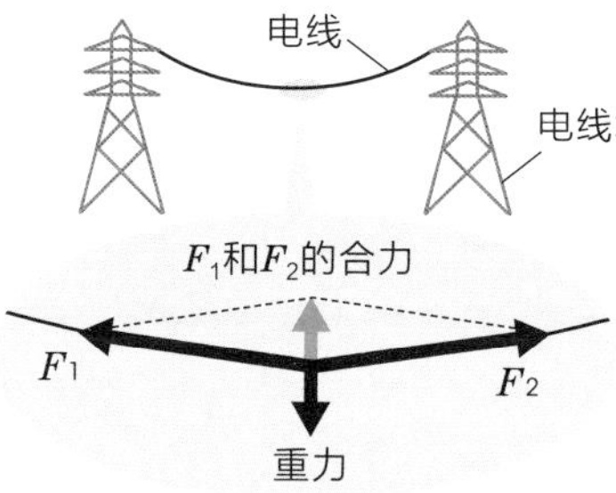

的力就越大，角度为180度时，无论F_1和F_2的力有多大，合力都为零，所以电线不能水平直线拉伸，否则无法承载电线的重量。

建筑中常见的拱形结构

用砖头或石块砌成的拱形，称为拱形结构。我们一般可以在桥梁或其他建筑中看到它。

建造拱形结构时，从边缘开始依次堆放石块，最后打入的石块，称为钥石。钥石起到稳固拱形结构的作用，如图5所示，钥石被两边的石头挤压着，这个挤压的合力与钥石所受的重力相互平衡。

拱形结构可以抵抗来自上方的力，这正是它适合建造桥梁的原因。但是，如果这块钥石碎了，桥梁所受的力就会失去平衡，导致桥梁崩塌。

大家都知道，拱形结构即使不用砖头和石头，强度也很高，所以除了桥梁之外，在其他建筑领域都有使用拱形结构，比如修建隧道和水坝。

人体也存在拱形结构，那就是脚。一只脚有三个主要的足弓结构，如图6所示，分别有利于前后方向、左右方向和水平旋转方向的姿势控制。典型的是脚底的拱形结构，它在两脚直立行走时，可以支撑身体的重量。拱形结构的作用就像弹簧一样，可以缓冲对脚的冲击。

[图5] 建筑中使用的拱形结构

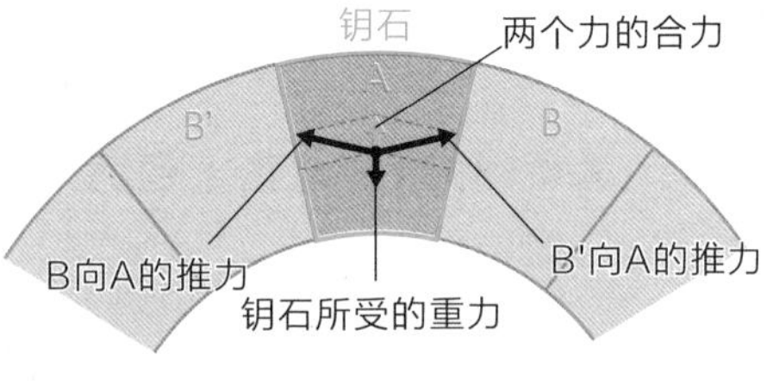

[图6] 足弓结构

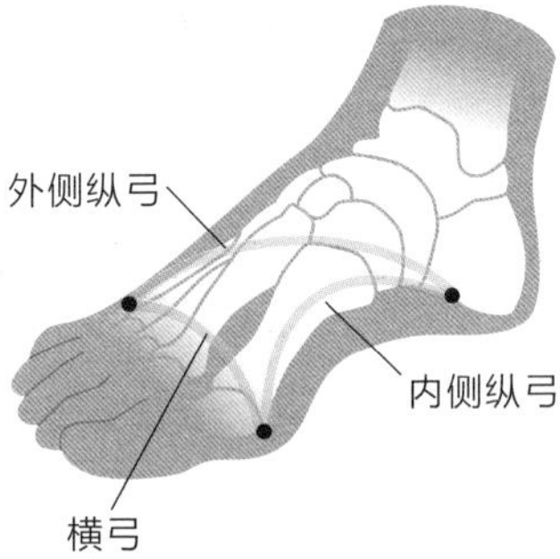

趣闻轶事

斯蒂文的机械装置

斯蒂文在《静力学基础》中提到的机械装置是："在一个两边边长为1:2的直角三角形上，等距离挂上14个重量相等的球体，并用绳子把每个球体连接起来，形成一条链子。"链子上有14个球，让4个球在长边上，2个球在短边上，8个球垂在三角形下方，如图7（a）所示。此时，依他所说，"链条是相互平衡的，所以机械装置处于静止状态"，但实际上会是怎样的呢?

垂下来的8个球，左右两边对称各放置4个球，则这个部分相互平衡。所以，如果从链条上取下这8个球，整体不会有任何影响。也就是说，剩下长边的4个球和短边的2个球，依然处于静止状态，是相互平衡的。

长边的长度是短边的2倍，链条的重量也是短边的2倍。同时，它们之间的力又是相互平衡的，也就是说"边长之比=边上重量之比"，通过图7（b）我们可以知道这是成立的。

［图7］斯蒂文的机器

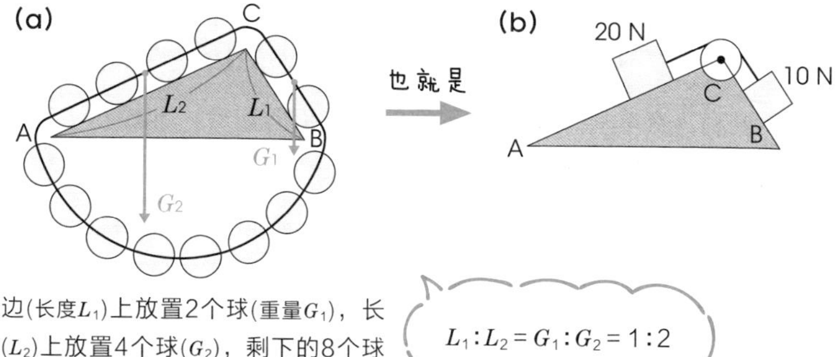

短边(长度L_1)上放置2个球(重量G_1)，长边(L_2)上放置4个球(G_2)，剩下的8个球垂在三角形的下方。

$$L_1 : L_2 = G_1 : G_2 = 1:2$$

物体是怎样运动的？

艾萨克·牛顿

万有引力定律

所有物体相互吸引，是在地球和宇宙中都成立的定律。

发现契机！

——万有引力定律是艾萨克·牛顿先生（1642—1727）发现的，并于1687年在他的《自然哲学的数学原理》中发表。

我的发现得益于前辈们的努力。第谷·布拉赫先生（1546—1601）在望远镜尚未发明的时候，就记录了30年的高精度行星数据。约翰内斯·开普勒先生（1571—1630年，第50页）利用这些资料认识到行星绕行轨道是椭圆的，并提出开普勒三大定律。多亏了他们，我才发现了万有引力定律。

——这应该不是“看见苹果掉落就发现定律”那么简单的吧？

当时，人们只把力看成是物体与物体接触时相互作用的“接触力”。因此，像万有引力这样遥远物体之间相互作用的“非接触力”，被批判为“神秘主义”。

——听说有人在实验室里证实了您的万有引力定律，并找到了万有引力常数，计算出了地球的质量。

在我那个年代，我认为地球上两个物体之间的引力非常小，因此不可能真正计算出这个力。知识的接力真是神奇啊！

原理解读！

- 万有引力是作用在所有物体之间的引力。
- 两个物体之间引力的大小与它们的质量乘积成正比，与它们距离的平方成反比。

$$F=G\frac{Mm}{r^2}$$

F为万有引力，G为万有引力常数，M为物体1的质量，m为物体2的质量，r为物体间的距离。
万有引力常数$G=6.67\times10^{-11}N\cdot m^2/kg^2$

- 万有引力主要运用在超大质量的物体之间，是天体间相互吸引的力。在地表上，它是导致物体坠落的力（重力）。

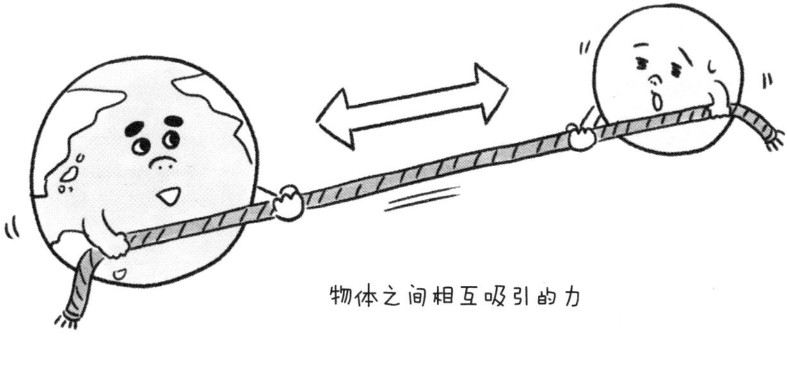

物体之间相互吸引的力

该引力与两物体的化学本质或物理状态以及中介物质无关。即使中间存在第三个物体，该引力也不会受到干扰。

万有引力是作用在所有有质量的物体之间的一种力。

天体也受到万有引力的作用

万有引力是艾萨克·牛顿在17世纪发现的，是一种作用在所有有质量物体之间的力。

比如，人和人之间也有引力，但由于该引力太弱，我们无法感受到它的存在。质量越大，万有引力就越大，所以我们和地球之间的引力很大，但我们个体之间的引力很小，无法感受到它的存在。

由于地球与地球上的物体之间存在着万有引力，所以地球上的所有物体都被拉向地心。如果物体没有支撑，就会落地。

重力是地球拉动地球上的物体向地心移动的力。重力和地球的万有引力是同一个力吗?

准确地说，重力是“由于地球的吸引而使物体受到的力”，是地球万有引力的一个分力。在赤道上离心力会达到最大值，大约为引力的1/290。在大多数情况下，我们可以忽略离心力，所以可以放心地认为地表附近物体所受重力大小等于物体所受万有引力大小。

如果在月球上，我们的体重将是地球上的六分之一。因为在月球上的重力只有在地球上的六分之一，所以即使我们穿着又大又重的太空服，也可以轻松跳跃。

此外，在天体世界中，天体之间也会相互吸引，比如地球与月球、太阳与地球。图1为地球和月球之间万有引力大小。

[图1] 地球和月球之间万有引力的大小

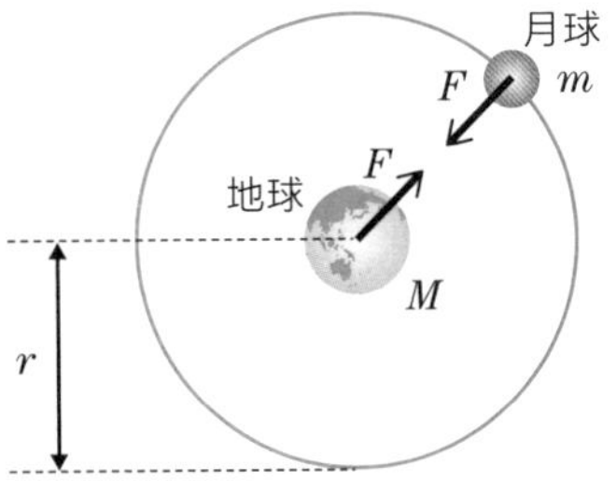

$$F=G\frac{Mm}{r^2}$$

r：地球与月球的平均距离为3.84×10^{8}m

M：地球的质量为5.97×10^{24}kg

m：月球的质量为7.35×10^{22}kg

G：万有引力常数为6.67×10^{-11} N·m²/kg²

F：万有引力的大小为1.98×10^{20}N

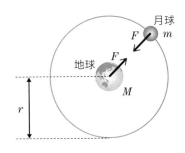

原理应用知多少！

知道了地球的质量

牛顿认为，可以在实验室测量万有引力，并计算出万有引力常数。然而，在牛顿的时代，精确测量微小的万有引力是相当困难的。

第一个做到这一点的是英国人亨利·卡文迪许（1731—1810），他生于牛顿去世后的第四年。父亲和伯母的巨额遗产让他成为英格兰银行最大的储户。虽然拥有巨额财富，但他对金钱一点兴趣都没有，只专注于科学研究。

卡文迪许为了计算万有引力的大小，1797—1798年间，在实验室进行了大规模的实验。他在一根183cm长的木棒两端各接上一个730g的小铅球，并用铁丝将木棒挂起。然后，在距离小铅球22.9cm的位置放置158kg的大铅球，并测量使木棒偏转的铅球之间的引力，如图2所示。由于测量的引力非常小，所以他非常小心，在这个实验上花费了将近一年的时间。因为单是在放置仪器的房间里窃窃私语就会干扰实验，所以他通过望远镜在隔壁房间的洞口读取偏转的位移。**铅球之间的引力非常微弱，大约是一个小铅球感受到的重力值的五千万分之一。**

由于已经知道了地球的半径，所以卡文迪许通过实验可以计算出地球质量为60垓吨（60兆吨的1亿倍），地球平均密度为5.448g/cm^3，并于1798年将其公之于众。地球的质量就是在这样的实验室里计算出来的。

［图2］卡文迪许的实验

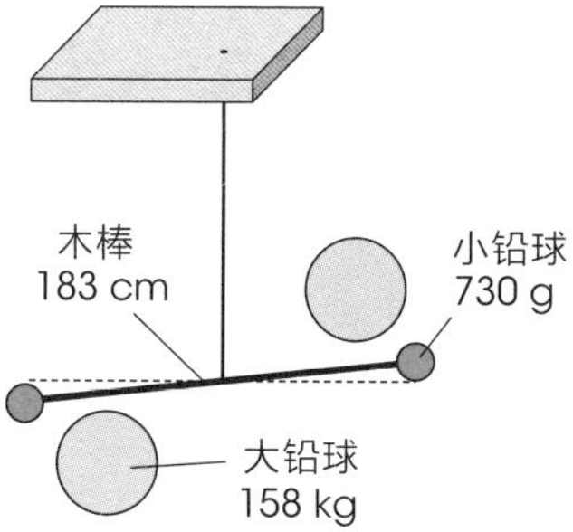

趣闻轶事

画一幅肖像有多难

卡文迪许是一个非常古怪的人，终生未婚。他性格紧张、腼腆且不喜欢异性，总爱穿着老式的衣服。据说，“他一生的目标是不引起他人的注意”。他非常不喜欢异性，不仅把一个与他有眼神交流的女佣打发走了，还因在楼梯遇到过一个女佣，而立刻在后院建了女性专用楼梯。

伦敦大英博物馆里仅有他一幅画像。画家亚历山大知道卡文迪许要参加皇家学会的午餐会，于是对皇家学会主席班克斯说：“请您邀请我参加午餐会吧，并让我坐在总能看到卡文迪许先生的地方。”班克斯同意了该请求。因此，亚历山大勾勒出了卡文迪许的身姿和面容，如图3所示。

［图3］卡文迪许的肖像

牛顿的苹果树

万有引力定律的发现，似乎是受到了与太阳和行星运动相关的开普勒定律的启发。

关于万有引力定律，有这样一则故事："牛顿看到一个苹果从苹果树上掉下来，就提出了万有引力的概念。"这一说法，在牛顿发现万有引力的时候，没有任何文字记录和实物证明。

牛顿在发现万有引力很久之后，似乎是为了在与罗伯特·胡克的争斗中先发制人，才对他的朋友和亲戚讲这样的故事。在牛顿去世的那一年（1727年），法国作家伏尔泰在他的文章中，讲述了他从牛顿的侄女那里听来的一则轶事："牛顿在花园里工作时，看到一个苹果从苹果树上掉下来，从而产生了第一个关于重力的想法。"

不幸的是，牛顿出生地的那棵苹果树枯萎了，但在它死之前，通过嫁接长出了新的苹果树。如今，牛顿的苹果树作为接穗树向世界各地的学校和科学相关设施地发放。

牛顿第一定律（惯性定律）

紧急刹车停不下来，是物体试图保持原来运动状态的规律，即惯性定律。

发现契机！

——牛顿第一定律（惯性定律）是意大利科学家伽利略·伽利雷先生（1564—1642）发现的！

这个规律与我所倡导的日心说有很大关系哦。

——当时的主流理论是地心说，认为“太阳每天围绕地球转一圈，太阳等天体都在剧烈运动着”。

那时候大家都认为“与地上不同，天上的天体被上帝赋予了‘完美球体’的性质，太阳等天体具有永恒运动的性质”。哈哈。

——伽利略先生发明了望远镜，通过观察月球和太阳，发现月球存在不规则的地方，太阳也存在太阳黑子，还有四颗像月球一样围绕木星运行的行星。这些发现对那些主张地心说的人是一个很大的打击吧？

对的。“天体的运动是永恒的”这个事实，就是对我的惯性定律最好的证明呀！

——当初提出日心说的时候，有人强烈反对，他们认为：“如果地球自西向东旋转，那么从高处掉下来的石头不应该直接掉在正下方，而应该向西偏移。”

当然咯，难道实际上没有偏移吗？这可以用我的惯性定律来解释的。所以惯性定律成了对批评日心说的反驳呀。

原理解读！

- 任何物体都要保持匀速直线运动或静止状态，直到外力迫使它改变运动状态为止，这就是惯性定律。
- 牛顿运动定律的第一定律。

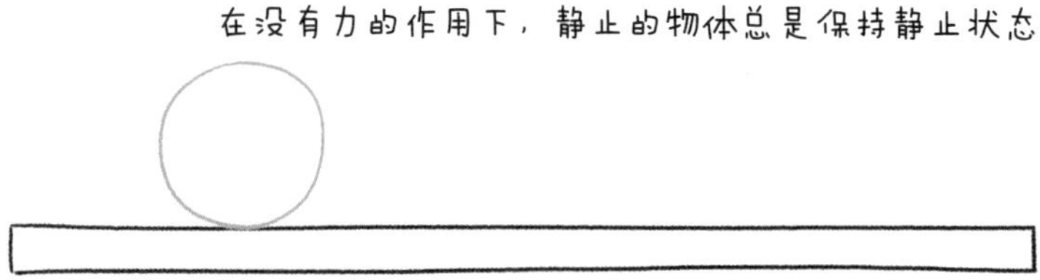

在没有力的作用下，静止的物体总是保持静止状态

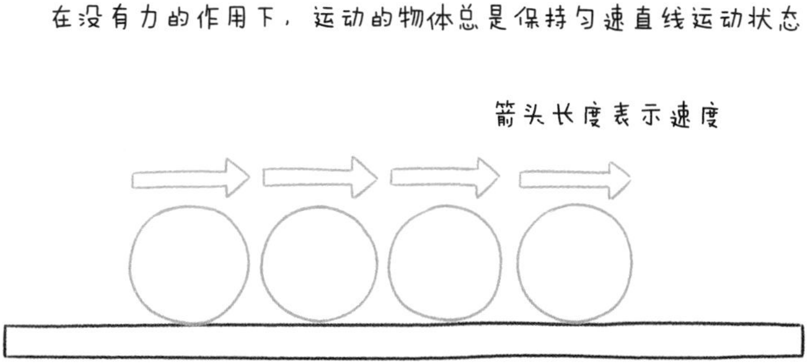

在没有力的作用下，运动的物体总是保持匀速直线运动状态
箭头长度表示速度

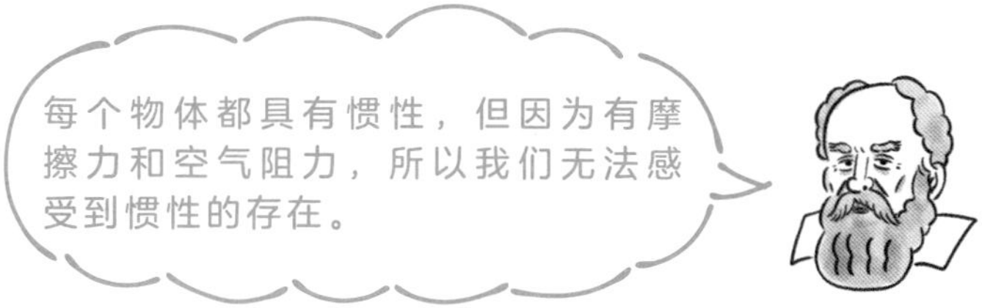

每个物体都具有惯性，但因为有摩擦力和空气阻力，所以我们无法感受到惯性的存在。

物体依据自有惯性，可以保持静止或匀速直线运动。

物体的惯性和惯性定律是什么？

由于摩擦力在日常生活中很常见，所以我们很少会遇到物体不受任何力的作用、一直做匀速直线运动的情况。

然而，每个物体都有惯性，并符合惯性定律。只是因为摩擦力和空气阻力的原因，所以我们无法感受到它的存在。

惯性定律是自然存在的，反过来也是如此。

如果一个物体做匀速直线运动，那么作用在它身上的所有力完全平衡，总合力为零。

例如，在图1中，重力和升力（向上作用的力，将飞机的机身向上推），以及推力（推动飞机前进的力）和阻力，它们作用在匀速直线运动的飞机上，而且是相互平衡的。

[图1] 作用在飞机上的力

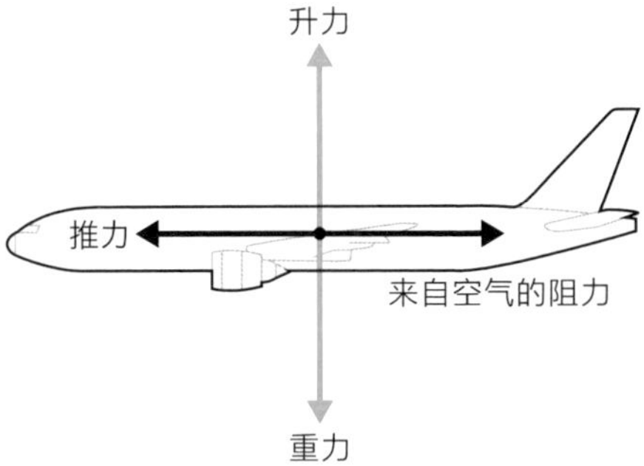

在行驶的火车上跳起来，为什么还能落在原地？

如果你从地上直接跳起来，就会落回原地。当你在奔驰的火车上跳起来时，也会发生同样的情况。为什么会这样呢?

地球是自转的，以北京为例，北京以每小时1400km的速度向东移动。那么，时速1400km的计算方法如下：

由于地球的自转，会向东旋转。北京在旋转后回到原地需要1天的时间，行驶的路程约为33000km，1天为24小时，所以速度为33000km÷24h≈1400km/h。北京附近的人们作为“地球号列车”的乘客，现在正体验着1400km的时速。

那么，你从地上直接跳起来，落脚点会在哪里呢？如果忽略空气阻力，自由落体4.9m需要1秒。1400km/h的时速比4.9m/s快了约1382km/h，所以跳高30cm会让我们向西移动24米，如图2所示。但是无论我们跳多少次，总是会回到原地。

原因是跳起来时，从到达最高点再到地面，我们是以地球自转的速度，即1400km/h的速度随地球一起旋转的。跳跃前与地球一起旋转的速度，与跳跃后的速度是保持不变的。

［图2］在地球上跳跃

原理应用知多少！

交通事故与惯性定律

“请勿突然冲出马路，车辆无法立即停止”，这句交通安全标语很好地诠释了汽车的惯性。

当汽车或火车突然启动时，乘客很可能会向后倾倒。这是因为乘客具有惯性，要保持原来的静止状态，但车辆却脱离了原来的静止状态，并向前行驶。

反之，当汽车或火车突然停下时，乘客很可能会向前倾倒。这是因为车辆想减速停车，但乘客却要保持原来的运动状态。

坐车时如果突然刹车，身体很可能会因为没有系安全带而撞到方向盘或挡风玻璃，或者被甩出车外。在安全带还没有被广泛使用之前的交通事故中，医院经常会对脸部被方向盘或挡风玻璃击中的受害者进行缝合手术。

趣闻轶事

伽利略惯性定律的实验证明

伽利略在他的《关于两门新科学的对话》中提到的惯性定律是根据以下实验得出的。

如果把一个铅球挂在绳子上，让它从C点开始摆动，球会经过B点到达与C点高度相同的D点，然后返回。但是，如果用钉子敲进E点，绳子就会被挡在那里，球则从B点以不同的弧线到达G点并返回。如果钉子在F点，球则会到达I点并返回。

反之，如果把球放在D、G、I三点的任意一点开始摆动，必定会到达C点，如图3所示。

换句话说，从同一高度落下的物体，无论其路径如何，都会返回同一高度后再落地。

从这个实验中，伽利略证明了“一个物体从某一高度落下时获得的‘动能’可以使该物体上升到同样的高度”“物体的‘动能’具有与高度相对抗的能力，并不会自然消失”。

［图3］当钉子挡住球绳时……

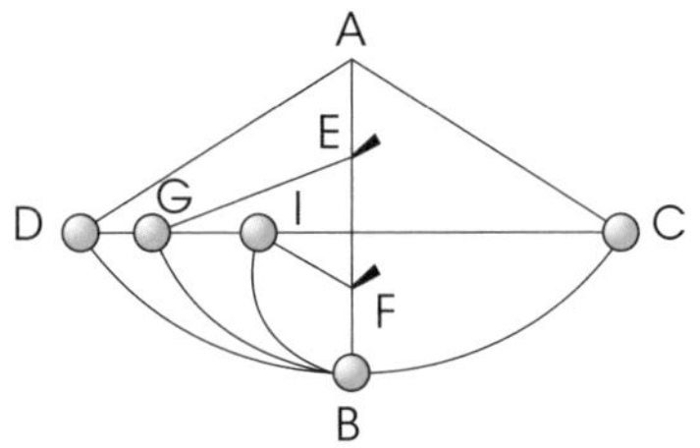

还有一个球从斜坡上滚下来的实验。如果忽略阻力，一个球从斜坡上滚下来后会回到原来的高度。假设将小球上升的斜坡的倾角减为零（即水平），小球将会无限前移，如图4所示。

［图4］伽利略的斜坡实验

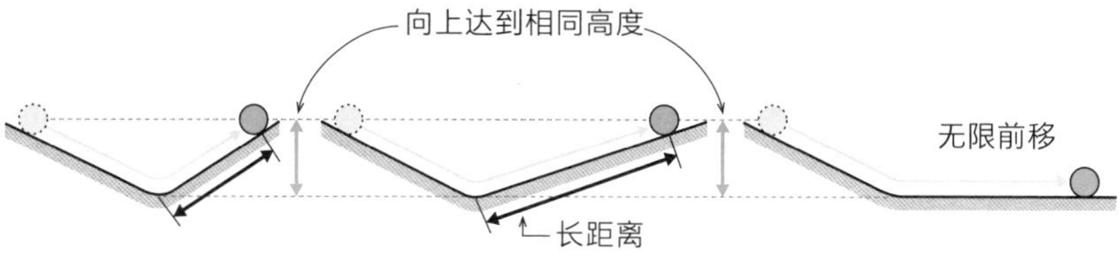

没有摩擦力或空气阻力的宇宙空间是怎样的？

看向地球之外，没有摩擦力和空气的世界，那便是宇宙空间。在没有摩擦力和空气阻力的宇宙，任何运动的物体都会无休止地运动，不会停止。

太空探测器一旦利用燃料脱离地球引力，惯性就会使它们保持匀速直线运动。太阳系自诞生以来，在大约46亿年的时间里，地球等行星，一直在银河系的太空中运动。

如果从载人飞船上将水倒在飞船外，会发生什么呢?

瞬间，它们就被冻住并散成无数冰滴，在阳光的照射下，闪耀着彩虹般的光芒。只是，冰滴会飞散到很远很远的各个地方。

其实，在某次航天飞机的舱外活动过程中，曾发生过这样的意外，宇航员不小心松掉了手中的维修工具，却无法将其取回了。

物体是怎样运动的？

艾萨克·牛顿

牛顿第二定律（运动定律）

从步枪到新干线，关于物体运动的基本定律。

发现契机！

——牛顿第二定律（运动定律）是牛顿先生发现的，并发表于1687年出版的《自然哲学的数学原理》中。

哎呀呀，从编写稿件到出版，我花了7年的时间。

——这本书由三卷组成，总结整理时一定很困难吧。听说这本书是当时动力学的结晶。

我觉得总结的时候还挺顺利的。顺便说一下，我在这本书中还介绍了万有引力定律哦（第14页）。

——对了，现在有一个国际标准化的单位体系，叫国际单位制，它是以长度（米，m）、质量（千克，kg）、时间（秒，s）为基础构成的。在国际单位制中，为了表示对牛顿先生的尊敬，力的单位以“牛顿（N）”命名。1N的力是指“质量为1kg的物体，产生1m/s^2加速度的力”。

这是我的荣幸啊！他们怎么会选择我呢？还有其他伟大的科学家呀！

——这是因为牛顿先生在光学、微积分、万有引力定律、运动力学等方面都有划时代的发现。最重要的是，牛顿第二定律给我们提供了力的基本“运动方程”！

原理解读！

- 物体加速度的大小跟作用力成正比，跟物体的质量成反比（与物体质量的倒数成正比），加速度的方向跟作用力的方向相同。这就是所谓的牛顿第二定律。
- 质量m（kg）、加速度a（m/s^2）、力F(N)，牛顿第二定律用以下公式表示。

$$ma=F \text{ 或者 } a=\frac{F}{m}$$

加速度用字母a表示，来自英文 acceleration 一词的首字母。

这个方程式叫作“运动方程”。

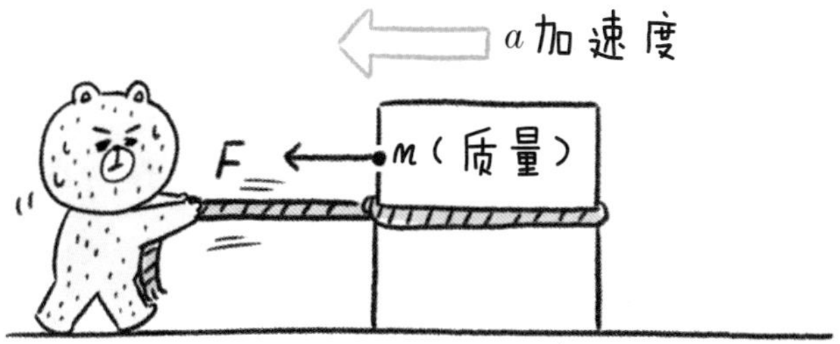

假设物体与地面之间没有摩擦。

如果继续用力F拉动物体，它将以加速度a做匀加速度运动。

当物体受到力的作用，物体会向作用力的方向产生加速度。

什么是加速度？

速度大家最熟悉不过了，但加速度是一个很难感觉到的量。加速或减速时（在汽车上踩油门或刹车时），可能会感觉到身体被压在座椅上，或者被甩向前方，这便是间接感受到的加速度。

加速度表示加速或减速时，单位时间（1秒）内速度变化的程度。

计算加速度的公式为：加速度=速度变化量÷时间。移动某段区间（1→2）的加速度可以用速度（v_2-v_1）之差和时间（t_2-t_1）之差来计算。

时间的单位为s，速度的单位为m/s，所以加速度的单位为m/s^2（米每二次方秒）。

牛顿第二定律的含义是什么？

从牛顿第一定律来看，一个物体如果不受任何力的作用（或受几个力的作用，但加在一起总的合力为零），就会保持静止或匀速直线运动。

那么，当一个物体受到外力的作用时，会发生什么呢？答案是牛顿第二定律！

该方程式表示为$ma=F$（质量×加速度=力），或者表示为$a=F/m$。换句话说，如果把从外部施加在物体上的力F（单位为$N=kg\cdot m/s^2$）除以物体的质量m（单位为kg），就得到加速度a（单位为m/s^2）。

如果将一根火柴棒放到吸管里并吹气，火柴棒就会弹出来。那么，用一根吸管吹和用两根吸管连起来吹，哪种吹法能使火柴棒飞得更远呢？

真正尝试后，你会发现，两根连起来较长的吸管会让火柴棒飞得更远。因为吸管越长，火柴棒受气息的作用时间就会越长，所以速度不断增加，离开吸管时的速度就会越大，如图1所示。

这也说明短枪（手枪）和步枪的区别。步枪的子弹初速度比短枪的子弹初速度要大，它的飞行距离也更远。根据枪支和子弹的不同，短管手枪的初速度为250～400m/s，步枪的初速度为800～1000m/s。这是因为短枪和步枪相比，步枪能够持续地力→加速、力→加速……

相同质量的物体所受的作用力和加速度之间存在着一种关系：物体的加速度与它所受的作用力的大小成正比。

［图1］作用在火柴棒上的加速度

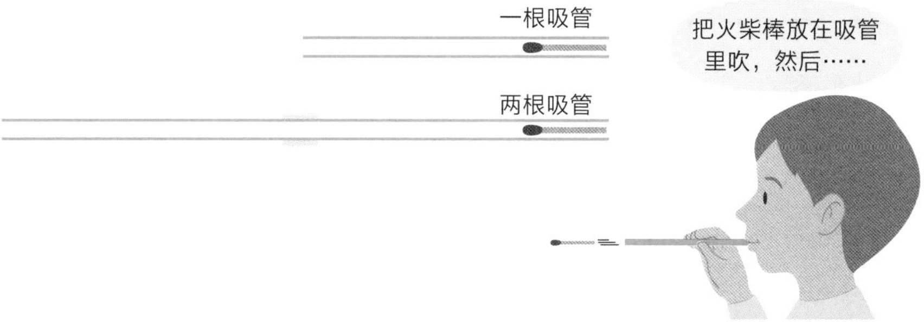
一根吸管
两根吸管
把火柴棒放在吸管里吹，然后……

物体的质量与加速度之间有什么关系？

下沉运动是“在地球引力的作用下速度增大的运动（加速运动）”。在没有空气阻力时，初始速度（称为初速度）为零时的下沉运动称为自由落体。

在空气阻力忽略不计的情况下，从相同高度自由落体的两个物体会同时落地。

在学校的科学实验中，你有没有见过以下实验呢？一个铁球和一根羽毛分别放在玻璃管中。当管子倒过来时，铁球立马就会落下来，但羽毛却慢慢地飘落下来。

但如果接上真空泵，将玻璃管内的空气抽除后再做同样的实验，铁球和羽毛就会同时落下来。

和以上实验相同，一个质量为100g的物体和一个质量为1kg的物体在真空条件下也会同时落地。它们同时落地就意味着具有相同的加速度。

只考虑重力的话，由于1kg物体的重力比100g物体的重力大10倍，所以加速度也应该大10倍。既然1kg物体的加速度与100g物体的加速度相同，那么一定有什么东西能干扰1kg物体的加速度增大10倍。

干扰加速度的东西就是“质量”。1kg的物体对加速度的干扰是100g物体的10倍，所以它们能同时落地。事实上，加速度的大小与受力大小成正比，与其质量的大小成反比。

失重通常指的是无重力或微重力状态，宇宙飞船所处的距离是受地球引力影响的，重力还在起作用。因此，该宇宙飞船处于微重力状态。在失重状态下的宇宙飞船中，100g和1kg的物体都会飘浮在空中。然而，当你试图移动它们时，1kg的物体需要多加10倍的力才能移动。质量是干扰加速度的一个要素，这也代表了移动它的难度。

因此，要测量失重状态下宇宙飞船中物体的体重（质量），就要用移动的难度来测量。具体来说，当弹簧被推回时，收缩弹簧的动量可以换算为体重。

原理应用知多少！

对牛顿第二定律的思考①：新干线

静止的新干线达到最大速度需要多长时间？需要跑多远？

虽然新干线的时速可以达到300km/h以上，但实际上它的运行速度往往在200km/h左右，所以假设它的运行速度是288km/h。

时速288km也就是秒速80m。因为新干线出发时的加速度约为$0.5m/s^2$，所以从静止到80m/s需要的时间为：时间=速度÷加速度=$80m/s \div 0.5m/s^2=160s$，即2分40秒。由于这段时间以平均速度40m/s的速度行驶，所以达到80m/s的速度所行驶的距离为：距离=速度×时间=$40m/s \times 160s=6400m$，即6.4km。

所以，新干线在启动后几分钟内就能达到最高速度。

对牛顿第二定律的思考②：游乐园的热门项目

游乐园的娱乐项目之一“跳楼机”，是一种以接近自由落体的速度直线下降的游乐设施。在英语中freefall一词的意思是自由落体（物体在只受重力的作用下落下的现象），所以直接用这个词来命名“跳楼机”这一娱乐项目。

在很多游乐园里，将载有人的太空舱拉到40m左右的高度，即大约是一栋楼的11层高度，太空舱在没有支撑的状态下，一下子就掉了下来。

40m高度的自由落体大约需要2.9s的时间，所以计算出的速度是28m/s，也就是大约101km/h，如图2所示。而实际上，最大的速度大约是90km/h，因为空气阻力和最后阶段的减速会使之变慢。

在自由落体过程中，可以体验到失重的感觉。这是因为产生了与重力反向的惯性力。

身体在最后的减速过程中之所以会受到挤压的作用力，是因为惯性力的产生方向与重力相同。这时作用力的大小通常用重力加速度*g*的倍数来表示。例如，如果是重力加速度的5倍，则用5g表示。

［图2］在跳楼机上自由落下时

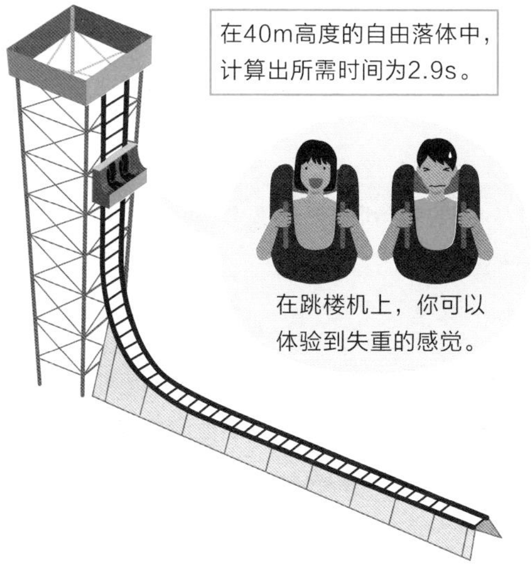

在40m高度的自由落体中，
计算出所需时间为2.9s。
在跳楼机上，你可以
体验到失重的感觉。

物体是怎样运动的？

艾萨克·牛顿

牛顿第三定律
(作用力与反作用力定律)

物体之间必然相互施加作用力，牛顿第三定律是适用于所有物体的定律。

发现契机！

——牛顿第三定律（作用力与反作用力定律）也是牛顿先生发现的运动定律之一。根据这一定律：“事物之间相互作用。这种相互作用叫作力，力是成对存在的。”这最能说明力本身的特点。您是怎么产生这个想法的呢?

注*：特殊情况下，也有不属于相互作用的力，如离心力或火车突然停下时使人前倾的力。

例如，你把苹果放在手上时，手在托起苹果的同时，可以感觉到手被苹果压得微微凹陷。从这一经验来看，我认为：“如果手作用于物体和物体作用于手分别是作用力与反作用力，那么有作用力时总会有反作用力，它们的大小相等，方向相反。”

——您竟然可以从日常事件中看到这么多……

我脑海里的物体是由原子组成的。原子的集合组成了物体，所以我认为，其规律也一定适用于构成这个物体的各个原子。

——无论从整体还是从局部来看，结论都是一致的。您说，为了证明这一点，脑海中闪现出了“各部分之间相互施加相同大小的力”这一想法。

这个定律能够让我们在物理学中用部分思考整体——在我的力学理论中，可以把任何一个物体看成是“质点”的集合，在运动定律中也可以套用。

原理解读！

- 力必会成对出现：其中一个力称为“作用力”，而另一个力则称为“反作用力”。在没有受到对方力的作用时，物体不可能单方面向对方施加作用力。
- 相互作用的两个物体之间的作用力和反作用力总是大小相等，方向相反，作用在同一条直线上。
- 当物体处于运动状态时，作用力与反作用力也是存在的。

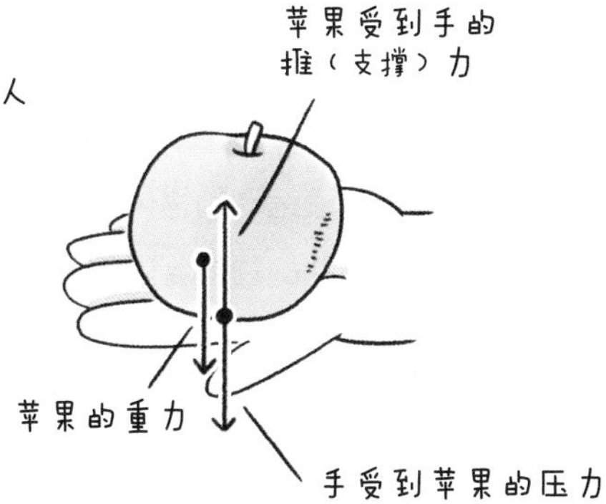

人受到从墙壁反推的力

墙壁受到人的推力
人推墙壁，墙壁反推人

苹果受到手的推（支撑）力

手受到苹果的压力

当你推一个物体时，它总是以相同的作用力反推回来。

如果你推一个物体，它将反推回相同的作用力。作用力和反作用力总是成对存在的。

找出作用在物体上的力

在寻找作用在物体上的力时，作用力与反作用力定律是很重要的。

• 在地球上，物体总是受重力的作用。

此外，我们还可以关注一下与该物体接触的物体。

当一个物体受到力的作用时，总会有给这个物体施加推力或拉力的另一个物体存在。也就是说，有“受力物体A”存在，一定有“相对的另一个物体B”存在。图1展示作用力与反作用力的例子。

• 桌面或地面上的物体受到桌面或地面的垂直阻力。

• 挂在弹簧上的物体受到弹簧的弹力（弹簧对物体推或拉的力）。

• 挂在绳子上的物体受到绳子的拉力（从绳子等细长物体上受到的力）。

• 在地面上匀速运动的物体受到来自地面的摩擦力。

• 在空气中运动的物体会受到空气的阻力。

[图1] 作用力与反作用力的例子

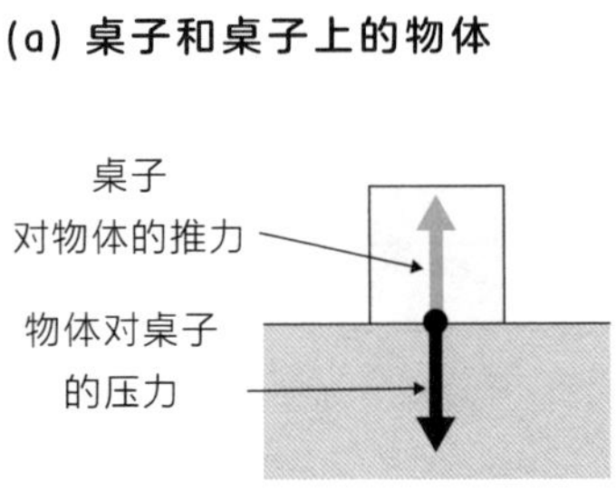

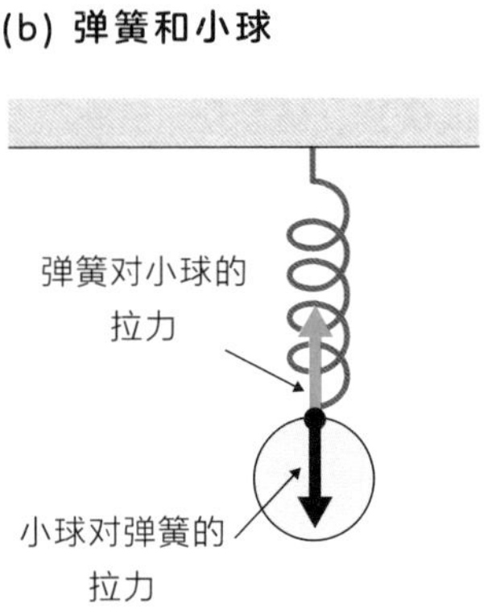

作用力与反作用力和“力的平衡”的区别是什么？

谈到“作用力与反作用力”和“力的平衡”，如果只注意“方向相反，大小相等”，就很容易将两者混淆。区分两者的关键在于受力对象的不同。

在“作用力与反作用力”中，成对存在的两个力是作用在“两个物体”上的。在力的平衡中，是对一个目标物体施加两个作用力。

下面让我们来思考一个问题：“放在桌子上的苹果，它所受重力的反作用力是什么？”你们认为是“来自桌面的垂直阻力”还是“桌面支撑苹果的力”呢（这两个力虽然表达方式不同，但都是相同的力）？这不是苹果所受重力的反作用力，而是苹果对桌面推压力的反作用力，如图2所示。

作用在苹果上的“重力”和“桌面的垂直阻力”，这两种力的关系是力的平衡，而不是作用力与反作用力。

作用在苹果上的重力是“地球将苹果拉向地心的力”。换句话说，就是“苹果和地球之间的万有引力”。因为重力是“地球对苹果的引力”，所以重力的反作用力是“苹果对地球的引力”。

［图2］桌子上苹果的重力的反作用力是什么？

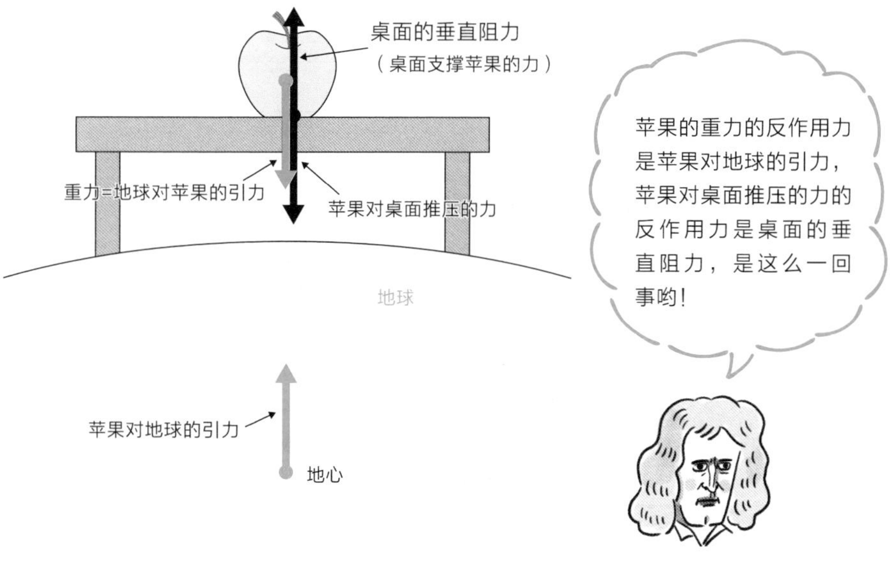

原理应用知多少！

日常生活中的作用力与反作用力

在道路上行走时，我们的脚会向后推地面，但同时地面也会把我们向前推，如图3所示。汽车也一样，当车轮向后推马路时，马路也用同样的力推回，这股力推动着汽车前进。

你和某人吵架，用手打别人的头时，他的头从你的手受到的力和你的手从他的头受到的力大小相等，所以你应该也会很痛，如图4所示。在拳击比赛中，都会戴上手套，这不仅是为了减少对对手的伤害，也是为了保护自己的双手不受对方反作用力的伤害。

[图3] 人行走时脚与地面之间的作用力与反作用力

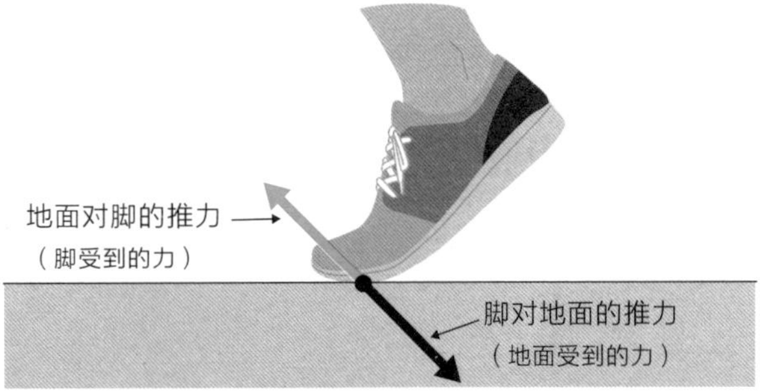

[图4] 挨打者与打人者所受的力相等

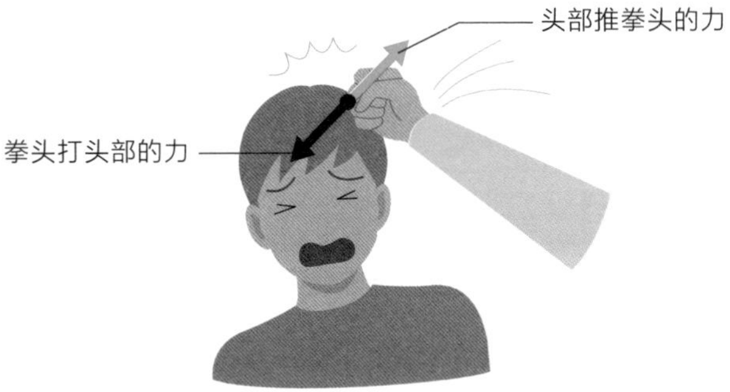

当你踏上滑板，用手推墙时，墙推手的力会把滑板向后推，如图5所示。

当你把手从充气的气球上拿下来时，它就会一边吹气一边飞走。气球喷射出里面的空气，并通过反作用力移动。

火箭也是一样的。它通过燃料与氧化剂的反应，使大量燃烧气体高速喷出，从而推动火箭前进。燃烧气体推动火箭向行进方向前进，火箭向后推出燃烧气体，空气不参与火箭的推进，所以火箭可以在空气中飞行，也可以在真空中飞行！

当用短枪（手枪）发射子弹时，枪支会受到后坐力的作用，所以需要牢牢地握住枪支，用身体抵挡住后坐力。

无论物体是静止的还是运动的，都适用于作用力与反作用力定律。

例如，一辆大型自卸车和一辆小型客车迎面相撞时，大型自卸车从小型客车上受到的力和小型客车从大型自卸车上受到的力大小相同。虽然受力大小相同，但大型自卸车受力影响不大，小型客车则会被撞坏。

[图5] 滑板上的人推墙，被墙向后推

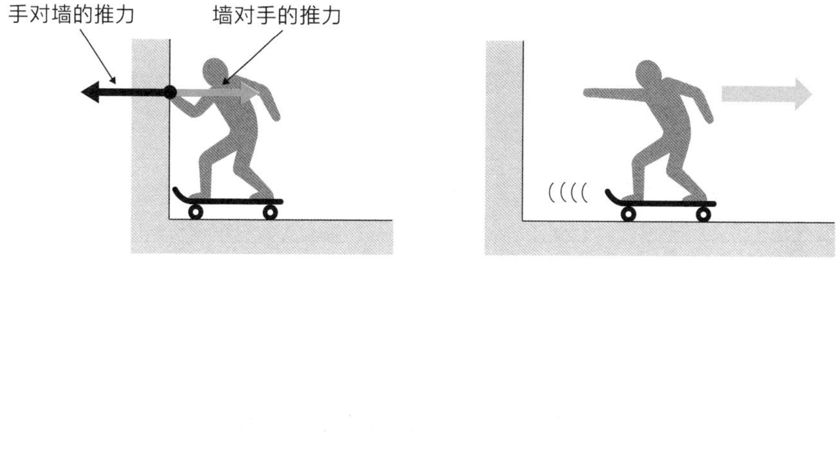

莱昂·傅科

惯性力

离心力和科里奥利力是我们日常生活中的“探测力”法则。

发现契机！

——莱昂·傅科先生（1819—1868）用“傅科摆”实验证明了地球自转（第43页）。那么，这个实验是怎么来的呢？

这是一个偶然的想法。我无意间看到机床的转轴上连接着一根细长的金属杆，它在摆动，当转轴旋转时，金属杆的方向并没有改变，于是我想到了摆锤实验。“如果把轴的旋转换成地球的自转，那么从外太空看，地球的方向不会改变。”为了验证这个想法，我们马上做了一个初步的实验，把5千克重的砝码挂在天花板上的一根细线上。

——所以您决定要证明地球是自转的？

在我那个时代，日心说已经成为科学界的常识，所以没有人怀疑地球的自转，但我想做一个容易理解的物理演示。首先，我邀请巴黎各大科学家到巴黎天文台，用11米长的钟摆进行了一次公开实验，实验时间是1851年2月3日。

——这个实验在当时一定很轰动吧。那结果是怎样的呢？

幸运的是，这个实验从开始到结束都很顺利，而且很受欢迎。后来，路易·拿破仑总统（拿破仑·波拿巴的侄子，后来的皇帝拿破仑三世）听说了这件事，他让我在更大范围内向市民展示。我花了不到两个月的时间完成了演示。

原理解读！

- 当物体有加速度时，物体具有的惯性会使物体有保持原有运动状态的倾向。这个惯性产生的力被称为惯性力。

- 使旋转的物体远离它的旋转中心的力，被称为离心力。

- 描述对旋转体系中，进行直线运动的质点由于惯性相对于旋转体系产生的直线运动的偏移力，被称为科里奥利力（偏向力）。

惯性力是指一个物体在做加速或旋转运动时感受到的力。

惯性力

当火车在直线轨道上行驶，启动一段时间后突然加速时，乘客会感觉到有一股力量将身体往列车尾部方向拉，脚下踩空。当火车突然刹车时，乘客会感觉到一股力量将他们的身体向前倾倒，如图1所示。实际上没有人推或拉他们，这是火车上所有乘客都同时感受到的力，被称为“惯性力”。

惯性力是火车上乘客感受到的力，因为他们是从火车车身的角度来思考的。从静止在地面上的人的角度来看，可以解释为：“火车突然刹车停了下来，但乘客的身体试图以同样的速度继续向前移动。”

换句话说，**惯性力是一种“表观力”（假设的力，并不真实存在，因为它没有施力物体），运动中的人可以感受到，但站在原地观察的人是感受不到的。**由于不存在对物体施加惯性力的主体，所以我们无法考虑其反作用力。

［图1］突然刹车时，车内的乘客会如何？

乘客感觉到的是向前的“惯性力”，但静止的人看到的是“乘客的身体继续以同样的速度向前移动”。

离心力

在惯性系统的旋转坐标系中，会出现类似的情况。

一辆公共汽车或出租车在十字路口转弯时，乘客感觉到的仿佛被推向曲线外侧的力是“离心力”。它指的是使旋转的物体远离它的旋转中心的力，也是一种没有人在推动的“表观力”，同时又是一种“惯性力”。据说第一个发表离心力公式的人是惠更斯（第44、164页）。旋转的球员感受到什么力呢，如

图2所示。

［图2］旋转的球员感受到的力是什么？

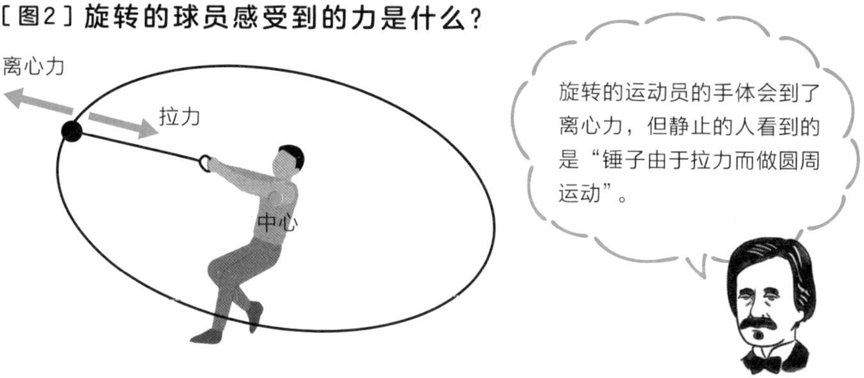

离心力
拉力
中心
旋转的运动员的手体会到了离心力，但静止的人看到的是“锤子由于拉力而做圆周运动”。

科里奥利力（偏向力）

“科里奥利力”是一种表观力，它作用在旋转坐标系的运动物体上，方向与它的速度和旋转轴都垂直。因为它与速度成直角，所以不能改变速度的大小，只能改变速度的方向。在“改变速度方向的力”的意义上，“科里奥利力”也被称为“偏向力”，是由法国的科里奥利（1792—1843）提出的。

由于地球在自转，离心力和科里奥利力都作用于它，如图3所示。

我们感受到的重力，是来自地球的万有引力和地球自转引起的离心力的合力。离心力不作用于南北两极，但在赤道上，离心力垂直向上作用，使我们减少约1/290的重量。

科里奥利力影响着大规模的风流。当风吹过地球表面时，地球是旋转的，地面是弯曲的，我们看到风的路径似乎向相反方向弯曲，这是科里奥利力作用的效果。由于这个原因，北半球的台风等低气压性质的大型旋涡都是向左旋转的。

［图3］科里奥利力

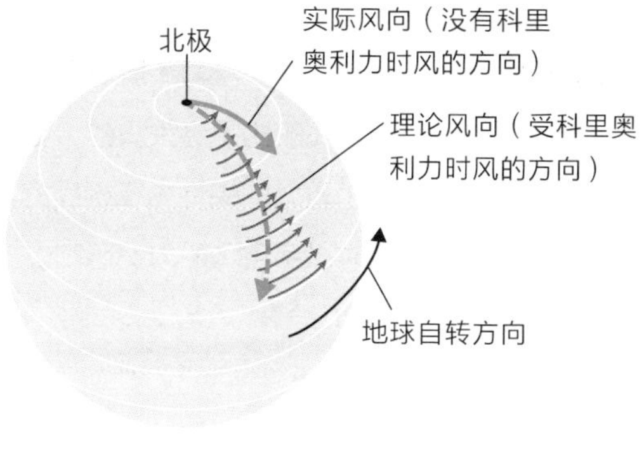

赤道涡流倒转演示是假的

当你在赤道地区旅行时，有一个“街头表演”向你展示一个实验：“在北半球一侧，如果倒掉脸盆里的水，水的旋涡会左转，但是一穿过赤道，水的旋涡就变成了右转。”其实这是假的。

由于地球自转速度很慢，科里奥利力非常弱，在小规模的现象中，如水盆里的水流，它并不明显。“如果你在南半球给浴缸排水，它就会顺时针转动”，也是一个都市传说。

原理应用知多少！

可以在地球上进行失重实验的原因

日常生活中最有用的惯性力应该是离心力。洗衣机中的脱水功能、蔬菜脱水机以及生物和化学研究中使用的离心机等，都通过旋转产生强大的外力，用于分离液体和材料。

游乐场的尖叫项目也大量使用了惯性力，使游客体验到异常的重力环境。特别是跳楼机，顾名思义，创造了一种类似于“自由落体”的状态，并产生向上的惯性力，这几乎抵消了乘客所受的重力（失重，第31页）。这与在抛物线喷射器中的失重实验和宇航员训练的原理相同。

在太空中的宇宙飞船内是会失重的，但这并不意味着没有重力的作用，而是意味着刚好平衡了重力的惯性力在相反的方向上作用，此时处于惯性力和重力平衡的状态（此时以宇宙飞船为参照物）。

趣闻轶事

傅科摆实验

路易·拿破仑总统听说了傅科在巴黎天文台的实验后，下令在巴黎先贤祠进行公开实验。实验于1851年3月27日进行，总统亲临现场，巴黎市民也都前去围观。

实验用的是一个大型装置：质量为28kg、直径为38cm的黄铜球被67m长的钢丝悬挂在天花板上，如图4所示。在众人的注视下，摆球的摆动面在第一次摆动后的数小时内明显地顺时针旋转了。总统大为称赞，傅科因此名声大噪！

今天，巴黎先贤祠里还挂着一个复原的摆球。在日本，可以在上野的国家自然科学博物馆看到傅科摆，也可以在迪士尼海洋探险景点的要塞上看到傅科摆。

［图4］**傅科摆**

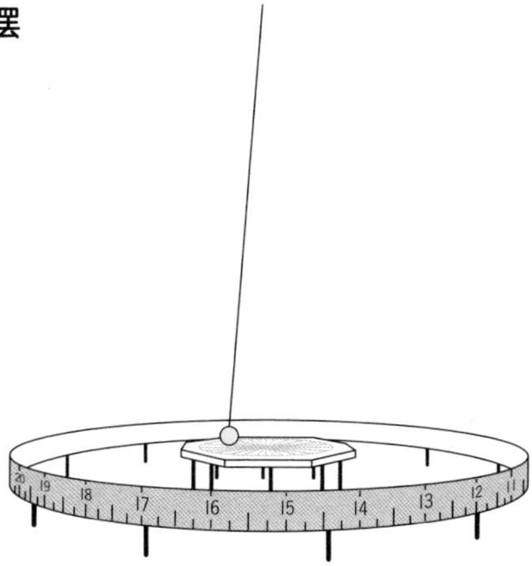

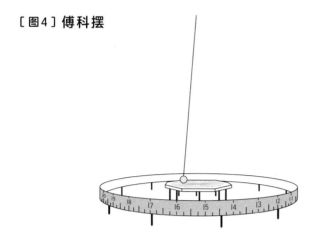

物体是怎样运动的？

动量守恒原理

从宇宙到微观世界，动量守恒原理是支配我们世界的最基本定律。

发现契机！

嗨，我是惠更斯（1629—1695），荷兰的物理学家。

——笛卡尔先生在其《哲学原理》一书中首次提到这一定律。然而，笛卡尔先生把这种动量称为“力”，后来又改为 “活力”。

当时，这个词的定义还没有正式确立。此外，为了计算出“活力”，笛卡尔先生认为是“质量×速率”，德国的莱布尼茨先生认为是“质量×速率^2”。他们还进行了激烈的争论。

——两派之间的这些“活力辩论”持续了50多年。最后，谁是正确的?

嗯……他们的主张都是正确的。笛卡尔先生说的是动量，莱布尼茨先生说的是动能（第74页）。然而，当我在思考动量问题时，有一种情况是，该原理在笛卡尔先生的理论中并不成立。我发现，动量是“质量×速度”。

——速率和速度有什么不同吗?

速度是一个既有方向又有大小的矢量，我认为动量也是有方向和大小的。笛卡尔先生使用的是速率（代表大小的标量，它没有方向），没有考虑运动的方向。

——我明白了，这是一个通过许多科学家的知识接力才完成的原理。

原理解读！

- 一个系统不受外力或所受外力之和为零，这个系统的总动量保持不变。

动量＝质量×速度

$$p = mv$$

单位为：kg · m/s

- 假设物体A、B、C的动量分别为p_A、p_B、p_C；质量分别为m_A、m_B、m_C；速度为v_A、v_B、v_C，则关系如下。

$$p_A + p_B + p_C + \cdots$$
$$= m_A v_A + m_B v_B + m_C v_C + \cdots \text{是恒定的}$$

两个物体碰撞时的动量

一般来说，如果把一个物体推向它的运动方向，这个物体就会变快，其动量也会增加。反之，如果把物体推向运动相反的方向，物体就会变慢，动量也会减少。根据这一点，思考一下物体碰撞时的动量变化。

假设一个运动物体A与一个运动物体B相撞，它们在同一条直线上运动，如图1所示。在碰撞发生时，A被图中向左作用的力F_{BA}推回，失去了动量，但同时，B受到向右作用的力F_{AB}的推动，获得了动量。F代表相互间施加的作用力与反作用力。

在这种情况下，对A和B所施加的作用力F_{BA}和F_{AB}在一条直线上总是方向相反，且大小相等（作用力与反作用力定律，第32页）。因此，在碰撞中A失去的动量和B获得的动量的大小总是相等的。换句话说，A失去的动量由B获得，所以A和B的动量之和在碰撞前后总是相等的。

碰撞前后的动量之和是守恒的。

［图1］碰撞前后的动量之和是相等的

物体A：质量m_A，碰撞前的速度v_A，碰撞后的速度v'_A
物体B：质量m_B，碰撞前的速度v_B，碰撞后的速度v'_B

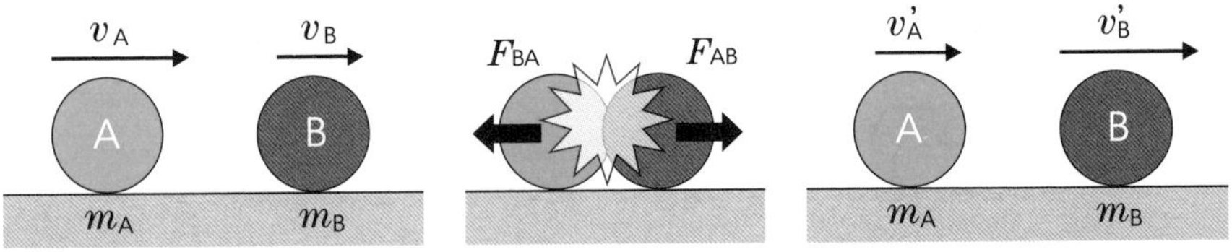

碰撞前动量之和=碰撞后动量之和：$m_A v_A + m_B v_B = m_A v'_A + m_B v'_B$

适用于任何一种碰撞

根据物体的材料，它们以不同的方式发生碰撞。例如，黏土球之间碰撞后会静止不动；弹珠之间碰撞后会反弹回来。有趣的是，无论发生什么样的碰撞，都适用于这一原理。

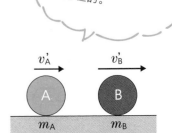

为了易于理解，我们可以将两个相同材料和相同大小的物体在一条直线上分别从左到右和从右到左运动并发生碰撞。设定向右的速度为正方向。

可以思考一下，软乎乎的物体在发生碰撞后静止的情况，如图2（a）所示。如果物体A和B的质量都是m，它们的速度都是v，A的动量是mv，B的动量是$-mv$，碰撞前的动量之和为零。由于碰撞后物体是静止的，它们的总动量自然为零，所以碰撞前后的总动量相等。

接下来是坚硬的物体咣当一声碰撞后反弹的情况，如图2（b）所示。如果它们具有相同的大小和质量，就会以相同的速度向相反的方向反弹，所以将v'设为它们互相反弹的速度。碰撞前动量的总和与图2（a）相同，也为零。碰撞后，A的动量为$-mv'$，B的动量为mv'，即碰撞后的动量之和也为零，所以碰撞前后的动量之和相等。

换句话说，**无论碰撞是如何发生的，动量的总和是守恒的**。

[图2] 各种碰撞发生的情况

物体A：质量m，碰撞前的速度v，碰撞后的速度$-v'$
物体B：质量m，撞击前的速度$-v$，撞击后的速度v'

（a）软乎乎的物体在发生碰撞后静止的情况

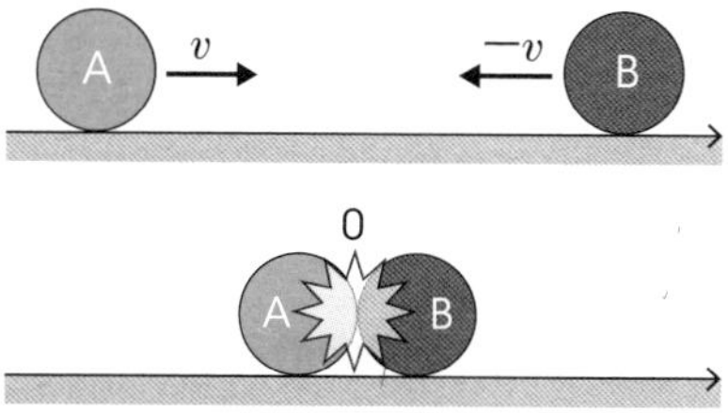

碰撞前的动量之和：
$mv+(-mv)=0$
碰撞后的动量之和：0（静止）

（b）坚硬的物体咣当一声碰撞后反弹的情况

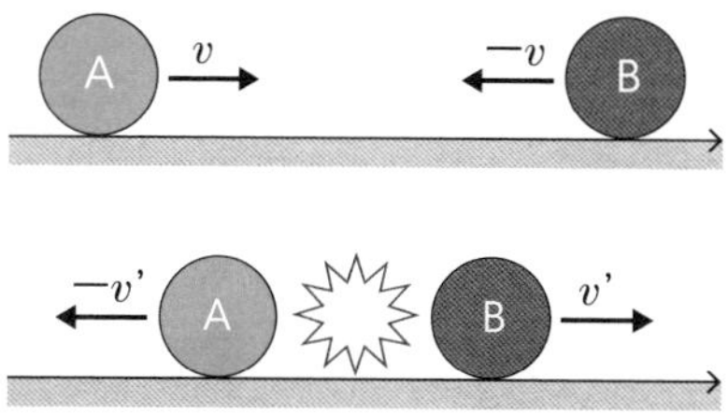

碰撞前的动量之和：
$mv+(-mv)=0$
碰撞后的动量之和：
$-mv' + mv' = 0$

不管怎样碰撞，动量之和都是守恒的！

原理应用知多少！

无论是击打棒球还是原子世界，动量守恒定律适用于自然界的所有现象。

太空火箭的开发

在20世纪，最受世人关注的问题是如何进入太空。然而，由于太空是真空的（自然没有空气），所以不能使用利用空气流动的飞机。科学家们就如何进入太空进行了反复辩论。

在这一背景下，俄罗斯科学家齐奥尔科夫斯基（1857—1935）表明，应用动量守恒原理，有可能在太空飞行。火箭发动机向火箭尾部高速射出气体等其他物质，这些物质的反冲力使其有可能飞向太空。这促进了太空火箭的发展，人类进入太空的梦想又向前迈进了一步。

与中微子的发现有关

一般来说，动量守恒定律和能量守恒定律（第78页）在反应和运动中都是成立的，在微观世界也是如此。

在原子的世界里，发现了β衰变（中子衰变产生质子和电子）的现象。然而，经过仔细研究，当发现动量和能量在反应前后并不守恒而是减少时，科学界一片哗然，因为当时的基本前提被推翻了。

由于这个原因，被称为量子力学之父的丹麦物理学家尼尔斯·玻尔（1885—1962）认为，“宏观世界的定律在微观世界不成立并不奇怪”。然而，认为基本定律在微观世界仍应有效的科学家认为：“未知粒子可能带走了减少的动量和能量”，只有这样定律才可能成立。这就是未知粒子“中微子”产生的契机。

趣闻轶事

回到宇宙飞船的方法

假设你被选为梦想中的宇航员。但是，在宇宙空间站工作时，重要的生命线断了。宇宙飞船停留在你手够不着的地方，运气不好的是周围也没有伙伴。那么，怎样才能回到宇宙飞船呢?

手脚扑腾扑腾地游回来吗？不，在没有空气的宇宙空间里，即使游泳也不能移动，所以怎么挣扎也回不去的。

虽是穷途末路的危机，但还是有办法的，你可以应用动量守恒定律。例如，假设你有工具等可以扔的东西，用尽全力把它扔向飞船的相反方向，如图3所示。然后，根据动量守恒定律，你将通过与火箭相同的原理，一点一点地接近飞船。因为在真空中没有摩擦力，所以理论上只要投一次应该就可以返回飞船。

[图3] 回到宇宙飞船的方法

角动量守恒定律

从天体的运行到花样滑冰的旋转，角动量守恒定律解释了旋转的规律。

发现契机！

—— 角动量守恒定律可以认为是以观察天体的运行为契机发现的。第一发现者是约翰内斯·开普勒先生（1571—1630）。

关于天体的运行，哥白尼先生（1473—1543）在提倡日心说时有提到过。然而，由于受宗教的影响，“地球位于宇宙的中心，其他行星和太阳围绕它旋转”，即地心说，仍然影响着大部分人。

—— 在当时，日心说的思想并不容易传播。

根据对行星长期精确的观测结果，我终于给地心说理论画上了终止符。我的理论确实很好地解释了天体的运行。

—— 什么是开普勒定律呢?

开普勒第一定律指出，行星以椭圆轨道围绕太阳运行。开普勒第二定律指出，在一定时间内，太阳和行星的连线所经过的面积总是相等的。这被称为“面积定律”，也就是“角动量守恒定律”。开普勒第三条定律与旋转的周期和半径有关。

—— 此后，牛顿先生根据开普勒定律从理论上建立了角动量守恒定律。

原理解读！

- 表示旋转力度的量称为角动量。
- 当一个物体做圆周运动时，物体的运动方向和从旋转中心到物体所画的线之间的角度为θ。如果运动物体的质量为m，速度为v，圆的半径为r，则角动量表示为$mrv\sin\theta$。
- 当除了朝中心的力之外不受其他的力时，角动量保持不变。

角动量 = $mrv\sin\boldsymbol{\theta}$，是恒定的

- 当旋转的轨道是一个圆时，$\theta = 90°$，所以$\sin\theta = 1$（$\sin 90° = 1$）。因此，角动量的守恒定律为$mrv \times 1 = mrv$，是恒定的。

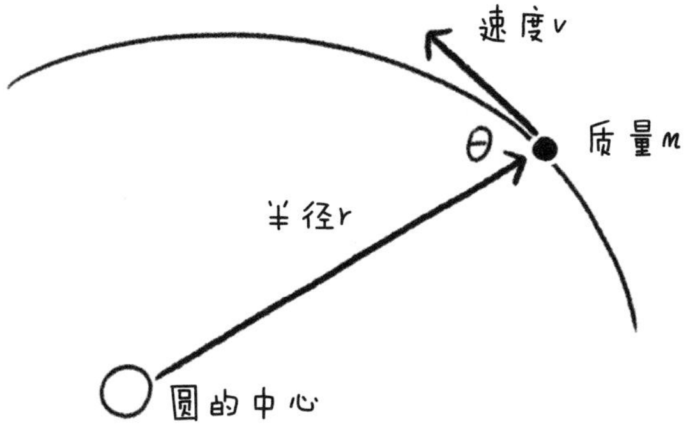

当旋转物体的半径改变，旋转速度也随之改变。

什么是恒定面积速度？

开普勒第二定律，即等面积定律，指出太阳和地球（行星）的连线在一定时间内经过的面积是相等的。

众所周知，地球围绕太阳旋转的轨道是椭圆的（太阳在椭圆焦点的一端）。图1中的蓝色椭圆形区域显示了在地球围绕太阳旋转时，连接地球和太阳的线段在一定时间内经过的区域。恒定面积速度意味着这些面积始终是相同的。因此，当地球靠近太阳时，地球运行速度加快，而当它们相距较远时，地球运行速度变慢。

用公式表示为“$\frac{1}{2}rv\sin\theta$是恒定的”。此时，如果质量m不发生变化，将此方程的两边都乘以质量m，再乘以2，就相当于角动量守恒定律（$mrv\sin\theta$是恒定的）。

开普勒通过分析天体运行的记录发现了这个面积定律，这与角动量守恒定律相同。

［图1］地球围绕太阳运行的面积是恒定的

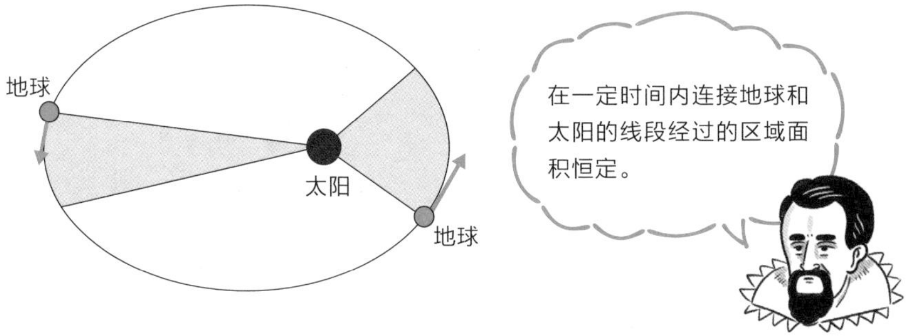

地球
太阳
地球
在一定时间内连接地球和太阳的线段经过的区域面积恒定。

日常生活中发现的角动量守恒定律

角动量守恒定律意味着，**如果改变一个旋转物体的半径，旋转物体的速度将减慢或加快**。如果旋转物体的质量不发生变化，角动量守恒定律可表现为“半径×速度是恒定的”。我们可在日常生活中以多种方式看到和体验这种现象。

把线缠绕在棍子上时

将一根线绑在一根粗棒上，在其末端系上一个重物，然后用力旋转，使线缠绕在棒上。伴随着旋转，线变得越来越短，但由于角动量是守恒的，随着线越变越短，旋转的速度变得越来越快，如图2所示。

[图2] 将线绕在棍子上

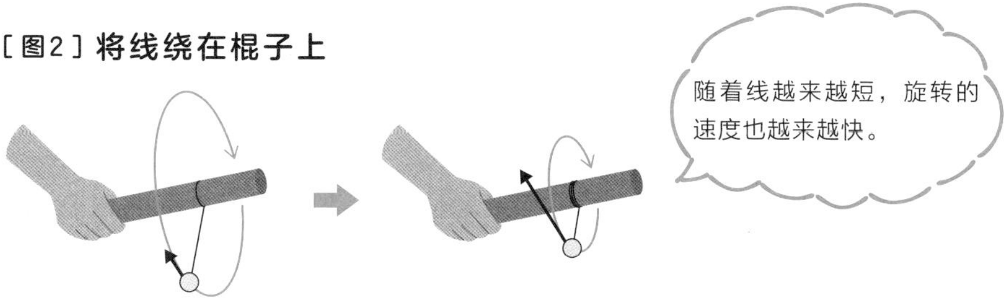

坐在转椅上旋转时

坐在转椅上，用力旋转椅子，并将手臂和腿张开。然后，我们可以感觉到旋转的速度变慢了。

接下来，将伸出的手或脚收回并抱紧身体。这次我们会感到加速旋转，如图3所示。在这种情况下，角动量守恒定律是“半径×速度=恒定”，所以可以解释为：

手或脚收回→旋转半径变小→旋转速度变快。

手或脚伸出→旋转半径变大→旋转速度变慢。

在花样滑冰中看到的华丽旋转，也是同样的原理。在旋转过程中收回手臂时，旋转的速度就会增加，再次伸出手臂时，旋转速度就会减慢。

[图3] 在转椅上旋转时

变快
变慢
由于手脚张开，旋转速度发生改变。

原理应用知多少！

在体操中，体型越小越好？

在体操比赛中，一般来说，“身材高大的运动员往往处于不利地位”。这是怎么回事呢?

想象一下在体操中的空中旋转时，高大的体型意味着头和脚等其他身体部位会使旋转半径变大。因此，根据角动量守恒定律，不可避免地在物理上难以旋转。也就是说，**高大的体型存在降低旋转速度的物理制约，这依据的是角动量守恒定律**。

在体操的旋转技能中可以明显看到这些差距。

例如，被叫作“天鹅”的技术，在空中旋转时身体伸直（舒展身体），给人一种相对缓慢和优雅的旋转印象。相反，在需要快速旋转的技术中，如空翻三周等，腿要夹住以缩短旋转半径并增加旋转速度，如图4所示。

［图4］通过拉伸身体改变旋转速度

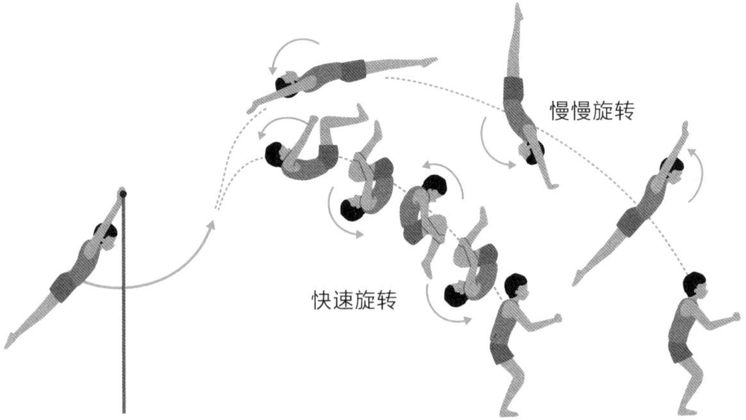

趣闻轶事

猫式转体（猫的扭转）

如果握住猫的腿，让它从背面落到地上，它会迅速扭转身子，漂亮地落地，如图5所示。

猫可以在没有任何其他帮助的情况下在空中转动自己的身体，从理论上讲，这是很奇怪的。如果猫一开始是静止的，它的角动量应该是零，所以猫在下落时角动量也将保持零。因此，总觉得它应该不能改变转动方向。

猫弯着背在空中旋转身体时，随着腿部的伸展和收缩，能够保持总的角动量为零，所以是可以改变转动方向的。

猫式转体的详细运动学机制很复杂，这似乎困扰了很多人。1969年有人发表了一篇关于猫式转体的严肃论文，还使用机器人进行了实验。

但为了不让我们的猫咪受伤，还是不要真的去尝试了吧。

［图5］猫扭转的样子

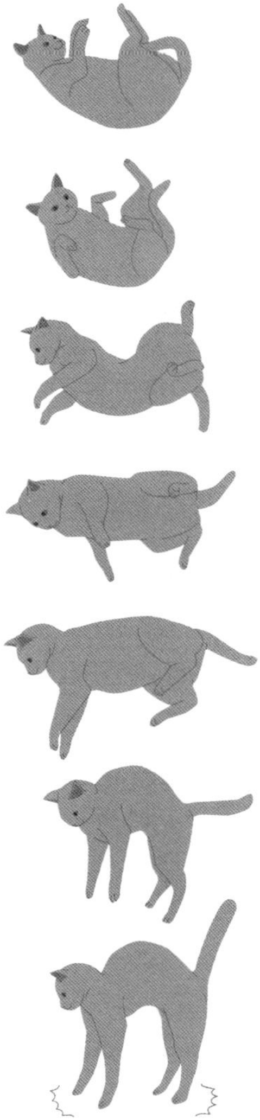

钟摆理论

从大航海时代至今，应用钟摆理论制作的摆钟，一直是持续记录时间的标准。

发现契机！

——在一根轻飘飘的绳子上挂一个重物，把重物往旁边移一点，然后松手，重物就会来回摆动，这种东西被称为钟摆。伽利略先生，这次请告诉我们关于“钟摆原理”的故事吧。

契机是我年轻的时候，在一个教堂里看到天花板上的吊灯在摆动。我便意识到钟摆的周期（完成一次摆动）是恒定不变的，与振幅的大小（钟摆的垂直位置与摆动的最大值之差）无关。

——您是用手的脉搏来测量周期的，是吧?

这是当时医学界的一种常见方法。我还研究过，钟摆来回摆动多少次，容器里的水才会全部流出来。实验的结果发现，钟摆的周期是由摆线长度决定的，而不是由振幅或重物的质量决定的。

——我们现在把这称为“摆的等时性”。

哦，对了，有件事你需要知道，是关于钟摆原理（摆的等时性）适用范围的。做实验时，如果绳子和垂直线（连接重物的绳子方向的直线）之间的角度变大，该定律就不成立了。

——所以说，钟摆原理是一个近似的原理，只有在足够小的振幅情况下才能成立。

原理解读！

- 钟摆的摆动是周期性的。不论摆动幅度（摆角小于5°时）大些还是小些，完成一次摆动的时间是相同的。这被称为摆的等时性。
- 钟摆的周期几乎与重物的质量和摆动的幅度无关，只由摆线的长度决定。

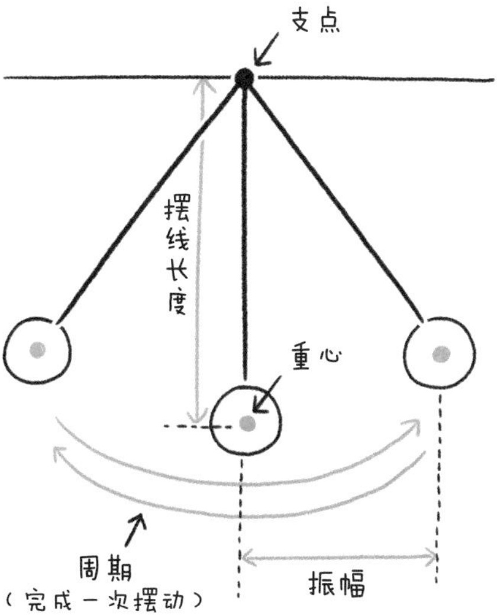

振幅是重物垂直悬挂的位置与摆动的最大值之间的水平距离。换句话说，它是钟摆摆动的幅度。

钟摆的周期不随重物的质量而变化。摆线长度越长，周期就越长。

摆的等时性

钟摆的周期与摆线长度的平方根成正比。

周期为T、摆线长度为l、重力加速度为g，则关系如下：

$$T = 2\pi\sqrt{\frac{l}{g}}$$

无论摆锤的重量或振幅如何变化，摆线长度相同的摆锤完成一次摆动所需的时间（周期）是不变的，这被称为摆的等时性。

当伽利略去教堂做礼拜时，他看着挂在教堂天花板上的吊灯缓缓地左右摆动，并把自己的脉搏当作时钟来测量吊灯完成一次摆动所需的时间（周期）。然后他注意到，即使吊灯摆动的幅度变小，周期似乎也没有改变。

伽利略回到家后，立即准备了两个摆线长度同样的钟摆，并试着使一个做大幅摆动，另一个做小幅摆动。两个钟摆将同步摆动，证实了他在教堂的观察是正确的，如图1所示。这就是摆的等时性发现。

［图1］钟摆的运动

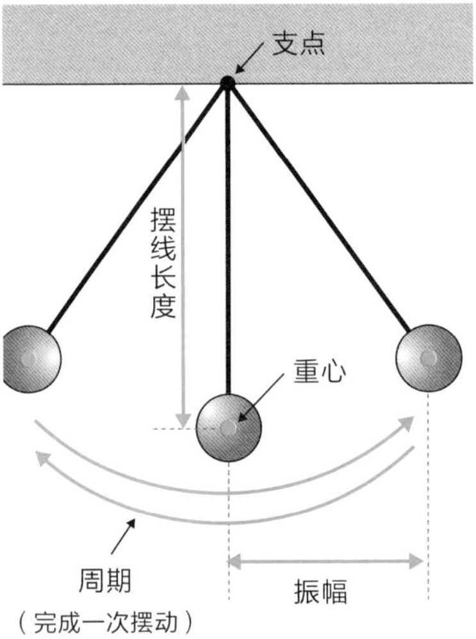

振　　动：一个物体以一种状态为标准进行来回的周期性运动。

周　　期：一个物体完成一次摆动所需的时间。周期的单位是s（秒），符号T来自“时间”（time）一词。

振　　幅：垂直悬挂的位置（振荡中心）与摆动的最大值之间的水平距离，即振幅。如果最大值与振荡中心之间的角度（摆动角θ）很小，则振幅也很小。

振动频率：一秒钟内振动的次数（在电力等领域称为频率），单位是Hz（赫兹）。

摆动角度增大，周期的偏差也随之增大

上一页中的公式是在“摆动角 θ 较小”的条件下得出的。如果摆动角 θ 变大，该方程将不成立。换句话说，**摆的等时性是一个近似的原理，在摆动角小的条件下才成立**。

那么，如果摆动角度 θ 增大，它的偏差程度如何呢？

图2表示排除“摆动角 θ 小”条件下的计算结果，即从0° 到90° 的周期相对值（偏差）。摆动到45°，周期就会偏差4%，摆动到90°，周期就会偏差18%。

在日本，小学五年级就开始学习“钟摆”的相关知识。在一些课程中，有关于打破“摆的等时性”的较大角度的实验，如60° 或90° 的摆动角。当时结果显示摆幅变大了，周期就变长了。老师则告诉孩子们：“如果大家认真做实验的话，周期就会像课本上显示的那样没有变化。”这一事件曾经是社交网络上的热门话题。

目前，教科书上没有说摆的等时性是一个近似的原理，实验都是通过设置摆动角度为20° 来进行的。一般摆动角度应小于40°，可以的话最好是小于20°。

［图2］如果摆动角度 θ 变大……

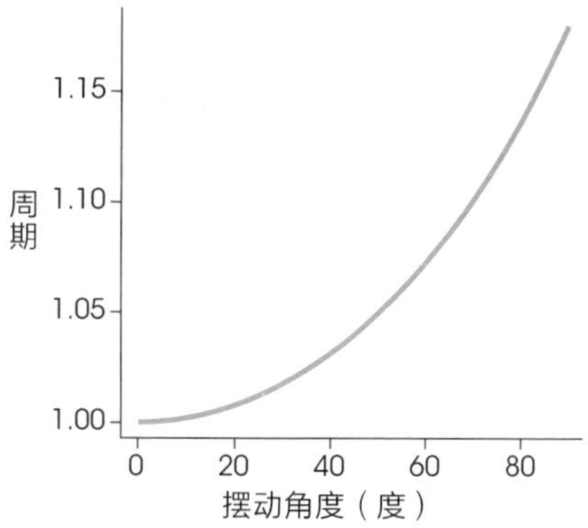

摆锤原理是一个近似的原理，
在摆动角度较小时，才成立。

原理应用知多少！

钟表的历史

钟摆原理已被应用于记时的钟表。

伽利略试图制作一个摆钟，但没能完成。在他死后一段时间，荷兰的惠更斯制作完成了第一个摆钟（1656年）。摆钟后来被应用于天文观测和航海中，并为科学技术的发展作出了贡献。

由于只有知道振幅为几度的钟摆才是等时的，制表师们发明了一种擒纵机构（防止偏差），可以将振幅限制在4～6度。较窄的振幅意味着需要较少的动力（发条），并且磨损较少。

一个摆动周期为两秒的摆钟大约有一米长，这种又长又细的摆钟（柱钟）开始被广泛使用。美国流行歌曲《古老的大钟》中的“老人钟”就是这种类型的钟。

后来，人们对擒纵机构进行了改进，以应对金属因温度而产生的拉伸和收缩，到18世纪中叶，精密摆钟的精确度达到了每周误差几秒。摆钟作为精确计时的世界标准，持续了270年，直到1927年石英钟的发明。摆钟在第二次世界大战期间仍然是计时标准。

机械手表和台钟利用的是被称为摆轮和游丝的弹簧的摆动原理。摆轮是一个小型化的摆锤装置，可以随身携带。

石英钟起源于日本，利用的是石英（晶体）在施加电压时以恒定的速率振荡的特性。在20世纪，石英钟将误差减少到每日不到一秒。由于石英钟价格低廉且精准，所以被广泛使用。

趣闻轶事

你能多准确地测量时间？

在过去，“一秒钟”是根据地球的自转来确定的，因为人们认为一天的时间长度是恒定的。然而，高精度的测量显示，一天的时间长度是随着潮汐力和季节的变化而变化的。

自1967年以后，一秒钟以铯的特性为基准。在1967年的第13届国际计量大会上，一秒钟的长度被定义为“铯-133原子（^{133}Cs）基态的两个超精细能级之间跃迁所对应的辐射的9 192 631 770个周期所持续的时间”。直到2019年，此定义基本保持不变，只是测量的条件更加严格了。

当微波作用于一个原子时，它只在某些频率（振动频率）上吸收微波，从而形成一个稍高的能量状态。就振动原子而言，那是9 192 631 770个周期。所以1秒是这个微波的9 192 631 770个周期所持续的时间。也可以说是，9 192 631 770乘以这个周期就是一秒钟。

最新的铯原子钟精确到$1/10^{15}$，自6500万年前恐龙灭绝以来，这期间高精度达到只有两秒的偏差。

目前，铯原子钟也被应用到全球定位系统（GPS）等其他应用领域中（第307页）。

杠杆原理
(杠杆定律)

从剪刀到地球，利用杠杆原理，我们可以用很小的力移动非常大的物体。

发现契机！

——作为古希腊著名的科学家，阿基米德先生（公元前287—前212年）通过关注当时已经应用于各种工作的“杠杆”，发现了“杠杆原理”。

我出生在锡拉库扎（意大利西西里岛海岸的一个小镇），曾在埃及的亚历山大城留学，学习几何学。我从经验上知道杠杆“在哪里设置支点比较好”，所以回到锡拉库扎后，用几何学来证实了这一原理。

——阿基米德先生面对杠杆的巨大力量，曾豪言道：“给我一个支点，我就能撬动地球。”据说您应用杠杆的滑轮，移动了一艘刚刚由锡拉库扎国王下令建造的三桅战船。

从理论上讲，应该是可以用杠杆撬动地球的。哦，对了，还有这么一件事，当锡拉库扎被罗马军队攻击时，我们利用杠杆原理开发了各种新武器，给罗马军队带去了不少麻烦。

——阿基米德先生因发现阿基米德原理（浮力原理）而闻名（第202页），但我们没有忘记您的杠杆原理。依照您的遗言，我们在墓碑上刻着一个几何图形，该图形以“圆柱体中的球体体积是圆柱体体积的三分之二”为命题建造。

嗯。这是因为我一直在试图找出将几何学和技术联系起来的方法。

原理解读！

- 使用杠杆，可以使小的力变大或大的力变小。
- 用手施加动力的点称为受力点，支撑点称为支点，而力的作用点称为作用点，通过力的使用点沿力的方向所作的直线称为力的作用线。
- 为了使杠杆能够保持平衡，形成了以下方程式。

动力（受力点上的力） × 动力臂（支点到动力作用线的距离） ＝ 阻力（作用点上的力） × 阻力臂（支点到阻力作用线的距离）

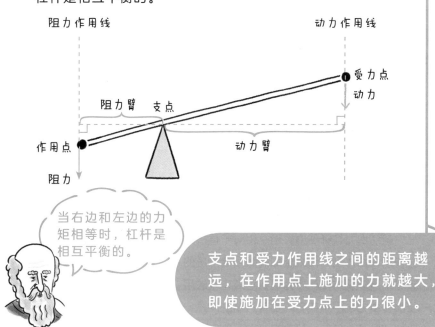

- “动力 × 动力臂（或阻力 × 阻力臂）”是有转动趋势的（旋转的效果），称为力矩。当右边和左边的力矩相等时，杠杆是相互平衡的。

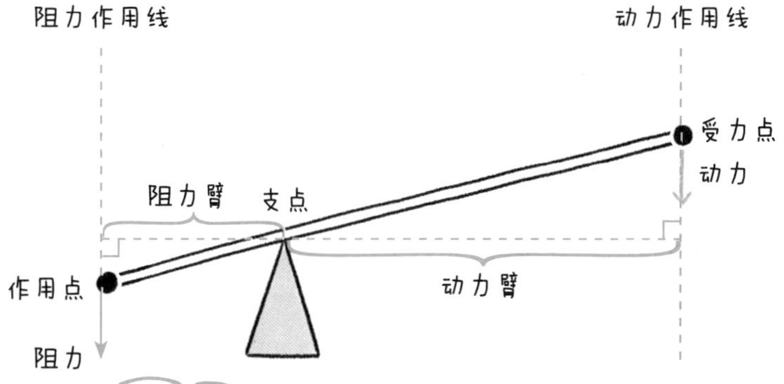

支点和受力作用线之间的距离越远，在作用点上施加的力就越大，即使施加在受力点上的力很小。

第一类杠杆：省力杠杆

在生活中，有很多省力杠杆的应用，如图1所示。

若动力臂大于阻力臂（$l_1>l_2$），根据平衡条件$F_1l_1=F_2l_2$，可知$F1<F2$，即动力小于阻力。我们把这种动力臂大于阻力臂、动力小于阻力的杠杆叫作省力杠杆。如果支点到动力作用线的距离是支点到阻力作用线距离的五倍，那么动力就只有阻力的五分之一。需要注意的是，虽然省力杠杆可以省力，但是相对于直接把力作用在物体上，动力施加的距离就会相应的增加，所以省力杠杆虽然省力但费距离，一般用于直接用力难以处理的问题，如拔钉子、开瓶盖等。

［图1］省力杠杆

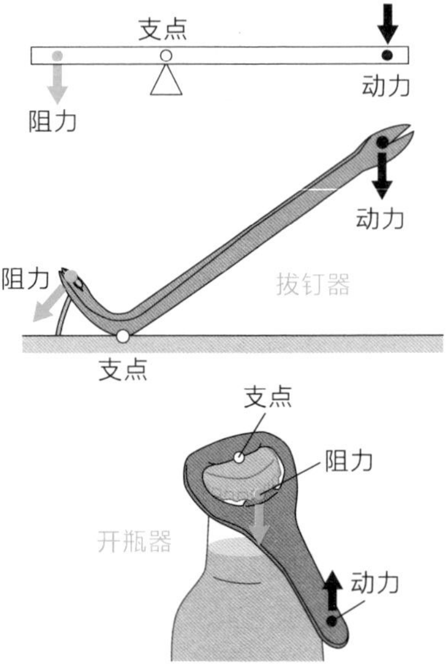

第二类杠杆：费力杠杆

同样的，若动力臂小于阻力臂（$l_1<l_2$），根据平衡条件$F_1l_1=F_2l_2$，可知$F_1>F_2F$，即动力大于阻力。我们把这种动力臂小于阻力臂、动力大于阻力的杠杆叫作费力杠杆。如果支点到动力作用线的距离是支点到阻力作用线距离的五分之一，那么动力就需要是阻力的五倍。但同样需要注意的是，虽然费力杠杆费力，但是相对于直接把力作用在物体上，动力施加的距离会相应的减少，所以费力杠杆费力但省距离，一般用于即使费力也不难或者需要省距离的问题，比如理发师的剪刀、船桨等，如图2所示。

［图2］费力杠杆

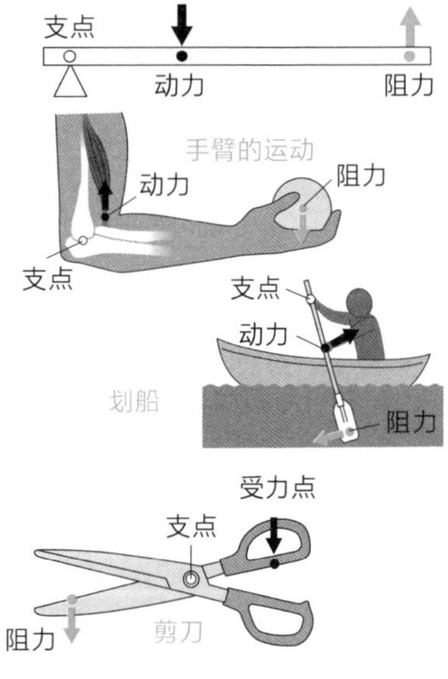

第三类杠杆：等臂杠杆

若动力臂等于阻力臂（$l_1=l_2$），根据平衡条件$F_1l_1=F_2l_2$，可知$F_1=F_2$，即动力等于阻力。我们把这种动力臂等于阻力臂、动力等于阻力的杠杆叫作等臂杠杆，在日常生活中的应用主要有天平、跷跷板等，如图3所示。

［图3］等臂杠杆

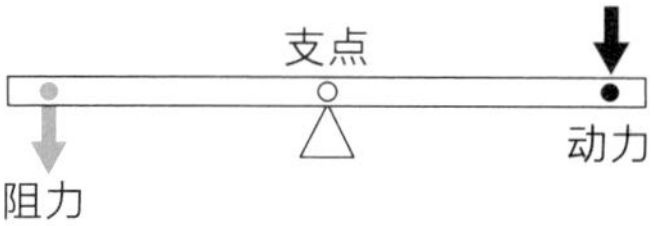

轮轴：能连续旋转的杠杆

例如，在与支点的距离为1：2的情况下，在短的一方放上想要拿起来的物体（作为阻力），然后将长的一方压下去。那么，往下压的力是物体重量的一半。

施加在受力点上的动力与从旋转中心（支点）到受力点的距离（臂长）的乘积称为力矩（转动作用）。在工学上，它也被称为扭矩。

有一个杠杆，其工作方式是：施加在受力点上的力使作用点围绕支点旋转。例如，在一把螺丝刀中，插进螺丝的部分是受力点，轴的中心是支点，而在顶端与螺丝配合的部分是作用点，如图4所示。

［图4］门把手、螺丝刀、自行车或汽车把手

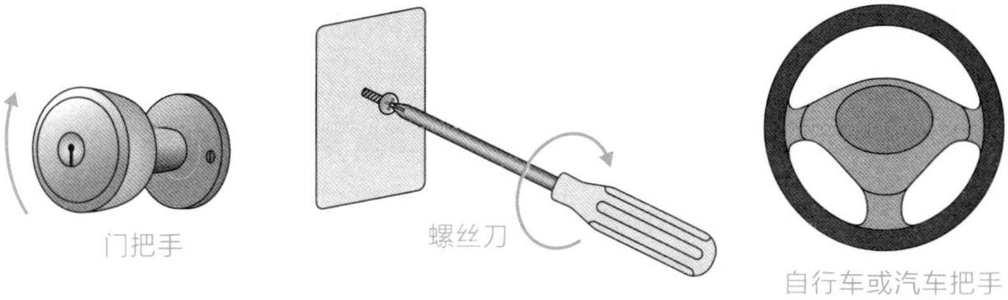

功

使用工具可以减少作用力的大小，但工作量本身并没有改变。

发现契机！

——伽利略先生发现的“功”在当时就已经从经验中得知了，但它到底是什么呢？

自古以来，人类一直在思考“如何以最小的力做功”。他们利用斜坡来举起重物，并发明了杠杆和滑轮等工具。

——利用这些工具，就可以用比直接抬起它们更小的力工作。

是的，这样做虽然省下了力，但也加长了距离，所以最终的工作量没有改变，这就是“功”。

——关于这个问题讲述最详细的书是伽利略先生的《机械学》。

是的。我知道机械工匠中有一些人学过系统性的知识。我想通过借鉴他们的经验和技术知识使机械学系统化，所以写下了这本书。

——听说伽利略先生在担任大学教授时，也在家里教授机械学。所以您能够理解功的原理，即尽管使用机器总功也没有改变。

但这并不意味着工具和机器就没有意义了。使用工具的意义在于提高工作的效率，如果一项工作需要几万年才能完成，那就跟没做一样。

原理解读！

- 当物体受到力的作用，并沿力的方向移动时，力对物体所做的功W的大小等于力与物体在力的方向上通过的距离的乘积，公式为$W=Fs\cos\alpha$。

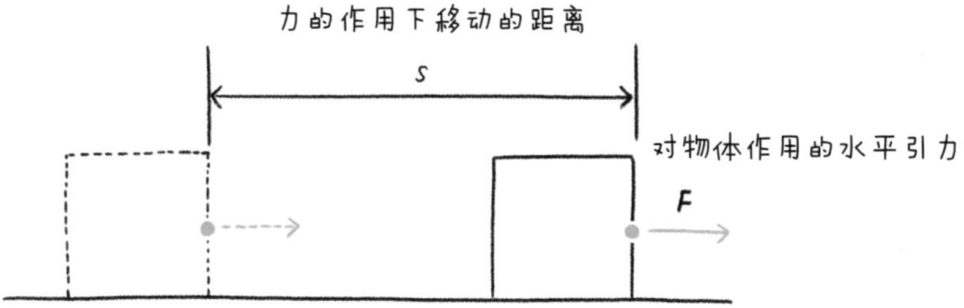

功（W）=力的大小（F）×移动的距离（s）×力方向与位移方向的夹角余弦（cosα）
功的大小（功的量）的单位是N·m，表示施加1N作用力经过1m距离所做的功是1焦耳（J）。

- 使用工具可以减少作用力的大小，但它并不改变工作量，因为加长了距离。

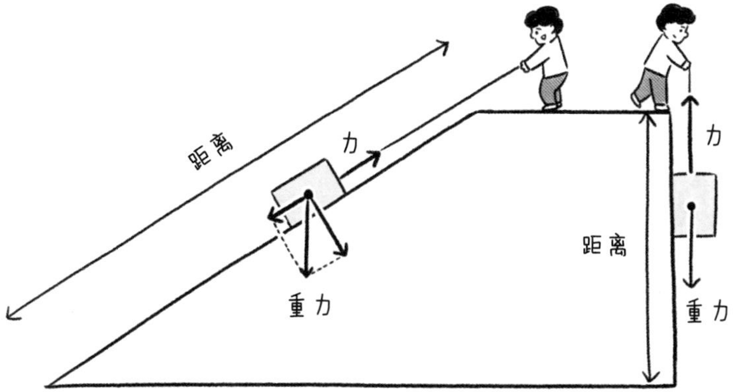

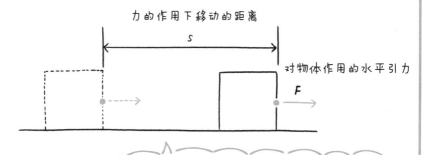

为什么工作量没有改变？

在30°的斜坡上推起一个物体，所需的力是直接举起它的一半，如图1所示（忽略摩擦）。但在30°的斜坡上，移动物体的距离是直接举起物体距离的两倍。所以，**无论是直接举起还是使用斜坡，工作的总量都是一样的。**

［图1］举起物体所需的力

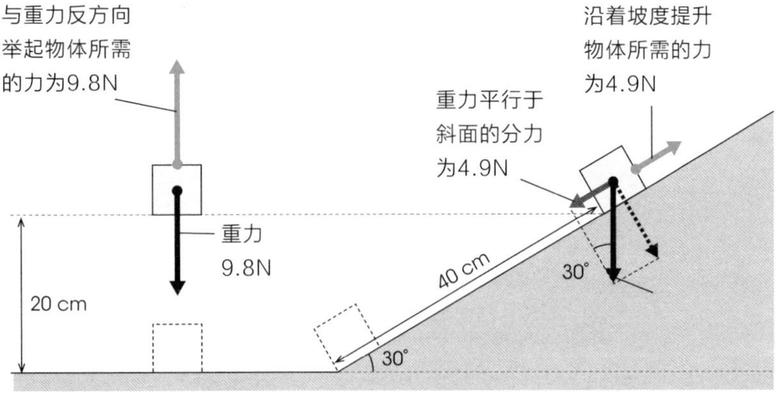

30°直角三角形的边长比为1：2：$\sqrt{3}$

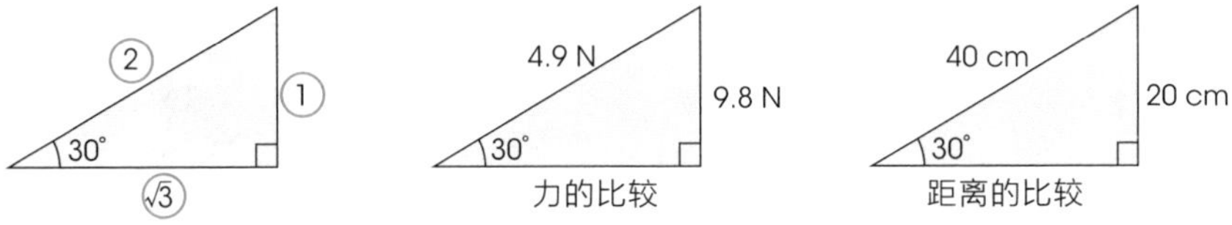

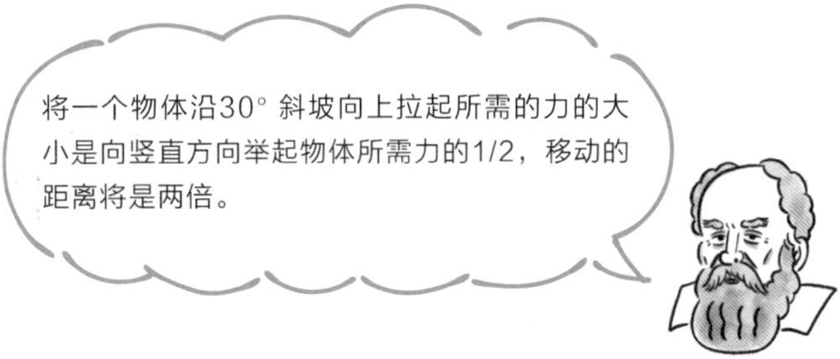

将一个物体沿30°斜坡向上拉起所需的力的大小是向竖直方向举起物体所需力的1/2，移动的距离将是两倍。

原理应用知多少！

起重机吊起重物的机制

功的大小不会改变，使用杠杆时也是如此。一般，滑轮分为定滑轮和动滑轮两种，如图2所示。

定滑轮是固定在天花板上，通过绳子来拉起重物，起到了改变拉力方向的作用，力的大小不变。

对于动滑轮，如果忽略滑轮的质量，那么举起物体所需的力是物体重力的二分之一。使用一个动滑轮所需的力是二分之一，两个动滑轮所需的力是四分之一，三个动滑轮所需的力是八分之一……随着动滑轮数量的增加，力就会减少。但是，必须多移动两倍、四倍或八倍的距离。

建筑工地上的起重机是由多个动滑轮和定滑轮组成的，滑轮上有许多层绳索缠绕着。由于它们的存在，非常重的物体也可以用很小的力拉起。

[图2] 定滑轮和动滑轮

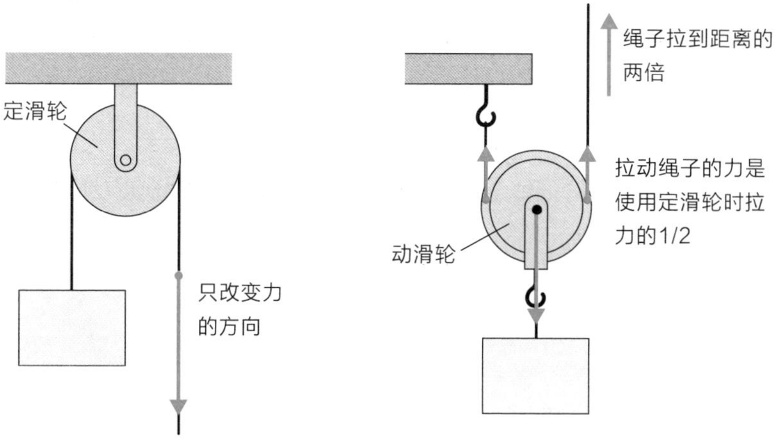

趣闻轶事

人的功率是多少？

在一秒钟内做功的多少被称为功率。功率的计算方法是用功的大小W除以做这个功所需的时间。功率的单位是瓦特（W）。

功率的单位W也被用于家用电器。当我们想买荧光灯或电视等家电时，一般都会关注瓦数吧。接下来思考一下，一个100W的灯泡工作一秒钟需要做多少功呢?

由于1W=1J/s，1W是“以每秒1N的力（接近于100g的物体重力大小）移动1m距离所做的功”。100W是每秒100N的力移动1m距离所做的功，或者是将一个约10kg的物体拉起1m所做的功。这与一个100W的灯泡一秒钟的工作量相同。

由于功被转化为热，每秒产生的热量也可以用功率来表示。例如，人类每天需要消耗8400kJ（约2000kcal）的食物来维持生命。一天的时间为86400秒，粗略地计算，人体每秒产生的热量约为100J。换句话说，在每秒产生的热量方面，在地球上，一个人相当于一个100W开着的灯泡。

当人们挤在一个狭小的房间时，是可以感受到“人的热量”的。这时把每个人都看作一个散发着热量的100W灯泡，就不难理解了。

基于马力的功率

功率的单位还有“马力”，1765年，当英国的詹姆斯·瓦特制造了一台改进的蒸汽机时，他用“基于马力的功率”来表达其性能的优越性，这就是所谓的马力。马力是通过让马匹实际执行抽水等任务来确定的，如图3所示。

今天，功率的国际单位普遍用W表示，但在汽车目录中仍然使用马力表示最大输出功率。

有两种类型的马力：英国马力（HP）和法国马力（PS），1HP=约745.5W，1PS=约735.5W。日本使用法国的马力。

在日本，自从2004年取消了280马力限制的规定后，大马力的汽车相继被开发出来，主要应用于跑车。

[图3] 马力是什么？

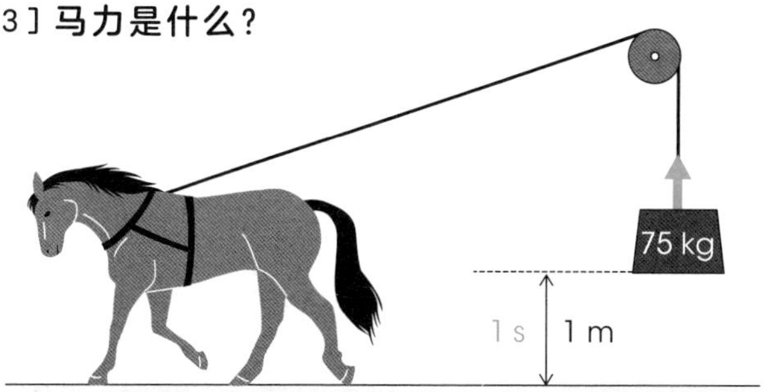

将质量为75kg的物体提升1米需要735.5N的力。用这个力在1秒内将重物举起1米的功率是735.5W，相当于1法国马力。

物体是怎样运动的？

机械能守恒定律

机械能守恒定律是用于建造过山车的能量转化原理。

发现契机！

——许多科学家都参与了机械能的发展过程，威廉·兰金先生（1820—1872）就是其中的一位。机械能主要有动能和势能两种吧?

是的。法国的科里奥利先生（第41页）在力学的基本原理中讲述过动能。

——科里奥利先生在他的书中创造了“动能”一词，并将动能定义为$\frac{1}{2}$×质量×速度^2（$\frac{1}{2}mv^2$）。

这个定义中1/2是关键。在此之前，动能被称为“活力”（力的作用程度），莱布尼茨将其定义为质量×速率^2（mv^2）。势能是我在1853年首次提出的。

——在那之前是什么样的呢?

1842年至1847年间，德国的迈尔（第78页）、英国的焦耳（第116、254页）和德国的亥姆霍兹（1821—1894）对能量转换进行独立研究后，得出了能量守恒定律。

——所以，一直很混乱的能量概念开始变得清晰了。

是的，在19世纪，热、光、电等其他现象之间的关系变得明朗，能量的概念也得到了统一。

原理解读！

- 能量是为其他事物做功的能力。
- 一个物体在高处拥有的能量称为重力势能。高度越高，质量越大，重力势能就越大。
- 运动中的物体所拥有的能量称为动能。动能的大小与速度的平方和质量成正比。
- 重力势能和动能相互转化（转移），但总的机械能保持不变，这被称为机械能守恒定律。

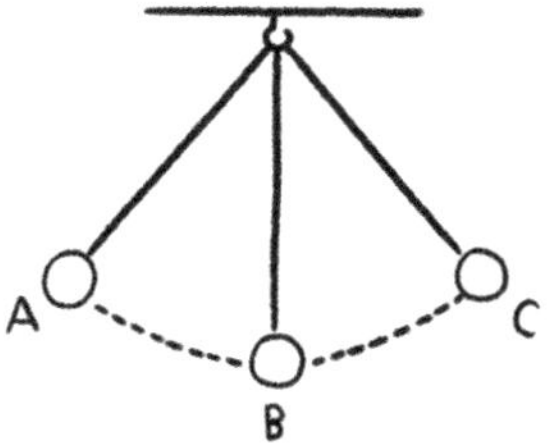

	A	B	C
重力势能	最大	最小	最大
动能	最小	最大	最小
能量总和		恒定	

无论球体是在A、B还是C位置，总能量都是一样的，只是能量的相互转化而已。

重力势能

当重物从高处落在打入地下的耙子上时，耙子每次都被推入地下。耙子被向下的力（作用在重量上的重力）推入地下的过程，是在做功。

为了将落下的重物提升到原来的高度（高度h），就需要一个力，此力与作用在重物上的重力mg相等，也就是说必须做$mg \times h$的功才能提高物体。高处物体，在相对参考平面上可以做mgh的功，也就是说，高处的物体具有做功的能力。

一般来说，当高处的物体落下并撞到下方的物体时，下方的物体会被移动。物体被举高而拥有的能量称为重力势能，势能E_p随着高度h和重力mg的增加而增加，用公式表示为：

$$E_p = mgh$$

对重力势能而言，重要的是将哪里作为参考平面。放在50层高楼的地板上的物体比放在地面上的物体要高。也就是说，放置在50层高楼的物体的重力势能比放置在地面的物体的势能要大。

然而，如果以50层高楼的地板为参考平面，该层物体的重力势能将为零，所以，重力势能的大小还取决于参考平面。

弹簧也有势能。弹簧有一个自然长度，当它被拉伸到超过这个长度时，具有试图恢复到原来长度的特性（弹性）。当拉开一侧被固定的弹簧时，由于其弹性，在松开后会恢复到原来的长度，这就意味着弹簧内部具有相应的弹性势能。

动能

一个运动中的物体与另一个物体发生碰撞时，会使该物体变形或移动。换句话说，运动中的物体有做功的能力。因此，运动中的物体具有能量，这被称为动能。

动能E_k与速度v的平方和质量m成正比，用公式表示为：

$$E_k = \frac{1}{2}mv^2$$

机械能守恒定律

势能和动能统称为机械能。在只有重力或弹力做功的物理体系内，势能和动能可以相互转化（或转换），但两者之和，即机械能总和保持不变。这被称为机械能守恒定律。

$$势能 + 动能 = E_p + E_k = mgh + \frac{1}{2}mv^2$$

摆锤中势能和动能的转化

在一个摆锤中，势能的参考平面是最低的地方。当它被手握在一定高度时，重物只有势能，释放摆锤后势能逐渐变为动能，在最低点时，势能为零，全部转化为动能，并达到最大速度。之后，动能又转化为势能，摆锤向松手时的高度移动，如图1所示。

如果可以忽略摩擦和散热的影响，机械能，也就是势能和动能之和，是守恒的。

[图1] 摆锤的运动和机械能

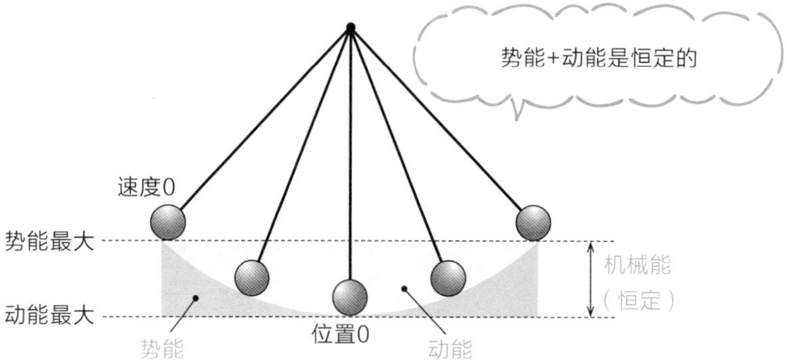

原理应用知多少！

过山车之旅

游乐园的过山车一旦被抬到一定高点并运行，就会沿着铁轨反复下降和上升，如图2所示。

这时，就像摆锤一样，势能和动能在运动中相互转化。换句话说，它的能量不可能超过它最高点时的势能。

因此，没有一辆过山车会上升到它最初的高度之上。

当过山车开始爬升时，其速度会下降。换句话说，动能正在转化为势能。在这段时间内，如果忽略摩擦和空气阻力机械能守恒定律使动能和势能之和（总和）保持不变。

［图2］过山车的势能和动能

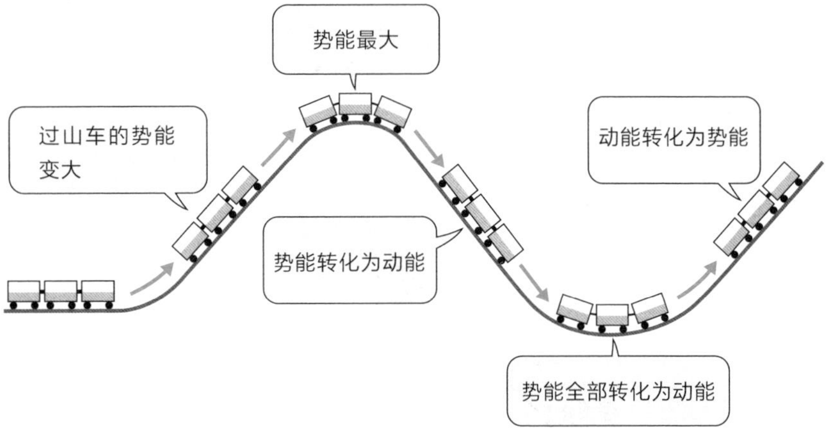

趣闻轶事

在没有重力的宇宙空间，物体的势能是怎样的？

没有重力，就没有“上下”或“高低”之分。

如果一个物体以一定的速度在宇宙中做匀速直线运动。它的动能大小为$\frac{1}{2}mv^2$。如果不对它施加外力，它就不会失去动能。因此，无论到哪里它都将一直做匀速直线运动。

在地球上，运动物体速度减慢和停止的原因是物体的动能转化成了内能。被内能取代的动能越多，动能就越少，速度就越慢。

也就是说，只要转化为热量就会失去能量，机械能也就减少了。

因此，如果将已经转化为热能的能量也考虑在范围之内。那么，机械能和热能的总和将始终不变。

事实上，机械能守恒定律只有在没有摩擦的条件下才成立。

与之相反，能量守恒定律是一个无论是否存在摩擦，都会成立的定律。

物体是怎样运动的？

迈尔

能量守恒定律

能量的表现方式多种多样，既不会凭空产生，也不会凭空消失。

发现契机！

——德国的迈尔先生（1814—1878）是第一个提出“能量守恒定律”的人。

我是一名医生，后来成为一名随船医生是为了看看这个世界。我在印度尼西亚爪哇岛逗留期间，给一位水手抽血治病时发现，他静脉血管里的血本应是黑红色的，但却是鲜红色。

——血液是鲜红色的，没错呀。

我从那时起进行认真地思考，当血液含有充足的氧时，是鲜红的。但为了维持体温，需要消耗血液中的氧，所以静脉血管中的血液一般是黑红色的。由于当地的气温较高，不需要消耗太多的氧，所以水手的血液依然呈鲜红色。人体的热量是通过进食来获得的。其中一些热量转化为体温，另一些则转化为肌肉所做的机械功。也就是说，热量和功是“力”的一种表现方式。

——仅仅从血液的颜色您就能想到那么多东西，真是令人惊讶！

自然界中的各种“力”之间存在着联系，如机械力、热力、光力、电力、磁力和化学力等，每一种“力”都是同一“力”的特殊形式。

——“力”就是我们今天所说的能量。迈尔先生提出的“‘力’不会消失而是相互转化”的观点（能量守恒定律）在19世纪中期成为一个科学事实。

过了这么久，我的想法才得到了认可……

原理解读!

▸ 能量有多种形式。

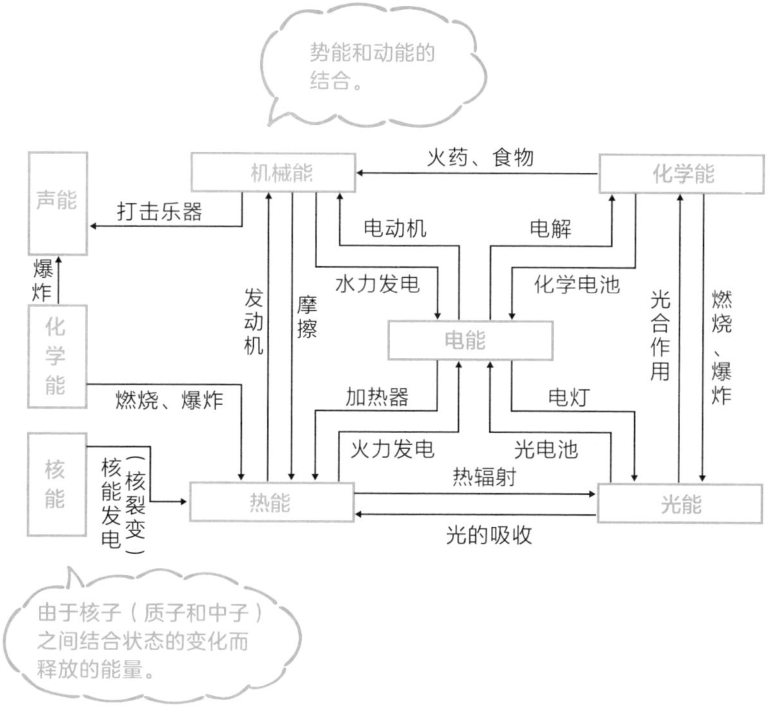

▸ 机械能和其他能量的总和总是保持不变。换句话说,能量既不会凭空消失,也不会凭空产生,这被称为能量守恒定律。

能量守恒定律中的能量包含了所有种类的能量。

能量守恒定律

能量守恒定律是支配自然界的一个重要的基本定律。

机械能守恒定律是一个在“无摩擦、无声音”的环境中才成立的定律。现实中，并非所有动能都转化为势能。在很多情况下，一部分动能会转化为热能或声能（空气振动）。

转化为热能或声能的部分是动能减少的部分，也可以说是，机械能被转换为热能或声能后减少了。

与机械能相反，能量守恒定律是一个无论是否存在摩擦或声音，都能成立的定律。

例如，在有摩擦或空气阻力的物体运动中，机械能是不守恒的。这是因为其中有一部分是以热量的形式在物体内部和外部散失的。然而，作为热量散失的能量并没有消失，而是转化成了肉眼不可见的原子和分子能量。

因此，如果我们把作为热量损失的能量包括在内，就可以认为能量守恒定律是成立的。

碰撞也是一样的，因为能量一旦转换为声能，它最终会变成热能。

能量既不会凭空产生，也不会凭空消失。这个能量守恒定律被认为是最基本的物理规律之一。

原理应用知多少！

汽油车的能源转换

要驾驶一辆汽车，必须给它注入汽油，也就是燃料。汽油由石油提炼而成，是一种具有化学能量的燃料。在发动机中，火花塞产生的火花点燃了汽油和空气混合物并导致其“爆炸”。

然后，“爆炸”导致活塞上下移动，就转化为活塞的动能。活塞的直线运动通过曲轴连杆装置被转化为旋转运动，然后被转移到轮胎上，最后被转化为推进的动能，从而使车辆通过与地面的摩擦力向前移动。

这时，摩擦力也转化为热能，导致轮胎发热和磨损。

发电机与汽车的发动机相连，通过转动发电机，产生电力。这些电可以用来打开大灯、听汽车收音机以及打开空调等。

电能的需求与日俱增

为了生产对工业、交通和日常生活有用的能源而被利用的资源被称为“能源资源”。自然界有各种能源资源，包括化石燃料（如石油、煤炭和天然气）以及来自太阳的光能等。

我们主要从这些能源资源中提取化学能和电能，并用于工业、交通和日常生活中。

特别是，电能可以通过电线供应给偏远地区，并且可以很容易地转换为其他形式的能量，如光能、热能和动能等，因此对电能的需求与日俱增，特别是家庭和商业用电。目前，从石油和煤炭中获得的能源有近一半被转化为电能使用。

到达地球的太阳能

太阳产生巨大的能量，向四面八方辐射，这种能量来源于太阳的核反应（核聚变）所释放的核能，如图1所示。

我们在地球上使用的能源，有潮汐能、风能和石油等化石燃料产生的化学能（除了地热能和核能），这些能源都来自太阳辐射。

在地球大气层外，垂直的1m^2表面每秒从太阳辐射出来的太阳光能量为1.37×10^3 J，这被称为太阳常数。如果这个能量均匀地分布在整个地球表面，就变成了大约每秒3.42×10^2 J。其中大约30%的能量被反射散落在宇宙空间，因此只有大约每秒2.4×10^2 J到达地球表面。

尽管到达地球表面的太阳能数量巨大，但目前还不可能将这些能量100%转化为电能，太阳能发电的转换效率为15%～20%。

[图1] **太阳能**

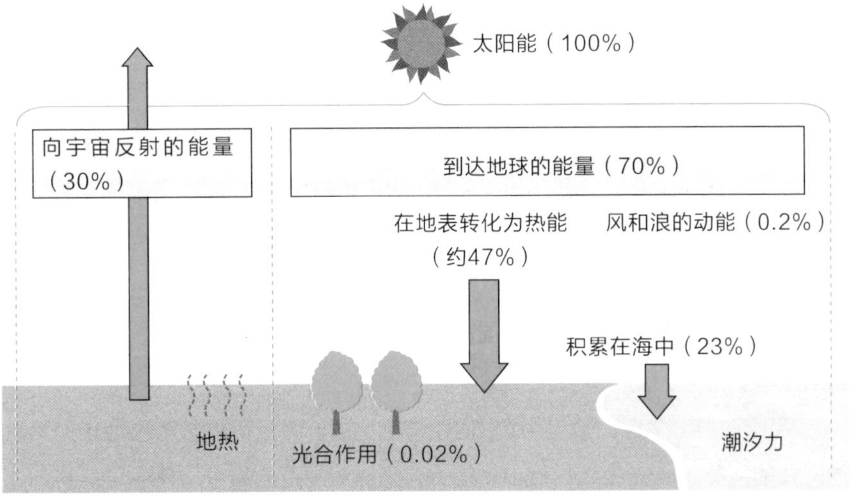

电磁学篇

无 处 不 在 的 无 形 电 流

无处不在的无形电流

威廉·吉尔伯特

电和电路

静电、电器甚至电话，在我们的身边电无处不在。

发现契机！

——虽然静电现象自古以来就为人所知，但明确这一现象的是英国人威廉·吉尔伯特（1544—1603）。吉尔伯特先生，当时已知的静电现象的性质是什么呢?

大约2600年前，古希腊的泰勒斯先生证实，“摩擦宝石琥珀（一种埋在地下的树脂化石，呈透明或半透明，颜色偏黄）会将周围重量轻的物体吸附过来”。这种现象被称为静电现象。

——例如触摸门把手。吉尔伯特先生，您专攻磁力学，对磁力学的研究贡献闻名于世，您为什么会对静电感兴趣呢?

当我试图详细研究磁铁的特性时，发现静电的特性和磁铁的特性是混在一起的。这就是为什么我认为对这两者进行适当区分很重要。当我用各种物体进行实验时，发现不仅是琥珀，还有许多其他材料，在摩擦时都有吸引轻质物体的特性，例如玻璃、硫黄和树脂等。

——吉尔伯特先生，您还为电学研究奠定了基础。现在，每个人对电气、电流和电能这些词都很熟悉。

琥珀是希腊语中电子的意思，所以我把这个现象命名为电（电气）。没想到这个词现在如此家喻户晓!

原理解读！

- 有两种类型的电：正电（⊕）和负电（⊖）。正电和负电相互吸引，而同种电则相互排斥。
- 当两种物质在一起摩擦时，靠近物质表面的负电荷会转移到另一种物质上。结果，物质中的电荷平衡被破坏，物质变得带有正电或负电，这一现象被称为带电。
- 电路包括一个电源、一个电流流动的途径（导线）以及一个消耗电的地方。

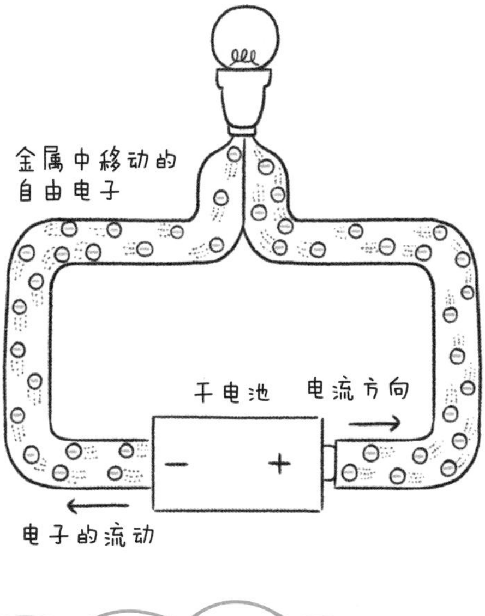

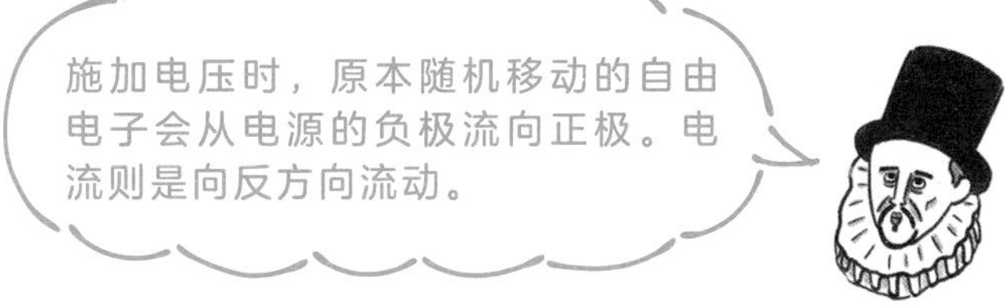

施加电压时，原本随机移动的自由电子会从电源的负极流向正极。电流则是向反方向流动。

日常生活中的静电

穿着衣服时，把塑料在腋下擦拭几次，然后放在头发上，头发会被吸引到塑料上。

在干燥的冬天，触摸门的金属把手时，可能会有过电般全身一颤的感觉，衣服也可能会紧贴在身上。甚至在黑暗的地方，还会看到“闪电”。

所有这些都是静电（摩擦电）的结果。当不同的材质相互摩擦时，就会产生静电（来自电池和家用电源插座的电被称为电流）。

带电物体（带电体）上静止的电，或者电流流速很慢、没有影响力的电，都被称为静电。

当使用带有荧光板的真空放电管时，阴极射线，即从阴极（负极）发出的电子流使荧光板以其路径发光。

静电有两种类型：正静电和负静电。例如，用聚氯乙烯（PVC）制成的橡皮擦摩擦吸管，吸管会带有正电。

同电荷则相互排斥，异电荷相互吸引，这种力被称为静电力。

静电发生的秘密在原子中

每个物体都是由原子组成的，该原子又是由位于中心带有正电的原子核和分布周围带有负电的电子组成。通常情况下，一个原子的正负电荷是正负相加为零的。原子核位于原子的中心，非常难以脱离，但外围的电子却很容易脱离，如图1所示。

［图1］引起静电的结构

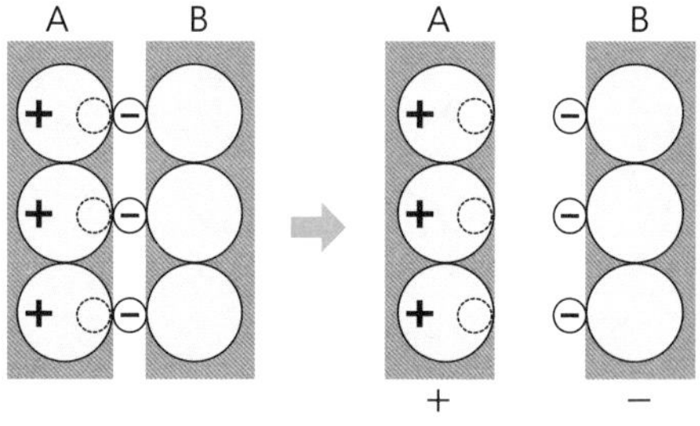

当物体A和物体B相互摩擦时，A的原子中的一些电子被转移到B，A的正电荷变多，而B的负电荷也变多。

当两个不同的物体在一起摩擦时，电子会从相对容易移除电子的物体转移到难以移除电子的物体上。这样一来，电子进入的物体会有更多的负电荷，它就带有负电。另一方面，失去电子的物体因为有了更多正电荷，便带有正电。

判断物体带正电还是负电

如果用纸巾擦拭橡胶气球，橡胶气球就会带有负电。当丝绸和毛皮在一起摩擦时，丝绸会带负电，毛皮则带正电。物体携带电的这一过程被称为带电。

物体产生的电的类型和多少取决于摩擦物体的性质，分为倾向于携带正电的物体和倾向于携带负电的物体两种类型。此外，可以根据带电序列判断物体是带正电还是负电。

当物体摩擦时，带电难易顺序如图2所示（这被称为“带电序列”）。

[图2] 物体的带电难易程度

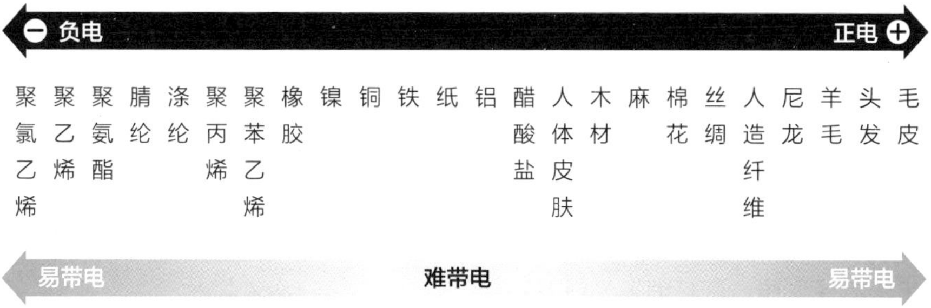

阴极射线的实质是电子的流动

1874年，英国的克鲁克斯研究了一种真空放电，在连接有金属电极的玻璃管的接近真空环境下对电极施加高电压时，靠近阳极的玻璃管就会发光。当一个十字形物体被放置在玻璃管中时，它的阴影在正极（阳极）一侧产生，如图3所示。

［图3］引起静电的结构

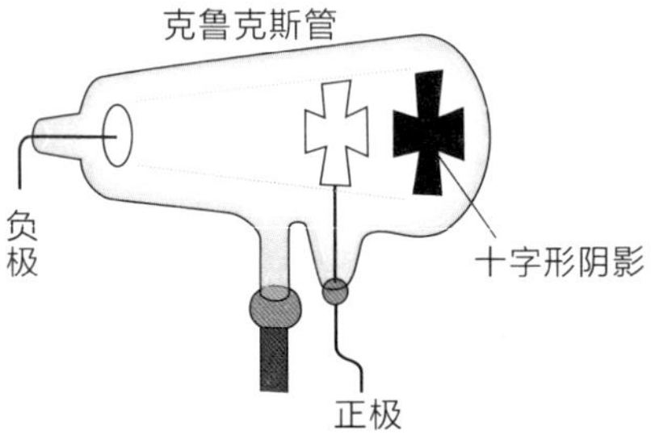

用于真空放电的管被称为克鲁克斯管。

克鲁克斯认为，从负极（阴极）的金属中放射出一种物质，类似于一缕看不见的光，他将这种类似于光线的物质命名为阴极射线。

19世纪末，英国的约瑟夫·约翰·汤姆逊发现，阴极射线是一种带有负电荷的电子流，因为在真空放电过程中对阴极射线施加电压时，它们会向阳极弯曲。

事实证明，在电路的金属内部流动的**电流实质上是电子的流动**。

电子是从电源的负极流向正极的

电流从电池等电源的正极出来，流经导线，使灯泡发光或发动机转动，再次流经导体，然后回到电源的负极。

这种以迂回方式流动的电流路径被称为**电流回路**（回路）。

现在，我们都知道电源的外部的电流是从电源的正极流向负极。但实际上，金属中的自由电子是从

［图4］电流的方向和电子的方向

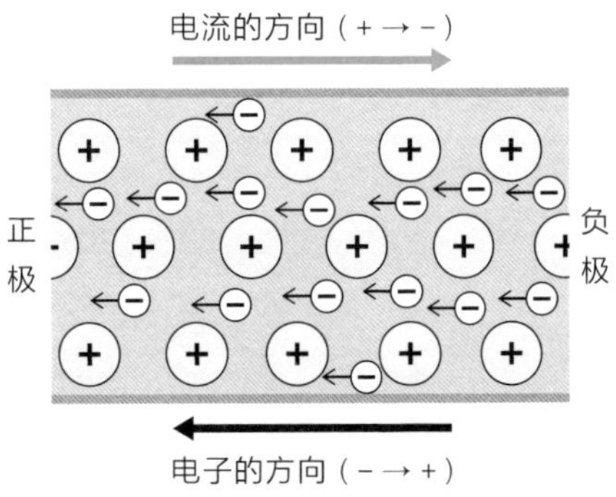

负极流向正极的。在认识电流从正极流向负极这一事实时，人们还不知道电流的本质是电子，所以现在为了方便仍然认定电流是从正极流向负极，如图4所示。

电流的大小一般使用安培（A）作为单位来表示。

电压

电压等于电荷移动所需要的功，单位为伏特（V）。如果把电流比作水的流动，那么电压就可以比作水压或水泵。

干电池的电压约为1.5V，家用插座为220V（有些为110V）。

导体充满了自由电子，但绝缘体则没有。在金属（即导体）中，自由电子在带有正电的原子堆之间移动。没有施加电压时，它们是自由的；施加电压时，这些自由电子从导体的负极移动到正极。带有正电的原子只会在原地摇晃，这就是导体中电流的真实性质。图5为电流回路中的电流和电压模型。

［图5］电流回路中的电流和电压模型

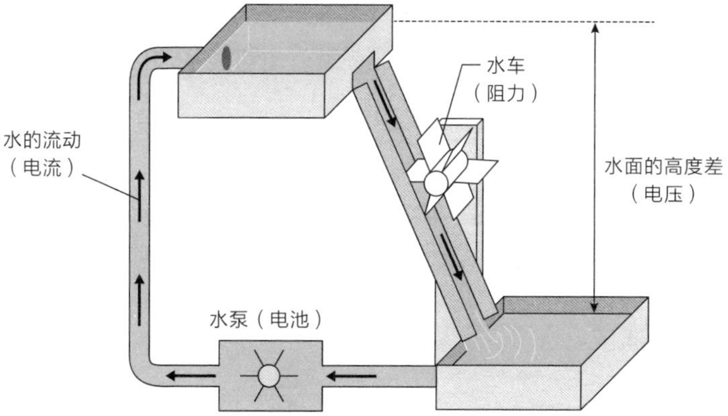

原理应用知多少！

可怕的触电

关于电的可怕之处在于触电。

当然，来自电压高达6000V电线的电是可怕的，但大多数触电事故发生于220V或220V的家庭插座。之所以有这么多家庭触电事故，是因为接触的机会多。

触电的危险性取决于流经身体电流的大小和持续时间。

如果是1mA或更小的电流，人只会有轻微的颤抖，没有危险。但如果是5mA左右，就会变得相当痛苦。当电流为10～20mA时，颤动变得难以忍受，肌肉收缩，触电者无法自行逃生，这相当危险。当电流达到约50mA时，有可能出现心搏骤停，即使是短时间内也是极其危险的。

身体潮湿时，电阻会变小，220V的电压会产生170mA的电流，所以在浴室和洗手间需要更加小心。

电器的线路和电线上会覆盖着防止漏电的乙烯和橡胶等绝缘体。但是，如果绝缘层老化或其他原因而损坏或撕裂，电可能从该区域泄漏并导致触电事故。

在洗衣机和冰箱等有水的地方，需要连接一根地线。

另外，要小心婴儿或儿童调皮地将发夹或其他金属物品插入电源插座的事故。电源插座如图6所示。

［图6］电源插座

趣闻轶事

雷电是自然界中大规模的放电现象

静电的电压非常高，从几千伏到几万伏不等，但并不会导致死亡，因为电流（电子移动的数量）非常小。电火花有时会因静电而飞溅，直径为1厘米的电火花的电压约为10000伏。

尽管“静电不会致死”，但需要小心雷电，它是一种自然的静电现象。

雷电是由正电荷和负电荷在几亿，甚至十亿伏电压下放电造成的，如图7所示。换句话说，有巨大的电流在空气中流动。

在雷云内部，上升气流和下降气流剧烈混合，雨滴和冰块（冰雹）相互碰撞、摩擦产生静电。

正电（电荷）堆积在云的顶部，负电（电荷）堆积在云的底部。由于受云层底部的负电荷的吸引，正电荷在离它很近的地面聚积。积聚在云层底部的电子（负电荷）向正电荷所在的地面移动，这就是雷电现象。

［图7］雷电下落原理

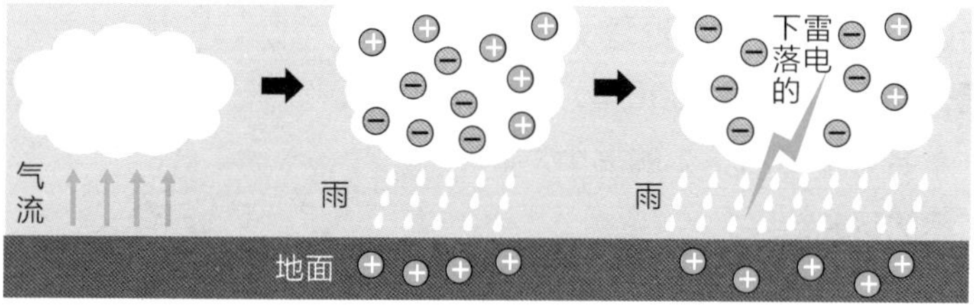

磁学和磁铁

地球是块大磁铁，任何物质都可以成为磁体。

发现契机！

——和上一期一样（第84页），吉尔伯特先生再次光临。吉尔伯特先生随后挑战了揭秘“磁针为何指向南北”的实验，并揭示了地球是一个巨大的磁铁，如图1所示。

我是一名医生，但沉迷于对电和磁的研究，持续研究了20年的磁铁。有一天，我听水手们说，随着船向北靠近，罗盘的指针会向下移动。于是，我用天然磁铁做了一个像地球那样的圆形磁铁，并进行实验。我将小磁针放在圆形磁铁的不同位置上，并仔细观察磁针的移动细节。其结果与在地球上看到的完全一样。

——所以您最终得出的结论是：“地球是一块大磁铁。”1600年，您在一本名为《磁石论》的书中发表了您的研究结果。

［图1］地球是大磁铁

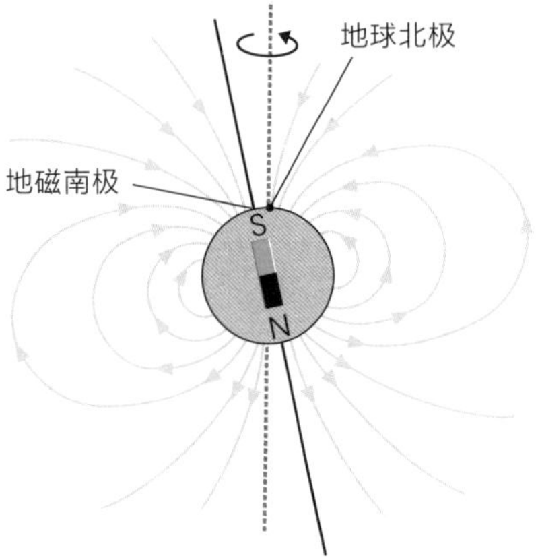

原理解读！

- 一块磁铁有两极，分别为N和S。磁极之间呈现同名磁极相互排斥、异名磁极相互吸引的现象。
- 磁石周围的空间处于施加磁力的状态，这样的空间被称为磁场。
- 磁场可以用磁感线来表示。磁感线的特征如下。

①在磁铁外部从N极出发，进入S极（磁场的方向）。

②间隙越窄，磁场越强。

③互不交叉。

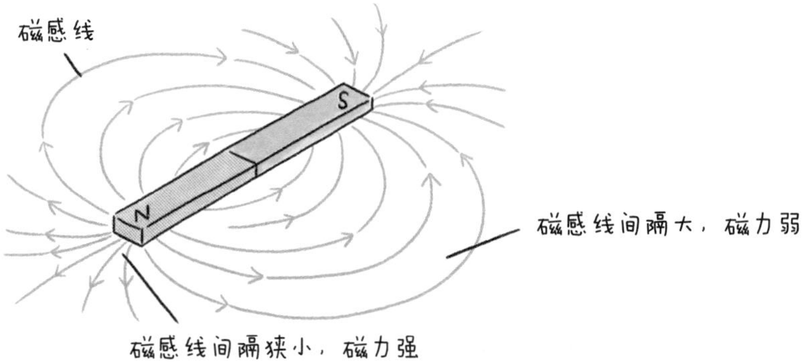

- 地球是一个大磁铁，S极靠近北极（在北美大陆的北端），N极靠近南极。

一块磁铁有N极和S极。磁铁周围有磁场，可以用从N极出发到S极的磁感线来表示。

磁畴和磁体

磁铁在被称为磁畴的区域形成，磁畴是被磁化的小磁铁（直径约为1/100毫米）中在未加磁场时磁化方向均匀的区域。施加磁场时，磁畴内所有磁性材料都在磁场的方向上被磁化，并具有磁体的特性。

我们可以把磁铁看成是小磁铁（磁畴）的集合。

未被磁化时，磁畴指向不同的方向，并作为一个整体相互抵消，因此，磁体的特性不会出现，如图2（a）所示。

成为磁体的材料具有磁畴，这些磁畴在磁场中整齐排列并指向同一方向，整个材料就是一块磁铁，如图2（b）所示。

[图2] 磁畴与磁场的方向一致

(a) 未被磁化的状态　　(b) 磁化状态

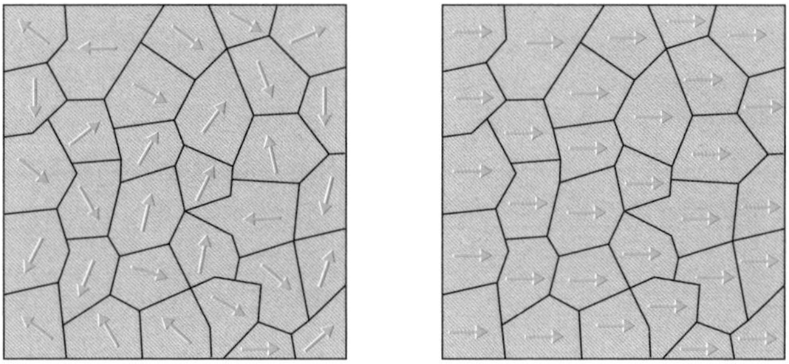

顺磁体和逆磁体

材料大致分为**铁磁性材料**（成为磁铁的材料）、**顺磁性材料**（使用超强磁铁时粘在磁铁上的材料）和**逆磁性材料**（使用超强磁铁时排斥磁铁的材料）。

铁磁体在磁场中沿着磁场的方向被磁化，成为磁体。永磁体是一种即使从磁场中移除仍能保持磁性的物质。

即使是已经成为永磁铁的材料，在一定的温度下（居里点）也会失去其磁性（磁力），因为随着温度的升高，磁畴的热运动导致所有的磁畴破裂并指向某个方向。将成为磁体的材料的温度提高到居里点以上，然后冷却，磁畴就会被磁化，其方向与地球磁场相同。

铁磁性体的代表是铁、钴和镍。除这些铁磁体外，其他物质对磁铁的反应非常微弱，通常被认为是“不粘磁”。

然而，任何物质都会与超强磁铁发生反应，这就是顺磁体和逆磁体。

顺磁体含有氧，当氧气冷却到-183℃成为液体时，它会粘在磁铁上。顺磁体还包括锰、钠、铬、铂和铝。

逆磁体包括石墨、锑、铋、铜、氢气、二氧化碳和水。

原理应用知多少！

强大的磁铁使电器的小型化成为可能

目前，钕铁硼磁铁具有最强的磁力。钕铁硼磁铁是由佐川真人发现的，是一种由钕、铁和硼三种元素组成的磁铁。就磁力而言，它已经超过了钐钴磁铁，而钐钴磁铁在此之前是最强的磁铁。

此外，钕铁硼磁铁的优点是制造成本比钐钴磁铁低（有时在100日元的商店就能买到钕铁硼磁铁）。

这是因为钕在地壳中比钐更丰富，而铁和硼是地壳中比钴更丰富的元素（钐钴磁铁比钕铁硼磁铁更耐高温）。

由于这些小而强的磁铁，电动机和扬声器可以做得更小，并被用于小型、便携式电气产品中。

趣闻轶事

钞票会粘在磁铁上吗？

将钕铁硼磁铁包裹在塑料袋中并靠近石头时，不仅是铁砂这样的小颗粒，非常大的石头也可能粘在它上面。如果石头中含有一定量的磁铁矿的矿物，即使普通的磁铁不会粘在石头上，强大的钕磁铁也会被石头粘上。

将从中间折叠易于移动的1000日元、5000日元或10000日元放置在一块钕铁硼磁铁附近，这些钞票会粘住磁铁。仔细观察这些钞票，我们会发现，由于钞票的位置不同，粘的难易程度也不同。这是因为在钞票的印刷油墨中混有磁性物质，这也是自动售货机判断钞票的信息之一。

为什么地球是一块大磁铁？

要想知道为什么地球是一块大磁铁，首先让我们看一下地球的结构。地球是一个非常大的球体，半径约为6400km，由地壳、地幔、外核和内核组成，如图3所示。

地壳是由岩石组成的，其厚度因地而异。在大陆上，地壳的厚度为30～50km，而在海洋中，它的厚度为5～10km。从地球整体来看，地壳是非常薄的。地幔也是由岩石组成的，深达2900km。一般认为，地幔中存在地幔对流。

地球磁力的来源是位于地球中心的“地核”。地核的温度被认为超过4000℃。地核分为两部分：位于5100km深度之外的外核心和位于外核之内的内核。与内核一样，外核主要由铁构成，处在2900～5000km深处的外壳中，铁是以液体形式存在的。

外核中跳动的熔融铁在旋涡中围绕中心的固体内核旋转。此时，因电流流动而产生磁力的发电机理论的假设是有理可依的，它与地球磁场产生的原理相同。然而，还是不能解释地磁的所有复杂现象。

众所周知，地球的磁场在过去曾多次发生逆转，S极和N极在几十万到几百万年的间隔内出现对换。通过研究发现，熔岩是没有磁性的，因为它的温度高于居里点，但冷却时会被地球的磁场所磁化。

［图3］地球的构造

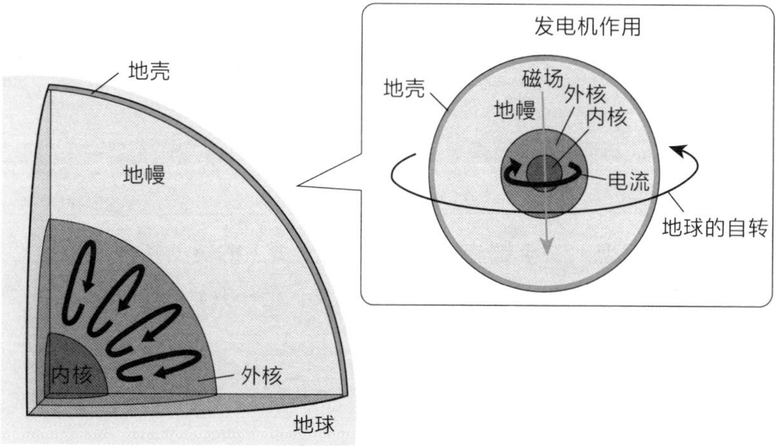

无处不在的无形电流

乔治·西蒙·欧姆

欧姆定律

利用欧姆定律，我们可以实现从电路计算到测谎仪和体脂秤等各个方面的应用。

发现契机！

——因欧姆定律而闻名于世的乔治·西蒙·欧姆先生（1789—1854）出生于德国。据说，欧姆先生是一位神童，从小就备受关注。

哪里哪里，在很小的时候，父亲就在家里教我物理、化学和数学知识。之后，进入了文理中学学习，但因为内容过于简单，便退学了。于是我在16岁的时候就进入了大学。

——不愧是欧姆先生，只有您才能讲这样的话。那么，您是什么时候开始研究电学的呢？

那是……在我30岁之后吧。那时，我听说丹麦的奥斯特先生发现了电流产生磁场的现象，于是便对它产生了兴趣。

——您说的是发现“右手螺旋定则”（第122页）的奥斯特先生吧。您在1827年发表了一篇关于电学研究的论文，但一开始在德国并不那么受欢迎。

是的。但我被授予英国皇家学会的荣誉奖章，因此还去了慕尼黑大学任教。

——这真是太好！即便在今天，欧姆定律在电学领域也是不可或缺的。为了表彰欧姆先生的成就，世人将您的名字用作电阻单位。这真是太棒了！

原理解读！

- 流经导体（能导电的物体）的电流大小I与导体上的电压U成正比。
- 电流I（A）和电压U（V）成比例，当比例常数为R（Ω）时，表示公式如下。

$$U=IR$$

在这种情况下，R被称为电阻，它表示电流流动的难度。

- 电流、电压和电阻之间的关系被称为欧姆定律。
- 当导体内的自由电子移动时，电流就会流动。电流流动的方向与电子运动的方向相反。

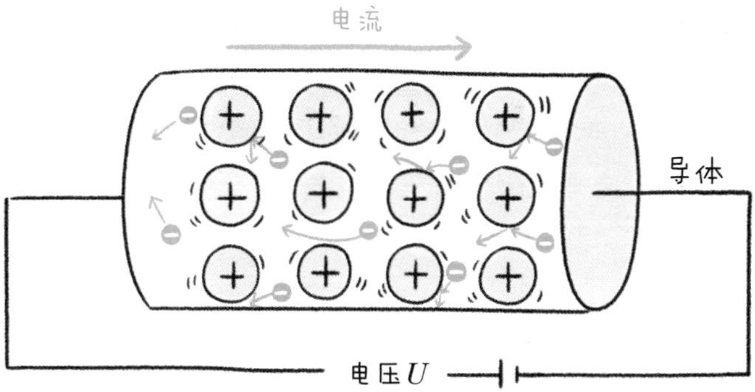

在同一电路中，通过某段导体的电流跟这段导体两端的电压成正比，和电阻成反比。

电势差

施加在导体上的电压越高，流经的电流就越大。

打个比方，就像一个物体从高处落到低处一样，电流从电势高处流向电势低处，这种落差就是电阻的电压降引起的。当I（A）的电流流过R（Ω）的电阻时，由于电势的变化，在电阻两端产生U（V）的差值。

当电压相同时，电阻越小，流经的电流就越大；电阻越大，流经的电流就越小。电压降示意图如图1所示。

［图1］电压降示意图

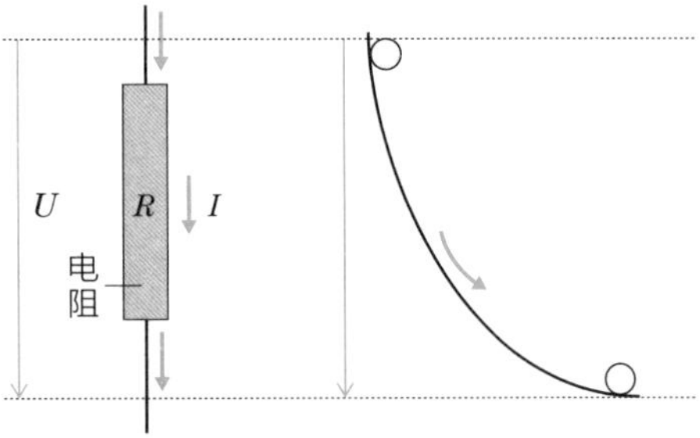

根据欧姆定律判断灯泡的亮度

图2（a）中，使用两节电池代替一节电池，使电压增加一倍，根据欧姆定律，电流也将增加一倍，灯泡会更亮。

如果把两个相同灯泡串联起来，而不改变电池，将会怎么样呢？如图2（b）所示。

在这种情况下，电池保持不变，但电阻（灯泡）增加了一倍，所以流经灯泡的电流减半，灯泡变暗。

接下来，在不改变电池的情

［图2］灯泡的明暗变化

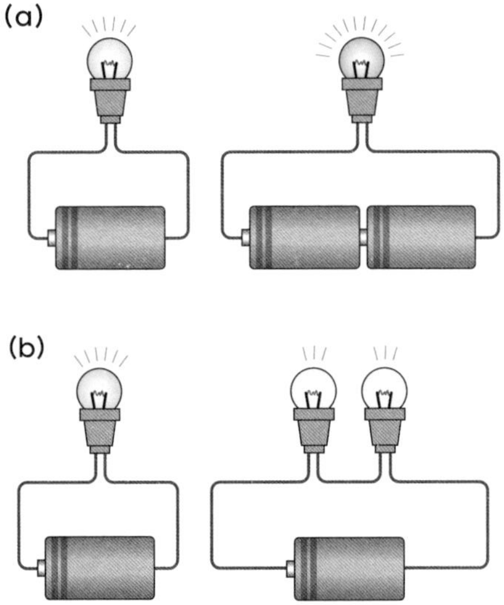

况下将两个电阻并联起来，如图2（c）所示。

在这种情况下，两个电阻上的电压都等于电池的电压，流经它们的电流也是一样的，因此，灯的亮度几乎相同。

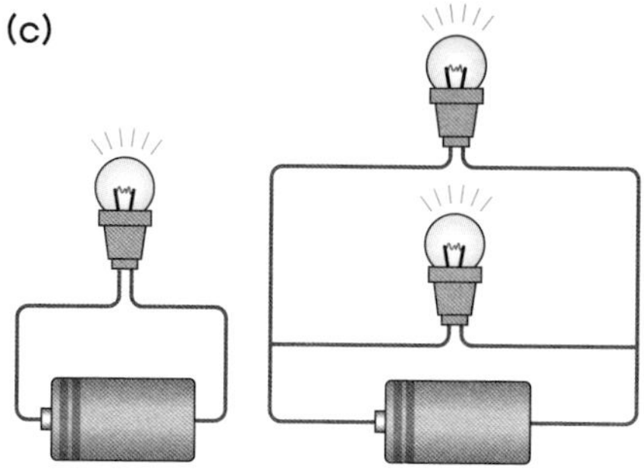

为什么导体会产生电阻

当可以自由移动的自由电子在导体内移动时，电流就会流动，而原子（阳离子）是不能移动的。

这导致自由电子在移动时与原子碰撞，这就是电阻。

顺便说一句，由于自由电子具有负电性，所以电流流动的方向和电子运动的方向是相反的，如图3所示。

[图3] 自由电子运动的方向与电流流动的方向相反

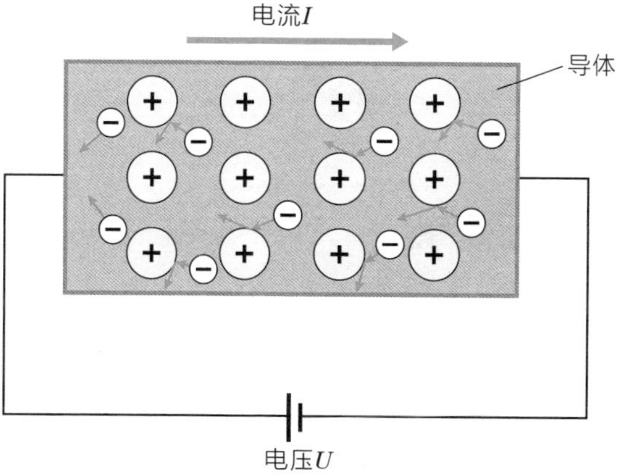

原理应用知多少！

测谎仪和体脂秤：把人当作电路来思考

下面让我们尝试衡量一下人体的电阻。

用双手握住测试仪（电路表、万用表：可切换内部电路以检查电压、电阻等的测量仪器）的终端，尝试测量人体的电阻。

这时的电阻大小在一个相当大的范围内变化，造成这种情况的原因有很多，其中非常主要的影响因素是当时握持的方式和身体出汗等。

电流“测谎仪”正是利用这种现象，测量说谎话时发生的紧张和出汗引起的电阻值变化，如图4所示。

另外，测量脂肪百分比的体脂秤，也是通过将微弱的电流通过身体并测量电阻来估计一个人的脂肪百分比。这是基于脂肪几乎不能导电，而肌肉和其他组织则易于导电的特点。

［图4］测谎仪

趣闻轶事

是否存在无电阻物质

正如我们在“为什么导体会产生电阻”（第101页）中所讨论的那样，电阻会阻碍电子的流动，从而使一些电能转化为热能。然而，在1911年，荷兰的昂内斯发现了超导现象，在温度低于-268.8℃时，汞被冷却到接近绝对零度，电阻突然变成零。

让电流通过由超导体制成的导体，电流将永远保持流动，不会因为电阻而损失任何能量。如果用超导体制作电线，在电力传输过程中就不会有能量损失，对节约能源有很大帮助。通过用超导体制作线圈，将有可能制成不耗电的强大电磁铁。另外，超导线圈也被用于线性电动机。

近年来，对在更高温度下表现出超导性的材料的探索一直在继续。目前，已经发现一种大约在150K（-123℃）时成为超导的材料，并且正在对高温超导性进行进一步研究。

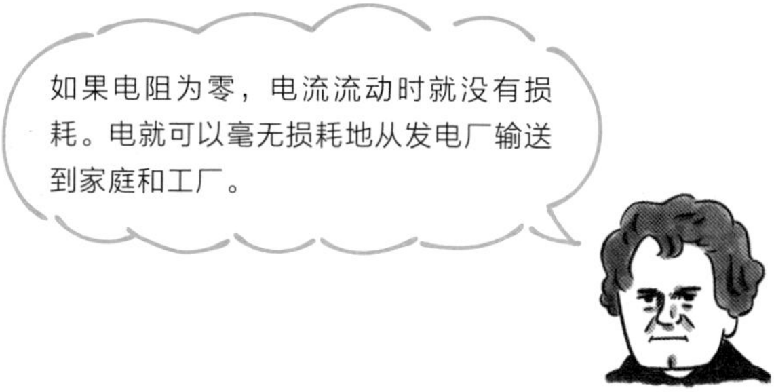

如果电阻为零，电流流动时就没有损耗。电就可以毫无损耗地从发电厂输送到家庭和工厂。

无处不在的无形电流

基尔霍夫定律

闭合电路的电势总是返回到它的原始值，应用基尔霍夫定律可以进行复杂电路的计算。

发现契机！

——基尔霍夫定律是由古斯塔夫·罗伯特·基尔霍夫先生（1824—1887）在1845年发现的。这个定律与欧姆定律（第98页）都是关于电路的定律，但它们有什么区别呢?

欧姆定律考虑的是电路的部分，但我的定律适用于电路的整体（电路中闭合回路）。有两条基尔霍夫定律，第一条定律是关于电流的，第二条定律是关于电压的。

——我明白了。在计算流经复杂电路的电流和电压时，基尔霍夫定律能发挥重大作用。

是的，它扩大了应用的范围。

——据我所知，基尔霍夫先生发现这一规律时只有20岁左右。

由于这一成就，我在26岁时成为了一名大学教授。

——通过使用这一定律，就有可能计算出仅靠观察无法求值的复杂电路的电流值和电阻值。即使在今天，这也是一项非常重要的定律。

我很高兴听到这个消息。能够帮助到大家，是我的荣幸。

原理解读！

- **基尔霍夫第一定律：**
  关于电路中的节点（导体交叉的点），流入的电流之和 = 流出的电流之和。
- **基尔霍夫第二定律：**
  关于电路中的闭合回路，电动势之和=电势差之和。
- 电动势是指产生电流的电势（电压）的差异，其单位与电压（V）相同。电池会产生电势差（电压）。
- 电势差是指当电流流经电路时，因存在电阻而降低（下降）电压。

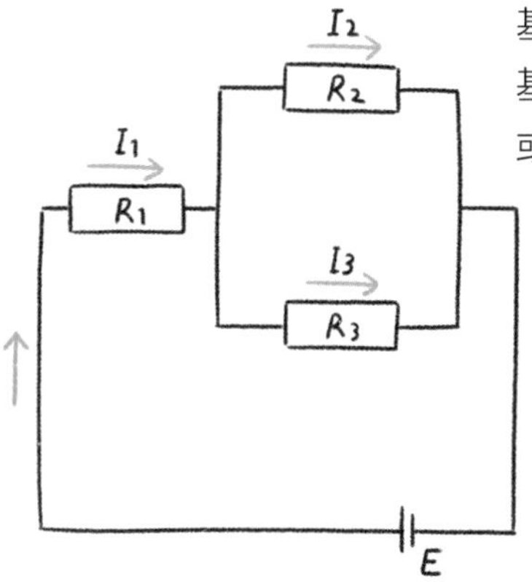

基尔霍夫第一定律：$I_1 = I_2 + I_3$

基尔霍夫第二定律：$E = R_1I_1+R_2I_2$，

或者 $E = R_1I_1+R_3I_3$

电池：电压E

电阻：R_1、R_2、R_3

电流：I_1、I_2、I_3

电池提高的电势在通过电阻后会下降到原来的高度（电势）。

当闭合电路循环一圈后，电压恢复到原来的数值，那么“增加的电压=减少的电压”是成立的。

基尔霍夫第一定律

电路的导体和导体相交的节点不具备储存电的能力，因此，电路中任意一个节点上，在任一时刻，流入节点的电流之和等于流出节点的电流之和，这被称为基尔霍夫第一定律。

在图1中，$I_1+I_2=I_3+I_4+I_5$。

想象一下水的流动，假设图中的蓝色箭头是水的流动，那么流入的水量总是等于流出的水量。

[图1] 流入的电流之和=流出的电流之和

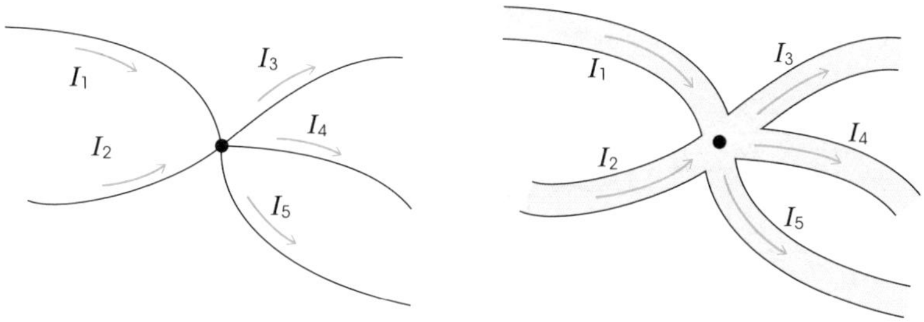

基尔霍夫第二定律

在任何一个闭合回路中，各元件上的电势差的代数和等于电动势的代数和，即从一点出发绕回路一周回到该点时，各段电压的代数和恒等于零，这被称为基尔霍夫第二定律。现在，思考一下真实的电路，像图2中的电路可以被分为两个回路。

[图2] 复杂的电路

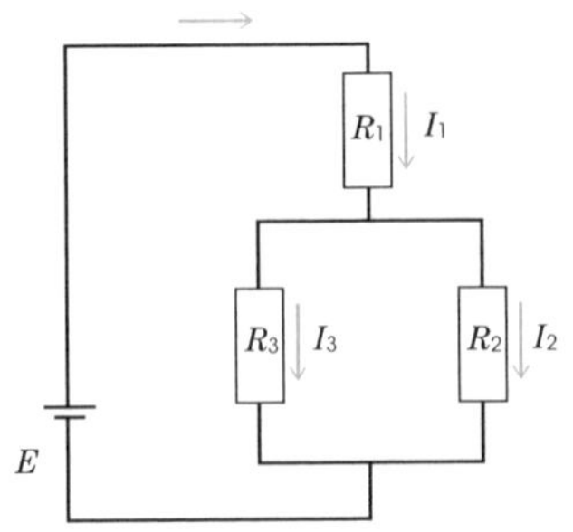

（1）第一个闭合回路

把电路图看作一条水路，电池是一

个抽水的泵，而水的流动就是电流。由泵E抽出的水通过图3中的路径落下。

被泵抽出的水又回到了泵里，这意味着“提高的高度=降低的高度”。根据欧姆定律，电压下降量与电阻（R）的关系是“电阻（R）× 电流（I）”。因此，在第一个闭合回路中，$E=R_1I_1+R_3I_3$。

（2）第二个闭合回路

另一个不同的回路，也是如此。在图4中，“提高的高度=降低的高度”，所以$E=R_1I_1+R_2I_2$也应该是成立的。

这样一来，基尔霍夫定律就可以用来计算复杂电路的电流值和电阻值了。

［图3］第一个闭合回路的电流流动

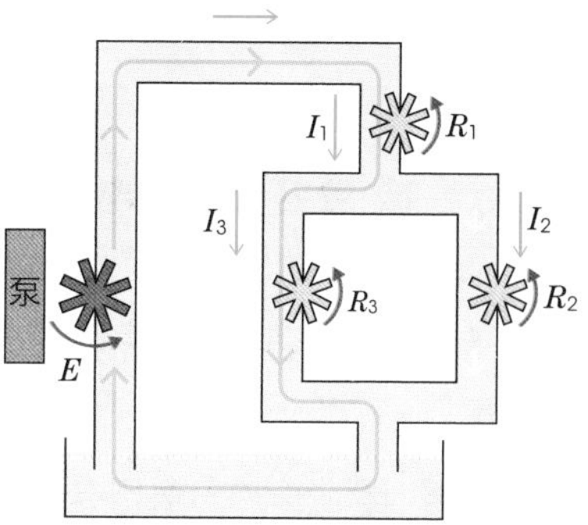

［图4］第二个闭合回路的电流流动

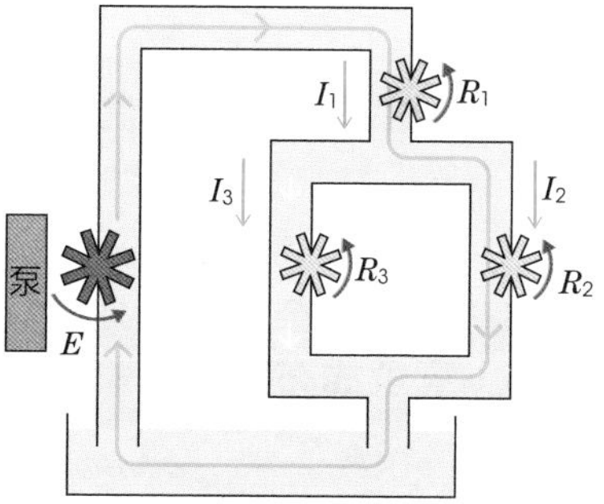

适用于所有电路

基尔霍夫定律在任何电路中都是成立的，无论电路有多复杂。

在实际的电路计算中，会计算每一个闭合回路。将基尔霍夫第一定律应用于导体的节点，然后将基尔霍夫第二定律应用于每个闭合电路。通过对这些方程进行数学求解，就可以计算出流经每个电阻的电流大小和方向。

原理应用知多少！

应用于家用电器和超级计算机

基尔霍夫定律在所有电路中都是成立的，在现代电路计算中，它的作用举足轻重。

在我们熟悉的所有家用电器的电路中，基尔霍夫定律是不可或缺的，例如冰箱、微波炉、电视、空调、电脑和智能手机等电器中。在超级计算机“神威太湖之光”的基本设计中，基尔霍夫定律同样是必不可少的。

章鱼式布线注意事项

章鱼式布线是将若干电器连接到同一延长线上的布线方式，如图5所示。

［图5］章鱼式布线

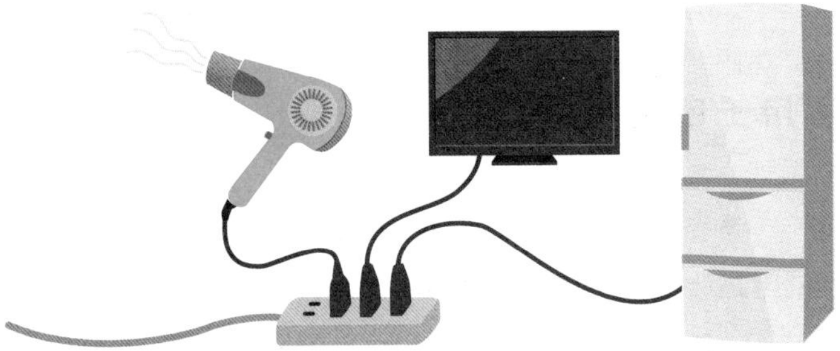

因此，如果按图6的方式连接电器，施加在冰箱、电视和吹风机上的电压都将是220V。

[图6] 章鱼式布线的电路

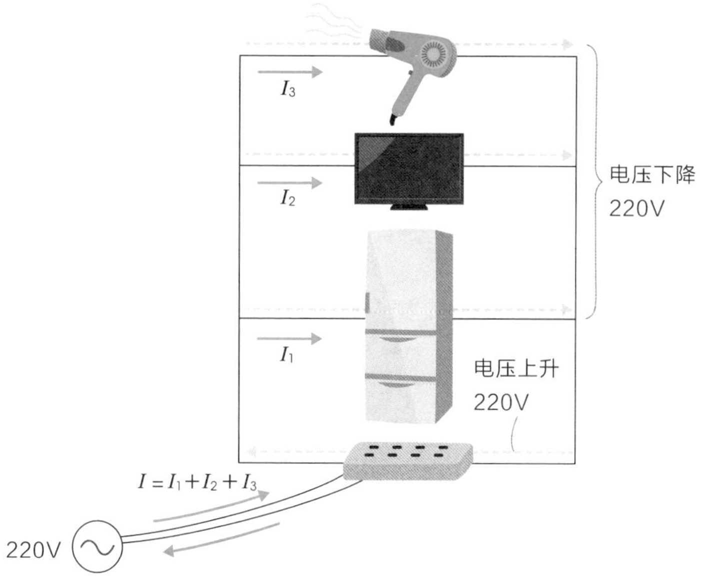

在这个电路中，“上升的电压=下降的电压”是成立的（在交流电中，正负电压剧烈切换，在图中用箭头方向表示）。

假设流经冰箱、电视和吹风机的电流分别为I_1、I_2和I_3。根据基尔霍夫第一定律，流经延长线的电流I是流经每个电器的电流之和，即$I = I_1 + I_2 + I_3$。

因此，章鱼式布线是有危险的，因为在这种情况下会导致过大的电流流经延长线。我们要仔细检查电线的允许瓦数和安培数，在不超过标准的范围内使用！

延长线承载着流经所有电气设备的电流之和。

查尔斯·德·库仑

库仑定律

原子也会受到静电的影响，库仑定律是应用于微观世界中的电学规律。

发现契机！

—— 据说“库仑定律”是法国的查尔斯·德·库仑先生（1736—1806）发现的。而静电本身是很早以前就被知道了。

是这样的哦。但是没有人知道这些力和距离之间的关系，这就是我设计实验装置并进行调查的原因。

—— 随着库仑定律的发现，人们对电磁现象的研究变得更加积极。此外，库仑力不仅是一种作用于物体的力，也是一种作用于原子的力，所以从这个意义上说，它对科学的贡献是非常大的。

非常感谢。但实际上……一个名叫亨利·卡文迪许（第17页）的英国人比我早10多年发现了这一定律。

—— 但卡文迪许先生并没有向全世界发表，不是吗？这本该获得巨大的荣誉的，但为什么不公布呢？

有传言说，他是出于好奇心而投身于研究，从来没有对荣誉的渴望。他从不发表任何东西，除非他认为它真的很完美。

—— 我相信他应该很高兴能够满足自己的好奇心，但现在想想，这似乎有点可惜了。

多亏了他，我的名字才流传下来，我的心情很复杂……

原理解读！

- 点电荷是一个可以被视为没有大小的点的物体，它带有电荷。
- 带电的物体在相隔的空间中相互施加的力称为静电力，这种静电力的大小称为库仑力。
- 真空中两个静止的点电荷之间的相互作用力（同种电荷相斥，异种电荷相吸），力的大小与它们的电荷量的乘积成正比，与它们的距离的二次方成反比，作用力的方向在它们的连线上，这被称为库仑定律。

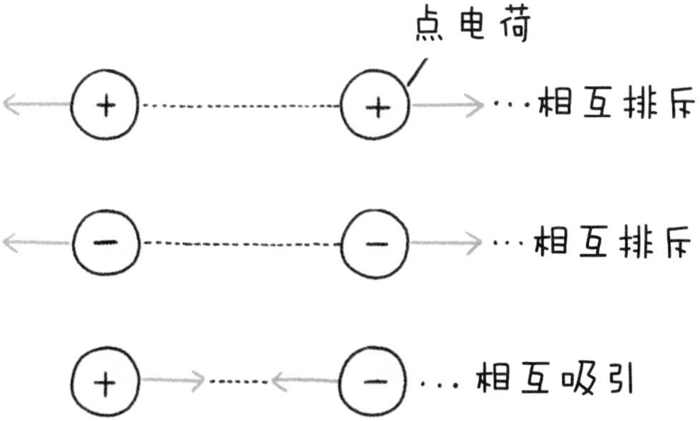

库仑力与它们的电荷量的乘积成正比，与距离的二次方成反比。

电荷之间的距离越近，电量越大，库仑力就越大。

静电力

静电力作用在连接两个电荷的直线上，有正电荷和负电荷。当它们是同种类时，如正和正或负和负，会互相排斥；当它们是不同种类时，如正和负，会互相吸引，如图1所示。

[图1] 作用于两个点电荷之间的静电力

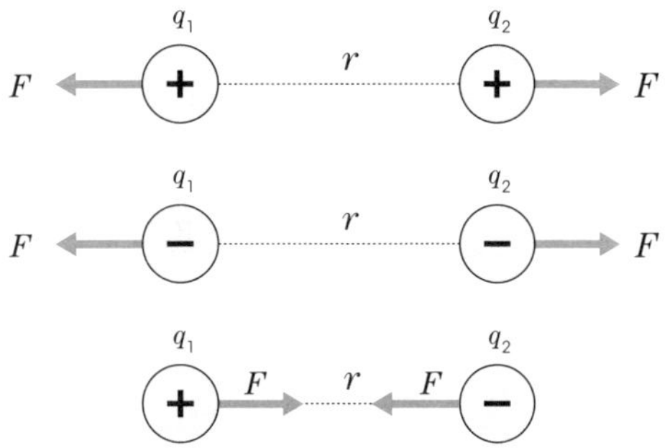

两个点电荷之间静电力的大小与它们各自电荷量大小的乘积成正比，与点电荷之间距离的二次方成反比。

电荷之间的距离越近，静电力就越大；电荷量越多，静电力就越大。

它们相互之间施加的作用力F计算公式如下。

$$F = k\frac{q_1q_2}{r^2}$$

静电力的大小为F（N），电荷量的大小分别为q_1（C）和q_2（C），点电荷之间的距离为r（m），k为一个比例常量。

比例常量k的值取决于带电物体周围的材料，但在真空中，k=8.9876×10^9 N·m^2/C^2。

如果电荷量相同，距离相同，无论正负电荷，库仑力的大小F都是一样的。

库仑力和万有引力

库仑定律与万有引力定律密切相关（第14页），接下来比较一下这些方程式。

库伦定律　　$F=k\dfrac{q_1q_2}{r^2}$

万有引力定律　　$F=G\dfrac{mM}{r^2}$

力的大小“与两个物体之间距离的二次方成反比”，在这一点上两定律是相同的。这种定律一般被称为反平方定律。

然而，这两种力之间也存在着显著的差异。

首先，万有引力只是一种引力，而没有排斥力。如上所述，库仑力既有吸引力又有排斥力。

其次是作用力大小的差异。

比较电子相隔一定距离的库仑力和万有引力的大小，库仑力约为万有引力的4.2×10^{42}倍。

由于电子非常轻，难以比较，所以可以比较相对较重的质子的库仑力和万有引力。计算表明，库仑力仍比万有引力大1.2×10^{36}倍。

大约为1200 000 000 000 000 000 000 000 000 000 000 000倍，差异是巨大的。

因此，宇宙引力为何如此之弱是物理学中的一个谜团。

原理应用知多少！

氯化钠的裂解性

与库仑力相比，万有引力要弱得多，除非物体像天体那样大，否则很难察觉到万有引力。例如，我们所熟悉的铅笔和橡皮，受万有引力的作用相互吸引，但这种引力太弱，无法观察到。另一方面，库仑力是如此之大，以至于即使材料中的电荷只有很小的差别，人类也能感觉到它。

[图2] 岩盐

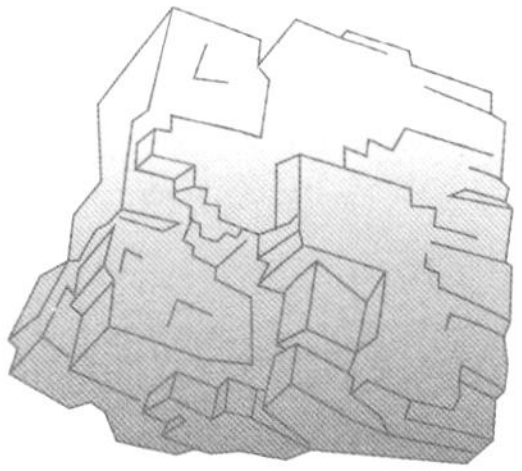

例如，岩盐是氯化钠的晶体，如图2所示。其中钠离子（Na^+）和氯离子（Cl^-）通过库仑力相互吸引。当岩盐受到冲击时，就会裂开，留下一个干净的表面，如图3所示。

[图3] 岩盐受到冲击

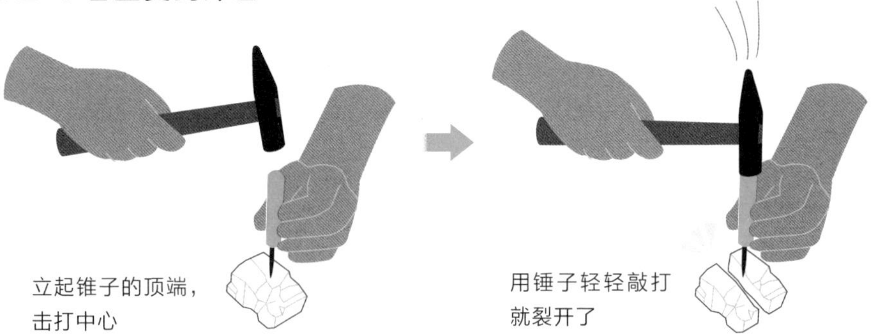
立起锥子的顶端，
击打中心
用锤子轻轻敲打
就裂开了

在氯化钠的晶体内，钠离子（Na^+）和氯离子（Cl^-）有序地排列在一起，彼此相邻。当这些原子稍有位移时，**正离子和正离子或负离子和负离子就会相遇，由于排斥力它们会干净利落地分开**，这被称为分裂。

关于原子的稳定性

铀（原子量238）的原子序数为92，即有92个带正电的质子。原子量是质子和中子的总数，这意味着有146个没有电荷的中子（238-92=146）。

还有一种稀有气体氡（Rn）的原子序数为86，中子数为136，约为质子的1.6倍。

另一方面，原子序数小的情况又如何呢？可以将它与稀有气体氖（Ne）进行比较。Ne的原子序数为10，其原子量为20，则中子数为10，与质子数相同，换句话说中子数为质子的1倍。

因此，一般来说，随着原子序数的增加，中子的数量也会增加。这是为什么呢？

原子核的稳定性是由核力（吸引）和库仑力（排斥）之间的竞争决定的。原子核中的质子和中子（核子）通过核力相互吸引，核力是一种强大的力，但它只能在非常短的距离内发挥作用。然而，库仑力是质子之间施加的排斥力，与核力相比发挥作用的距离更远。

如果质子集中在原子核的一个狭小区域，质子之间的库仑力会重叠，原子核将变得不稳定。

由于这个原因，需要大量不施加库仑力的中子来保持原子核的稳定。

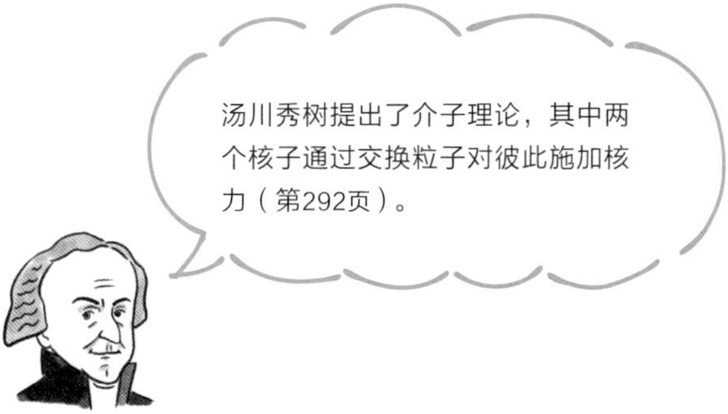

汤川秀树提出了介子理论，其中两个核子通过交换粒子对彼此施加核力（第292页）。

无处不在的无形电流

詹姆斯·焦耳

焦耳定律

当电流流经导体时，会产生热量，电暖器和烤面包机就是利用这个原理。

发现契机！

——我们请来了英国科学家詹姆斯·焦耳先生（1818—1889），焦耳先生的名字被用来命名焦耳定律和热量单位（焦耳）。那么，焦耳先生做了什么样的研究呢?

我曾经研究了“能否用电力代替蒸汽动力运行的机器”，研究结果陆续在《电学年鉴》上发表了。

——现在被称为“焦耳定律”的研究成果于1841年12月发表在伦敦皇家学会的杂志上，该论文以论伏打电池产生的热量为主题。

伏打电池是一种由电解质水溶液、锌和铜组成的电池。自伏打电池发明以来，人们就知道导体（能导电的东西）在电流流经它时产生热量。我通过实验研究表明，“电流通过导体产生的热量跟电流的二次方成正比，跟导体的电阻成正比，跟通电的时间成正比”，这就是焦耳定律。

——19世纪40年代是焦耳先生、迈尔先生（第78页）和亥姆霍兹先生三人共同努力确认和发展能量守恒定律的时期。在发现焦耳定律后，焦耳先生继续从事此方面的工作。

原理解读！

- 热传递过程中传递能量的多少称为热量，单位是焦耳（J）。将1g水的温度提高1℃所需的热量约为4.2J。
- 当电流流经不只是金属线的导体时，会产生热量，这种热量称为焦耳热。
- 焦耳热的产生量与电压、电流和时间成正比，这就是所谓的焦耳定律。热量由以下公式表示。

$$Q=I^2Rt=UIt$$

Q是热量(J)，R是导体的电阻(Ω)，I是电流(A)，t是时间(s)，U是电压(V)。

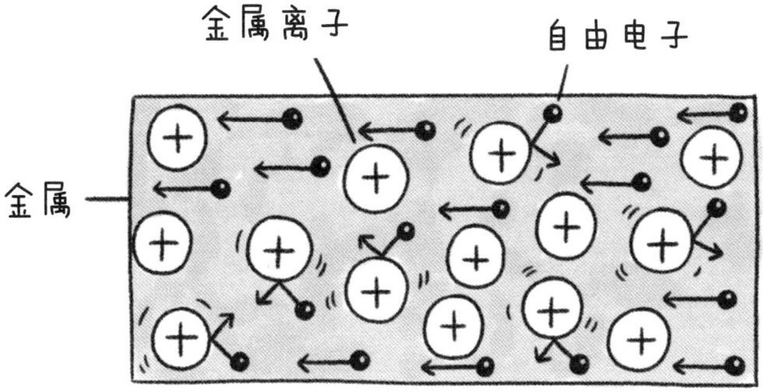

当电流流经导体（如金属）时，会产生焦耳热。

在金属上施加电压时，自由电子与金属离子碰撞，金属离子的热振动更加激烈。

当电流流经导体时，会产生焦耳热。产生的热量与电压和电流都成正比。

电及电量

焦耳定律是欧姆定律$U = IR$重新排列后，将$R=\frac{U}{I}$代入$Q = I^2Rt$所得，即$Q = UIt$。换句话说，热量Q（J）与电压U（V）、电流I（A）和时间t（s）成正比。

这里，可以计算出电压U（V）×电流I（A）。

根据焦耳定律所产生的热量，与电流和电压成正比例增加。因此，**“电流x电压”被认为是决定电流产生热量的量，而这个“电流x电压”被称为电功率。**

电功率的单位是瓦特（W），1W是指施加1V电压和流过1A电流时的电功率。换句话说，1 A×1 V等于1 W，另外，1kW=1000W。

当电压为U（V），电流为I（A），电功率为P（W）时，即$P=UI$。

产生的热量不仅与电功率成正比，也与电流流动的时间t（s）成正比。

“电功率 × 时间”为电流产生的热量。

1W x 1s = 1 Ws（瓦特·秒）= 1J。换句话说，在1秒钟内消耗1W的功率，导致1J的能量消耗。

在日常生活中，用电是以千瓦时（kWh）为单位，即电功率乘以时间（小时）。支付电费时，用电量会以kWh为单位显示。

电器标签上的“220V-440W”的含义

生活中有许多利用电流产生热量的电器，如烤面包机、电炉、电熨斗和吹风机等。白炽灯泡也是利用灯丝（钨制成的双线圈加热元件）产生的热量才发光的（热辐射）。

当电流流动时，总是会产生热量，除非电阻为零，所以电能很容易转化为热能。

电器上会标有“220V-440W”，这个标签的含义是：“把电器插入插座时，施加的电压为220V，当时的电功率为440W”。电功率（W）=电流（A）×电压（V），所以在这种情况下，440W=I（A）×220V，意味着I=2A的电流流过这个电器。

电功率（W）是在单位时间内电流做功的能力（功率）。如果用功率乘以时间，就会得到电所做的实际工作量，并使用瓦时（Wh）或千瓦时（kWh）等作为单位。

如果一个电器标有“220V–440W”，则使用1小时（1h），消耗的电量=440W × 1h=440Wh，如图1所示。如果某月该电器使用了30个小时，该月消耗的电量将是440W × 30 h = 13200 Wh = 13.2 kWh。

在电费收据上，会看到诸如“本月用电量为100kWh”的信息，这表明当月的用电量。

［图1］电器的耗电量指示

原理应用知多少！

短路是很危险的

在电路中间没有连接灯泡或电动机的情况下，直接连接正负两极被称为“短路”。

电路包含“电源”“电流流动的部件（导体）”以及“电流通过后会发热、发光或运动等部件”。在电流做功的部件中，会有电阻，流动的电流被抑制。然而，在短路中，没有能够让电流做功的部件，就没有电阻（或很小），所以会有非常强的电流流动。

例如，用导体直接连接干电池的正负极，就会发生短路。由于强大的电流持续流动，干电池和导体变得很热，可能会烧伤人或出现干电池爆炸。

家用插座的电压（220V）比干电池的电压（1.5V）高约146倍，因此短路时电火花会飞溅，导线会熔化，涂层会起火。严重的情况下，可能会发生火灾或触电，甚至造成生命危险。

为什么电器设备发热，而电线不热？

由于单独的导体会导致短路，所以家庭中使用的电器总是与导体连接。

例如，在使用完吸尘器后触摸它的机身，会是热的，但是，触摸插座附近的电线，它只是微热而已。

电所做的大部分功是由电器完成的，很少有功是由电线完成的，这就是为什么电线只产生少量的热量的原因。

产生的热量与“电流×电压”成正比。流过电线和电器的电流大小相同，但大部分电压施加在电器上，只有少量施加在电线上，所以电线产生的热量较少。

焦耳热的产生是导致计算机
发热的一个主要原因。

趣闻轶事

从爱迪生的白炽灯到荧光灯再到LED灯

从1878年起，爱迪生专门致力于白炽灯泡的实验。由于使用当时发明的水银泵可以获得高真空，爱迪生试图将所有可以碳化的东西都碳化，以获得灯丝的材料。

1881年，在巴黎电器展览会上，爱迪生用烤制的京都竹子制成的珍贵的碳丝灯泡闪闪发光。

然而，在爱迪生的真空灯泡中，碳丝会在1800℃下升华，所以它的寿命并不长。因此，碳灯丝被钨所取代，因为钨的熔点为3407℃，是金属中熔点最高的。这种钨丝在1910年左右开始被广泛使用。

随着钨的使用，灯丝温度超过了2000℃，一下子变得更亮了。当电流流经灯丝时，钨丝因焦耳热而变热，并发出白光，获得白光的高温状态被称为白热。

白炽灯泡在产生光之前将电能转化为热能，对光的转换效率很差。后来，转换效率约为白炽灯三倍的荧光灯被推出。

此外，目前我们使用的LED灯泡比荧光灯泡的光转换效率更高，而且寿命约为荧光灯泡的四倍。

据说，在输入电能后，白炽灯、荧光灯和LED灯泡将其转换为可见光的效率依次为10%、20%和30%～50%。

奥斯特

右手螺旋定则

电和磁是相互影响的，这是发明摩斯电码所依据的定则。

发现契机！

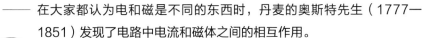

——在大家都认为电和磁是不同的东西时，丹麦的奥斯特先生（1777—1851）发现了电路中电流和磁体之间的相互作用。

自从了解了伏打先生在意大利发明的伏打电池后，我认为“所有的力一定是相互关联的”，并继续进行了研究和实验。

——奥斯特实验非常著名。我听说这是您在一所大学给学生做私人讲座时偶然发现的。

那是1820年的春天。实验中，当电流通过导线时，放在导线附近的定向磁铁的磁针像活物一样剧烈地转动。于是，我对这一现象进行了详细调查。

——在该研究中，您发现是电流施加的力，使磁针绕着导线旋转的，是吧？

是这样的，我被惊到了。所以，我立即写了一篇《关于磁针上电冲突作用的实验》的论文，并于1820年7月21日寄给了当时世界上主要的学者们。

——法国的安培先生（1775—1836）在得知奥斯特先生的研究后，立即开始了后续测试，并发现“循环运动的电流”与磁铁的作用相同。之后，强大的电磁铁被制造出来，电磁学也就发展起来了。顺便提一下，电流的单位安培就是以他的名字命名的。

原理解读！

▸ 当电流流经导线时，电流周围会产生磁场。磁场的方向可以用向右旋转螺丝的画面来记忆，这被称为“右手螺旋定则”。

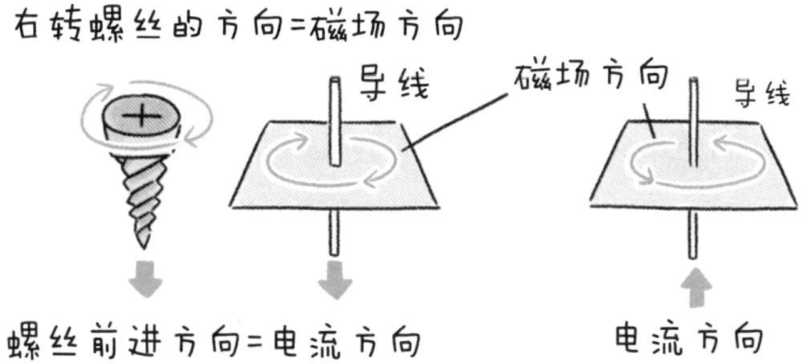

▸ 当电流通过线圈（环形的导体线圈）时，在每个导体中都会产生磁场，其方向遵循右手螺旋定则。导体周围的磁场相互加强，在线圈内部也产生了磁场。

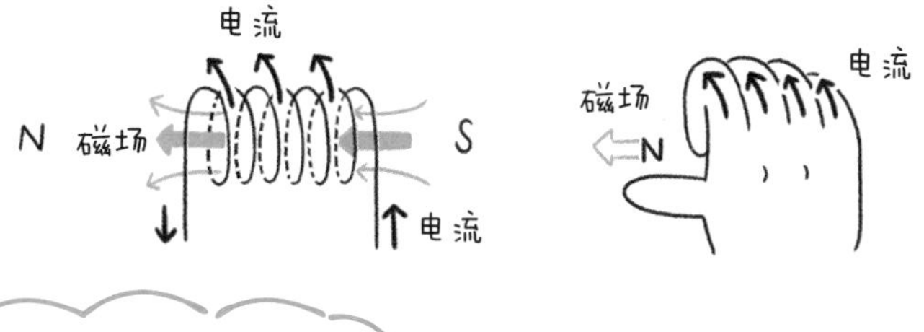

当电流流经线圈时，可以用右手轻松地了解磁场的方向。

在电流周围形成一个相对于电流方向向右的同心磁场。

奥斯特实验是如何进行的？

当电流从南向北流经导线时，导线下的磁针会如图1那样摆动。这是因为右手螺旋定则所代表的磁场是在导线周围产生的，而磁针面向的是磁场的方向。

产生的磁场强度与流经它的电流大小成正比，而与导体的距离成反比。

[图1] 奥斯特实验

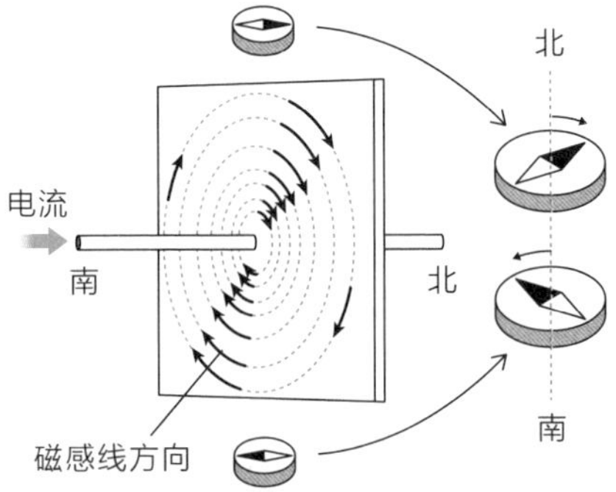

电磁铁的特性

虽然初中三年级才能学习右手螺旋定则，然而，电磁铁主要是在小学六年级学习的。

- 电磁铁只有在电流流经线圈时才具有磁铁的特性。
- 电磁铁有一个N极和一个S极。
- 当流经线圈的电流方向相反时，电磁铁的N极和S极也会反向变化。
- 电流越大，磁场强度就越强。
- 导线的绕组越多，磁场强度就越强。

电磁铁可以通过改变电流的方向和大小来改变磁极的方向和磁力的强度。简单地说，电磁铁产生的磁力与线圈的圈数和流经线圈的电流大小成正比，如图2所示。

［图2］电磁铁

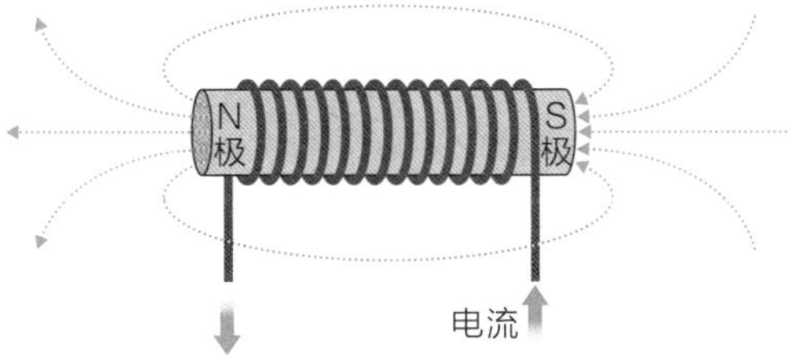

在线圈上施加磁场时，电磁铁会变成磁铁，移除磁场时，电磁铁就不再是磁铁，只是一种芯的材料（软铁芯），只有当电流流过时才会变成磁铁。

电磁铁的发现历史

安培的密友阿拉戈发现，把钢针放在线圈中并通过电流时，钢针会变成永磁铁，这就是电磁铁的原理（1820年）。

英国的斯特金用软铁棒代替钢针，用导线将其缠绕，当电流流过，软铁棒变成了磁铁。实际上，此时电磁铁被发明出来了，但作为一个自学成才的农民，直到在贫困中死去（1825年），他的发明都没有得到世界的认可。

在新兴国家美国，一位叫约瑟夫·亨利的学者对斯特金的电磁铁进行了改进，创造了一种由多层细丝铜线绕成的强大电磁铁（1829年）。

约瑟夫·亨利相信电磁铁有广泛的应用，因此用各种电池进行实验，以明确如何确定线圈的大小来制作电磁铁。将多个电池串联起来，只需缠上一条长长的导线，就可以产生强大的磁铁。然而，当使用具有一对大极板的电池时，他发现使用许多短导线并联缠绕效果更好。

后来，各种形式的电磁铁被用于电报、电话、发电机、马达和其他各种设备中。

原理应用知多少！

电磁铁的使用——电报

画家摩尔斯在前往美国的大西洋客船上，听到一位科学家得意地向船上乘客谈论电磁铁的事，他灵光一闪："如果使用电磁铁，也许能得到与远方通信的方法。"

对于一个电力领域外的人来说，致力于电报的发明并非易事。尽管如此，在许多专家的建议和朋友的帮助下，摩尔斯巧妙地利用了电磁铁在电流进出时吸引和分离铁片的方式，发明了自己的字母符号和磁性装置。

这种符号通过长点和短点的不同代表不同字母，被称为摩斯密码（电码）。在汉语中，摩斯密码的短点通常表示为"嘀"，长点表示为"嗒"，所以也常被称为"嘀嗒"。

摩斯电报在华盛顿和巴尔的摩（64公里）之间进行了测试。利用电力进行通信的做法得到了实际应用。

笔者上小学时，在科学课上做了很多科学装置。例如，在学习电磁铁时会说："让我们做一个电报机吧，研究它的结构是如何工作的。"结果做了一个电报机。

"电磁铁也被用于蜂鸣器。打开蜂鸣器开关就响个不停，这到底是怎样的工作原理呢？"之后，我们改进了之前做的电报机，做了一个蜂鸣器。

趣闻铁事

用大块磁铁分离铁屑

通过增加线圈的匝数和加大电流，可以使电磁铁比永久磁铁（如钕铁硼磁铁）的磁力更强。

也可以通过施加或不施加电流使之成为电磁铁或不成为电磁铁。

有一种叫磁力吊的机器，使用的是直径为1～2m的大型电磁铁。这些机器使用电磁铁来提高和移动钢板和废铁（铁以外的金属可以被磁化，包括镍和钴）。

与永久磁铁不同的是，当接通电源电流通过时，它就变成了电磁铁，从而有可能将几吨的铁质材料附着在上面。将附着的铁质材料的起重机移动到铁质材料需要落下的地方，然后关闭开关，铁质材料就会落下。

磁力吊用于从铝、铜和其他不粘附磁铁的材料中分离出铁，也用于将切割或粉碎的铁块铁屑连接起来，并一起运走，如图3所示。

［图3］使用大块磁铁分离铁

弗莱明

弗莱明左手定则

弗莱明左手定则是教育独创性的产物，使易于理解的电动机旋转原理传遍世界。

发现契机！

——在中国，许多人都知道英国弗莱明先生（1849—1945）的名字，您是因“弗莱明左手定则”而闻名的。您用左手的手指来显示电流、磁场和力的方向。

这不是很方便吗？尽管如此，我希望人们不要误认为是我发现了“电流在磁场中受到的力”。

——1820年，奥斯特（122页）发现磁铁（磁针）因电流而受到力的作用后，很快就发现电流因磁铁也受到力的作用。1821年，法拉第先生（134页）设计了磁铁周围流通电流的铁丝旋转的电磁旋转装置，成为了电动机发明的先驱。确实没有弗莱明先生的名字呢。

在伦敦大学讲授电气工学时，我试图开一个易于理解和视觉化的讲座。就在那时我发明了弗莱明左手定则。

——它非常容易理解，所以在世界各地传播开来。

我最大的研究成果是发明了真空管。我发明的二极真空管被用于收音机等设备，因为它可以从交流电中提取直流电（整流作用），并只提取高频中包含的音频信号（检波作用）。

原理解读!

- 电流在磁场中受到力的作用。电流在磁场中受到的力的方向可以用弗莱明左手定则来表示。下面介绍两种手势判断力的方向：下左图左手的三个手指互相成直角，从中指开始分别按顺序表示为“电、磁、力”；下右图左手使拇指与其余四个手指垂直并在同一平面内，让磁感线从掌心垂直进入，并使四指指向电流方向，这时拇指的方向就是通电导线在磁场中所受力的方向。

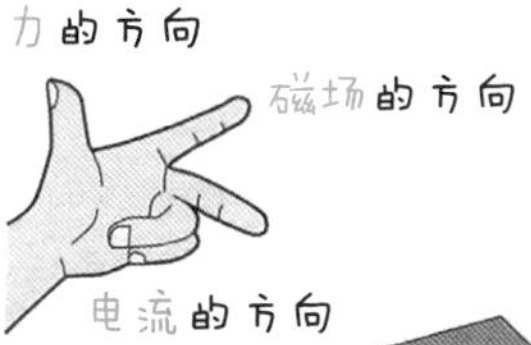

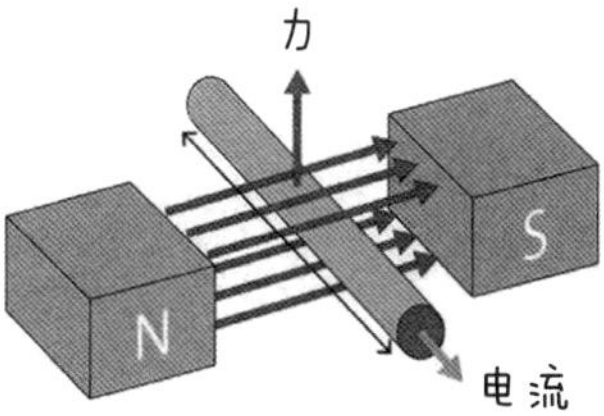

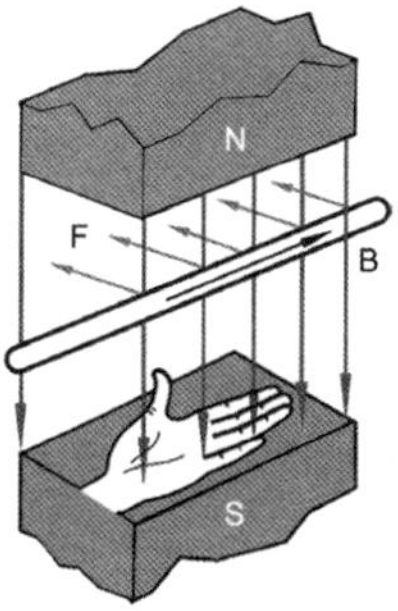

- 电流在磁场中受到的力的大小随着电流的增大和磁场的增强而变大。或将导线改为线圈，力也会变大。

电秋千的实验

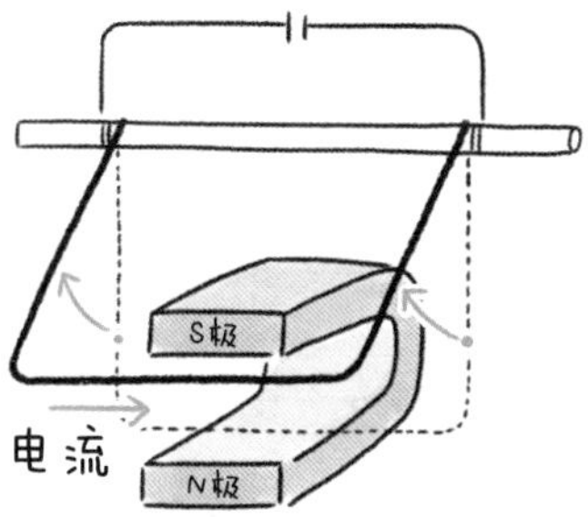

在磁铁之间悬挂一个垂直于磁场的导体，并通过电流，导体将在垂直于磁场和电流的方向上摆动。

电动机是利用电流在磁场中受到的力的作用来旋转线圈的。

法拉第电磁旋转机制

1821年9月初，法拉第通过几个月的努力，成功地完成了通电导线围绕磁铁旋转的实验，如图1所示。

首先，将一个装满水银的容器连接到电池的一个极上，并在中间竖起一块磁铁。然后，将一根带铰链的导线与另一极相连，导线围绕磁铁旋转时使其尖端始终接触到水银表面。

法拉第指着那根滑溜溜的旋转导线："乔治，你看到了吗，你看到了吗？"法拉第向在场的小舅子喊道，甚至把他的妻子叫到楼上让她看（当时是他结婚的第三个月）。

这种电磁旋转装置后来成为发明电动机的原理。

［图1］法拉第的电磁旋转实验

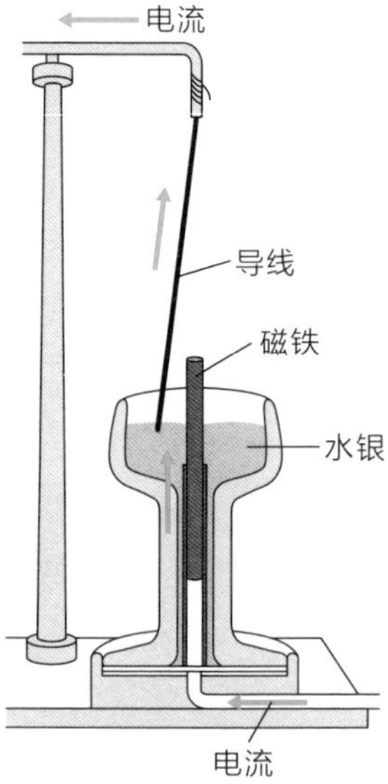

通电线圈在磁场中受到力的作用

在磁铁的两极之间，悬挂着垂直于磁场的可移动导线。导线接通电流时，导线就会向磁场和电流都垂直的方向摆动，如图2所示。

电流在磁场中受力的事实在奥斯特发现不久后，也被其他科学家发现了。

［图2］电秋千实验

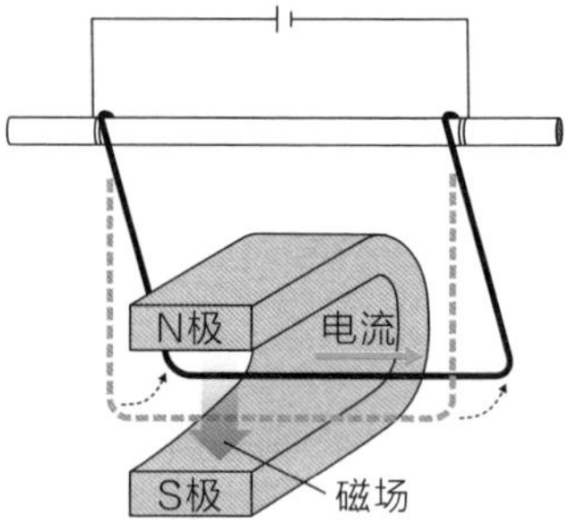

直流电动机的原理

首先，让我们来了解一下直流电动机的部件名称。

电动机由电枢（转子）、换向器、电刷和场磁铁组成，如图3所示。电枢是由电磁铁制成的。

电刷的作用是向电枢传导电流，而换向器的作用是改变电枢的极的方向。

［图3］直流电动机构造

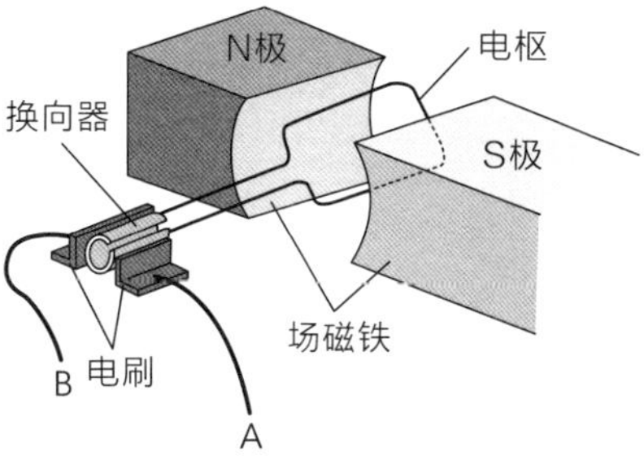

图4的电流通过一个矩形线圈$ABCD$（电枢），该线圈可以围绕垂直于磁场的轴线OO'，在和场磁体一样的磁场中旋转。根据弗莱明的左手定则，由于磁力的作用，AB部分旋转方向为上→下，CD部分的旋转方向为下→上，线圈的表面与磁场垂直的方向是线圈旋转的方向。

如果两极之间的线圈在不改变电流方向的情况下旋转半圈，在磁力的作用AB部分的方向为下→上，CD部分的方向为上→下，所以线圈不能按原样旋转而返回。因此，有必要在两极之间的线圈每转半圈时，改变流经线圈的电流方向，使线圈始终沿同一方向旋转。

因此，在磁极之间的线圈每次转半圈时，都要连接一个换向器，以改变线圈中的电流方向，而且这个换向器应与电刷接触。现在，每当线圈的表面垂

［图4］电作用于线圈的磁力方向

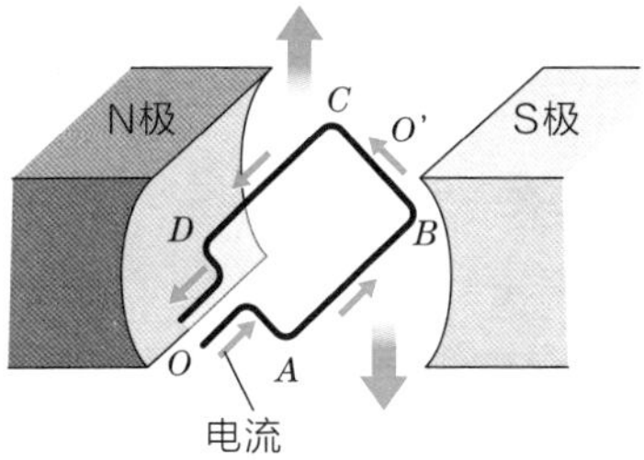

磁场的方向是N极到S极。根据磁场的方向和电流的方向，我们可以用弗莱明左手定则确定施加在导体上的力的方向。

直于磁场时，通过线圈的电流方向就会颠倒，而线圈会继续沿相同的方向旋转。

直流电动机被应用于电动剃须刀和玩具赛车。

原理应用知多少！

电动机被发明后，最先应用于火车

电动机是一种原动机，将电能转化为机械能。

电机是在电磁铁发明后不久设计出来的，主要用在火车上，但动力源是伏打电池，无法与以煤为动力的蒸汽机火车相比。尽管原理是已知的，但没有达到在实际生产中使用的水平，也就相当于玩具了。

发电机比电动机更早实现实用化。1873年，比利时电气工程师格拉姆开发的发电机在维也纳展览会上展出。当他的助手不小心将另一台发电机的电流输入发电机时，发电机的电枢开始以非常高的速度旋转。看到这一点，格拉姆急忙在展厅里加演节目，用1.6公里外的一台发电机作为马达，把水抽起，水流形成了一个小瀑布。

这表明，发电机也可以直接成为电动机，因为它可以将动力转化为电力，也可以将电力转化为动力。

西门子公司于1847年在柏林成立，最初只有10名工人。后来与哈尔斯克联合成立了西门子·哈尔斯克公司，该公司不仅在陆地上还在海底铺设了电报电缆，到19世纪60年代，它已成为一家大公司。1879年，在柏林的工业展览会上，西门子·哈尔斯克公司进行了世界上第一辆火车运行试验。三辆载有20名乘客的火车在600米长的测试轨道上以24km/h的速度运行，这次试运行引起了全世界的轰动，如图5所示。

第二年，第一辆商业火车在柏林郊区的利希特费尔德铺设。在美国，爱迪生于1880年在门罗公园实验所后面进行了火车运行实验，电灯的发电机被直接用作火车的马达。

当时，美国的马拉式城市铁路已经很发达了，但这些城市铁路被机动化铁路取代了，电气化铁路就是在这种情况下诞生和发展的。

［图5］西门子·哈尔斯克公司进行的电动火车测试

发电机也可以是一个马达。
这一发现导致了电气化铁路
的诞生，它改变了世界！

无处不在的无形电流

法拉第电磁感应定律

法拉第电磁感应定律是产生电能和支撑现代文明的发电机的原理。

发现契机！

——听说迈克尔·法拉第先生（1791—1867）曾在英国的皇家研究所做研究和学习。

我在研究所最想坚持做的，就是清楚地了解电和磁的关系。所以我一直拒绝各种委托的研究项目。

——您在向电磁学的研究迈进。

我认为能从磁中产生电，并非常努力地研究。1831年，在我40岁时，通过实验发现了电磁感应定律。

——看到您在皇家学院实际用于研究的物品，以及研究电磁学的实验笔记本，我感触颇深。

从1831年开始，我写下了23年的实验笔记，并尽全力继续我的研究。

——您的笔记已经被编入《电学实验研究》。有一位日本的诺贝尔物理学奖获得者曾说过，他在小时候读了法拉第的一篇演讲稿《蜡烛的科学》后，就立志要成为一名科学家。

我很高兴听到这个消息，我的努力研究能激励他人真是太好了。

——法拉第先生发现的电磁感应定律后来以使用电能的照明和电动机的形式传播到世界各地，带来了非常便利和繁荣的生活方式。

原理解读！

- 当闭合电路的线圈中的磁场发生变化时，就会产生电流，这种现象被称为电磁感应。此外，由电磁感应产生的电流被称为感应电流。
- 闭合线圈匝数越多，磁铁的移动速度越快，磁力越强，感应电流就越大。

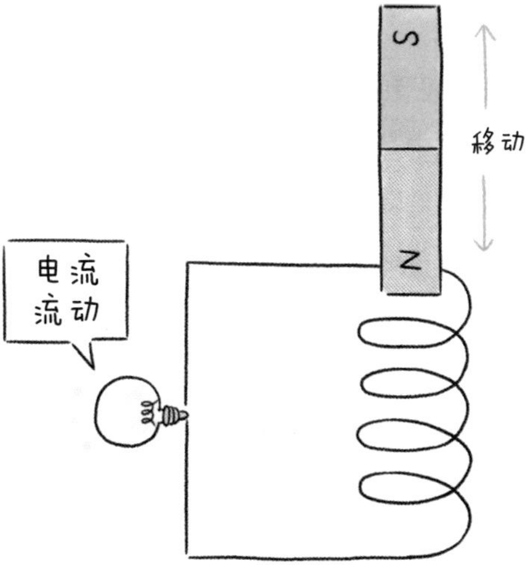

S
移动
N
电流
流动

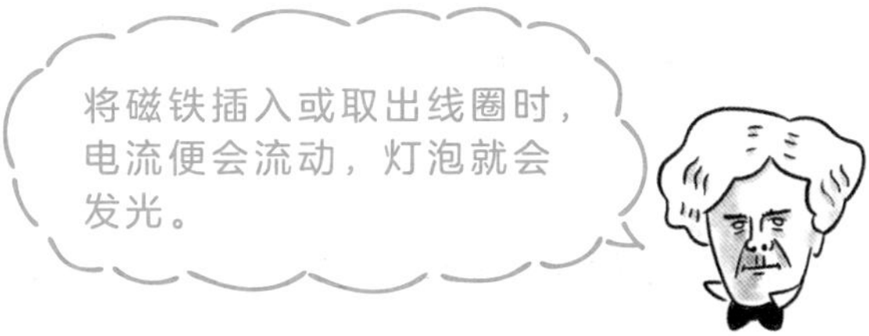

将磁铁插入或取出线圈时，
电流便会流动，灯泡就会
发光。

当线圈中的磁场发生变化时，就会出现一种叫作电磁感应的现象，并有感应电流产生。

当线圈（电路）的磁场发生变化时，就会有感应电流流动

磁场的变化对线圈意味着什么？这意味着，当磁场由磁感线表示时，贯穿线圈的磁感线的数量会发生变化。

感应电流在通过闭合线圈的磁感线数变化时才会产生，其大小与贯穿线圈的磁感线数的时间变化率成正比。

电磁感应使移动磁铁和线圈的机械功转化为电能成为可能，如今电能已成为生产和日常生活的关键能源。

发电厂的发电机是由线圈和磁铁（电磁铁）组成的，通过旋转磁铁改变线圈周围的磁场，从而在线圈中产生感应电流。

为了使发电机中的磁铁旋转，火力发电和核力发电分别利用燃料和裂变链式反应产生热能，从而产生高温高压蒸汽来转动涡轮机，如图1所示。水力发电则将高海拔地区水的势能转换成动能来转动涡轮机。

在发电机中，随着磁铁的旋转，磁场方向也在不断地变化。因此，产生的电流大小和方向不断变化，是一种交流电。

［图1］火力发电和核力发电

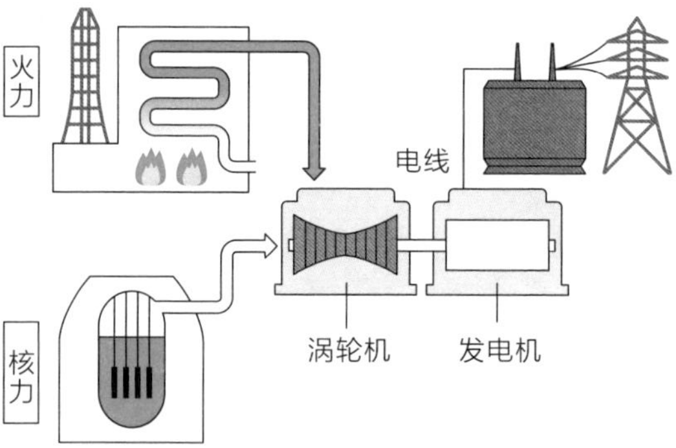

感应电流的流动方向会干扰通过线圈的磁场变化（楞次定律）

楞次定律指出，由感应电流产生磁场的方向会阻碍贯穿线圈的磁感线数量的变化，如图2所示。

当磁铁被拉近时，线圈中的磁感线数量增加，所以感应电流流过线圈，产生一个相反方向的磁场，并将阻碍线圈中磁场的变化。

当把磁铁从线圈上移开时，线圈中的磁感线数量就会减少，所以有感应电流流过线圈，产生一个相同方向的磁场，并阻碍线圈中磁场的变化。

［图2］楞次定律

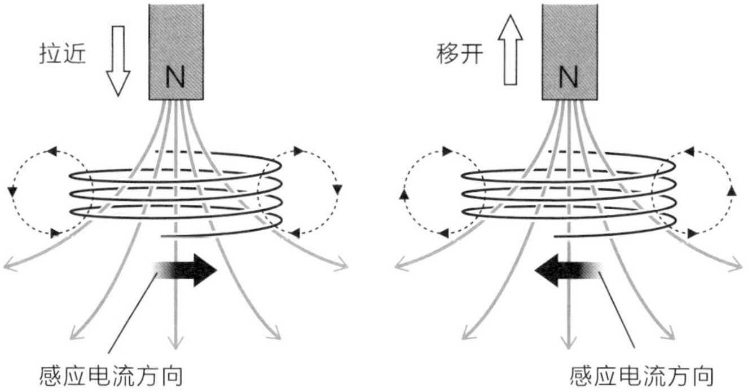

用五角硬币（铜质）和钕磁铁进行涡流实验

把一块具有世界上最强磁力的钕磁铁放在一枚五角硬币（铜质）的上面，然后快速地拉起磁铁，五角硬币（铜质）就会移动到磁铁所移动距离一半的位置。

这是因为五角硬币（铜质）周围的磁场变化如此之快，以至于流动的环形电流产生了一个干扰磁场变化的磁场。这种在金属内部产生的圆形电流被称为涡流，也是一种由电磁感应产生的感应电流。

如图3所示，假设叠加在五角硬币（铜质）上的钕磁铁的一面是N极。如果钕磁铁向上迅速远离硬币，涡流就会流经硬币，在硬币上方产生S极磁场，以阻碍钕磁铁N极磁场的影响。这导致N极和S极相互吸引，并在移动过程中粘在一起。如果重力大于磁力，硬币就会落下。

［图3］涡流

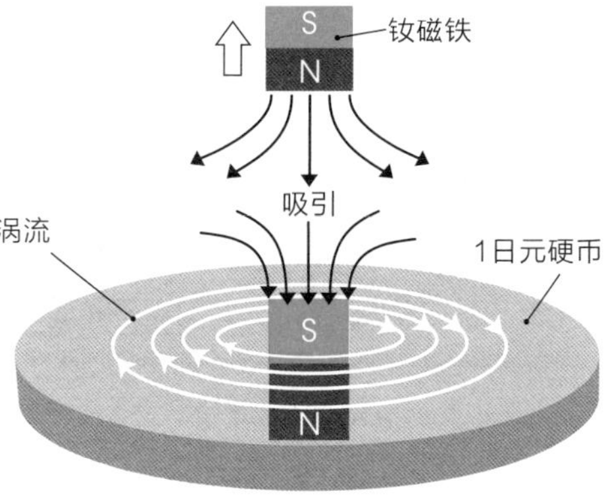

原理应用知多少!

利用涡流的电磁炉

根据电流方向和大小是否改变，电流有两种方式：直流电和交流电。

从干电池或电池中流出的电流就是直流电，直流电总是以恒定的方向（从正极到负极）流动，电流大小相同。

相比之下，流过家用电器的电流就是交流电。交电流的大小和方向随时间变化而变化，有时它向a的方向流动，有时向b的方向流动。这种情况每秒重复50次。

在交流电下，即使家用电压为220V，也不总是220V，因为电压每时每刻都在变化。电压最高时可以达到311V，最低时为0V。之所以称为220V，是因为它是与直流相比较的，当交流电起的作用平均下来与直流电的220V起的作用相同时，交流电的电压被称为220V。

在电磁炉内部，线圈以圆形模式排列，如图4所示。当交流电流过线圈时，电流的方向和强度会瞬间发生改变，而线圈周围的磁场也会相应改变。涡流流过放置在线圈上方顶板上的金属锅的底部，根据焦耳定律会产生热量。通过控制流经线圈的交流电，可以很容易地改变加热的程度。

［图4］电磁炉

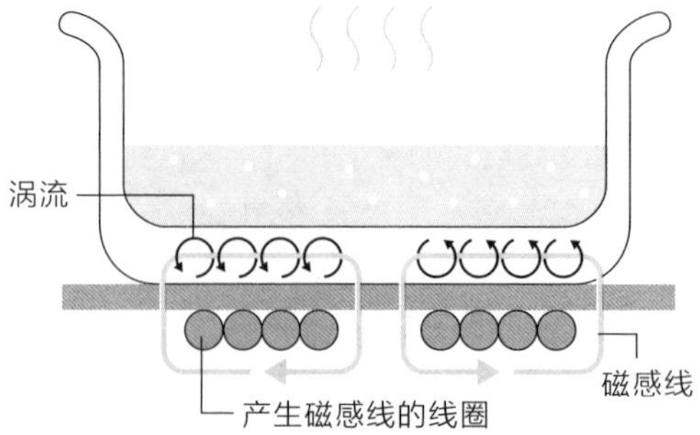

趣闻轶事

法拉第的实验

在法拉第的实验中，两组铜线线圈绕在一个铁环上，一组连接到电流表上，另一组连接到电池上，如图5所示。当电池的电流流入和流出线圈时，电流表的指针会移动。

此外，每当将磁铁移入或移出与电流表相连的线圈时，电流表的指针也会转动。

通过这个实验，法拉第发现了电磁感应定律。

[图5] 法拉第电磁感应实验

(a) 两组线圈缠绕的铁环

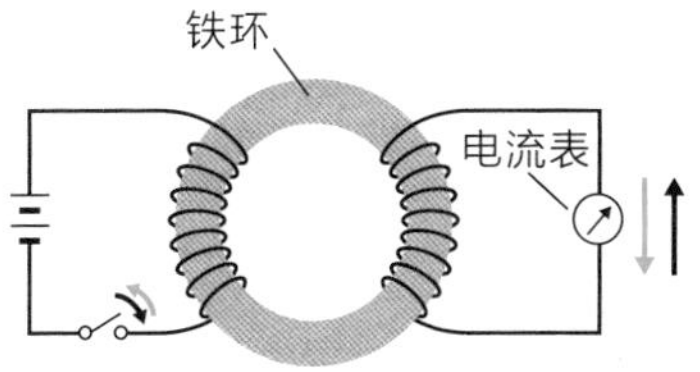

在电流流入和流出线圈时，电流表指针偏移。

(b) 磁铁移入和移出线圈

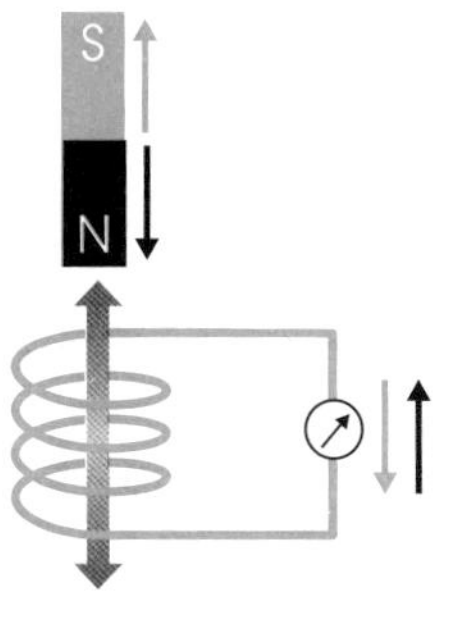

磁铁移入和移出线圈，电流表的指针偏移。

↓

闭合线圈中的磁场发生变化，线圈产生电流。

无处不在的无形电流

麦克斯韦

电磁波

从移动电话到医疗领域，电磁波影响现代社会的方方面面。

发现契机！

——麦克斯韦先生（1831—1879）在1856年发表了一篇名为《论法拉第的力线》的数学论文。法拉第先生设想了传递电和磁的力线（电力线和磁感线），以解释电和磁的问题。

是的。我试图尽可能地用数学方法改写法拉第的力线思想。于是，我从这个数学方程组中得出了电波的表达式，这震惊了我。这种波应该具有与光速相同的传播速度的特性，我认为由电和磁的作用所传播的电磁波并不是光。

——确实如此，法拉第发现的电磁中的力线是可以通过空间传播的。磁场的变化导致电流在该空间的线圈中流动，这一事实暗示着电磁现象与空间之间存在密切的关系，不是吗?

我进一步从数学的角度证明:“每当磁场发生变化时，在它周围的空间就会产生变化的电场。同样地，每当电场发生变化时，在它周围的空间就会产生变化的磁场。”这是我对电磁波存在的预言。

——1888年，在麦克斯韦先生的理论发表十多年后，赫兹先生成功地进行了一次发射和接收电磁波的实验！

原理解读！

- 带电粒子周围会产生电场，所以当带电粒子移动时，电场会发生变化。
- 电场的时间变化产生了磁场，而磁场的变化又产生了电场。
- 这种重复变化的结果是：电场和磁场的振动以波的形式在空间传播，这就是电磁波。
- 电磁波以光速传播（约3×10^{5}km/s）。电磁波的一小部分是人肉眼可见的（一般被称为可见光）。电磁波的波长的范围很广，约为$10^{5}\sim10^{-12}$m。
- “真空”本身具有“介质”的功能，没有必要存在像水波中的水那样的物质“介质”。

电场的方向与磁场的方向是相互垂直的。电磁波从波的前进方向看属于横波，是垂直于电场和磁场方向变化的。

电磁波传播的样子

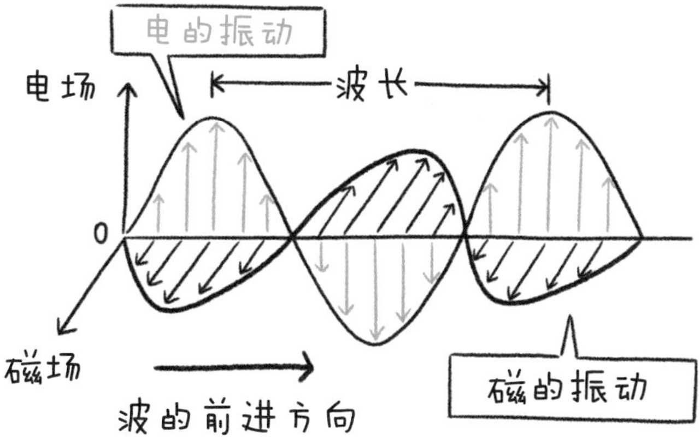

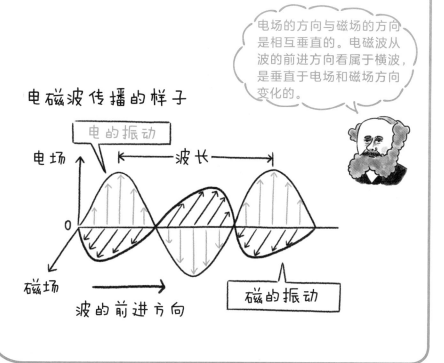

赫兹的实验

在1888年，麦克斯韦英年早逝9年后，崇拜麦克斯韦的年轻德国物理学家赫兹进行了一次成功的实验，证实了电磁波的存在。

赫兹的装置非常简单，如图1所示。他证实了，当施加高电压以产生剧烈振荡的火花放电时，在连接共振器的金属电极之间产生了火花。其共振器放置在十多米外的地方。

当感应线圈产生的高电压施加在上下两块极板之间时，在从极板出来的金属杆末端会散发出火花，这是上下极板之间的正负电极剧烈交换所致，如图2所示。比如，先是“上极板带正电，下极板带负电”，反之变成“上极板带负电，下极板带正电”。这种变化在两金属杆末端之间的空间推送出电波和磁波，这便是电磁波。

在发射电磁波的设备和接收电磁波的设备之间没有任何可以传输电流的物质，所以证明是电磁波不需要介质（如导线）就能传输的。

[图1] 赫兹的电磁波实验装置

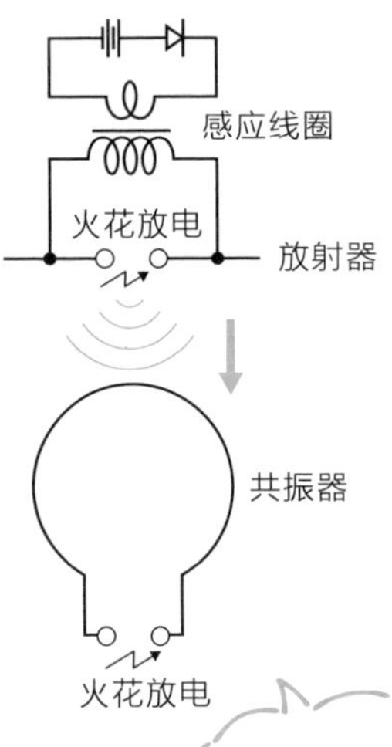

测量波的波长约为4米。

[图2] 在两极板之间施加高电压

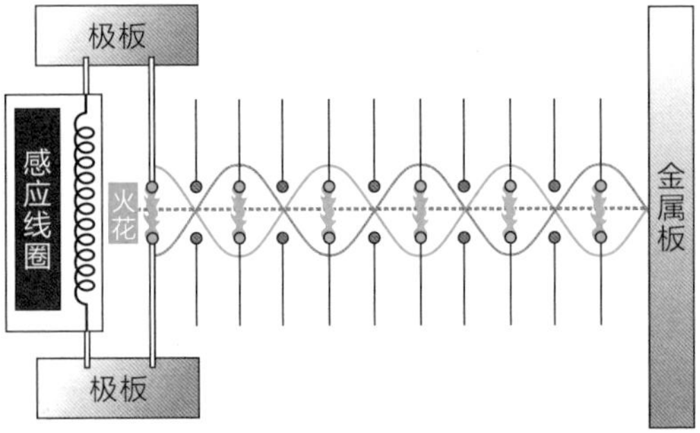

两极板正负极交替切换，极板之间产生电磁波。

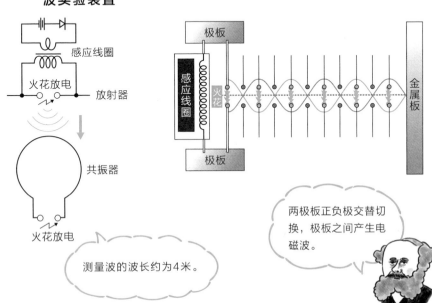

赫兹还进行了将产生的电磁波反射到金属板上等相关实验，与研究光（可见光）一样，对电磁波的反射、折射、衍射和干涉进行了研究，证明了电磁波和光具有相同的性质。

然而，赫兹可能从未想到，他所证明存在的电磁波会被如此广泛地应用于收音机、电视、移动电话和无线局域网等多种领域。

赫兹于1894年元旦去世，享年37岁。同年，意大利青年马可尼阅读了赫兹的文章，并受到启发研究无线电报，最终成功地实现了无线电远距离通信。

电磁波在太空中也能传播

电磁波（无线电波和光的总称）即使在真空的太空中也能传播。由于它们的存在，人们可以看到天空中的星星，并能够与宇宙飞船进行通信。

真空意味着没有物质，曾经有一段时间，人们认为“波即使在真空中也能传播的原因是，真空中理应存在一种介质。而这种可以传播电磁波的未知介质是‘以太’”。最后，“以太”的存在被否定了（光速不变原理和狭义相对论，第302页）。如今，电磁波的介质不是物质，而是“真空本身”，它被认为是物理空间所具有的属性之一。

根据波的基本方程（波的波长和频率，第148页），在波的速度v、振动快慢f（也叫频率）和波长λ之间，关系式如下。

$$v=\lambda f$$

电磁波的速度是光速c，所以$c=\lambda f$。

这意味着 $\lambda=\dfrac{c}{f}$ 是成立的。

真空中电磁波的速度c是一个物理常数，称为光速（数值不变的物理量），是一个约3.0×10^8m/s（3×10^5km/s）的恒定值。

原理应用知多少！

日常生活中不可缺少的电磁波

毋庸置疑，电磁波作为一种通信手段，已经融入到现代社会的方方面面。

全球每年售出的14亿部智能手机使用的就是无线电发射器和接收器，现在通信的频率高达10GHz（每秒100亿次振动，波长为3cm）。

家庭厨房里常用的微波炉，使用的就是电磁波发射器。微波炉发出的电磁波频率为2.45GHz，波长为12cm，是利用电磁波摇动食物中含有的水分子而产生热量，这种方法与传统的蒸煮方法类似。微波炉于1945年首次在美国实现商业化。

先进医疗的MRI技术

用于医学检查的MRI（Magnetic Resonance Imaging，磁共振成像）的工作原理为：将身体置于磁场中，电磁波从身体周围发射出来，使体内（主要是）水分子中的氢原子产生磁共振。通过逆转一个被称为“自旋”的小磁矩来观察氢原子的状态，并对人体的局部情况绘制出人体剖面图。

由于这种MRI技术不使用X射线，所以是安全的，可以说对医疗作出了巨大贡献。

劳特布尔和曼斯菲尔德是核磁共振的发明者和开发者，于2003年被授予诺贝尔生理学和医学奖。

各种电磁波

我们身边有很多不同类型的电磁波存在。

用于通信的无线电波，如收音机、电视广播以及移动电话，是波长为3cm到600m的电磁波。调频广播使用的波长约为4m。在赫兹的实验中，他所测量的无线电波就在这个范围内。

眼睛看得见的光（可见光）是一种波长为0.38～0.77μm的电磁波，我们视网膜上的视锥细胞是“天线”，可以直接接收这种光，而且视锥细胞可以感受到光的明暗和颜色。

视锥细胞可以对三种类型的颜色作出反应，分别是红色、绿色和蓝色。在细胞中，一种称为视黄醛的长而薄的分子依据光照而发生变形，这就起到了“天线”的作用。

我们所看到的彩虹能够被分解出如此漂亮的颜色，也是因为这些细胞的作用。

红外线的波长比可见光长，位于可见光相邻区域，会给人一种“温暖”的感觉。并且在日常生活中的一切物体都可以发出红外线，当然，人体也会释放出红外线。这就是为什么体温可以在不接触的情况下进行测量。

紫外线处于可见光的邻近区域，波长比可见光短，容易引起化学反应，强烈刺激皮肤，导致晒伤。它与红外线的“温暖”完全不同。

还有，X射线的波长更短，它起源于围绕在原子核外侧电子，而γ射线主要起源于原子核内。它们都是电磁波的一种。

当电磁波具有如此短的波长时，光的粒子性质在光的“二重性”中脱颖而出，因为它同时具有波动和粒子的性质（光的波动说和微粒说，第176页）。

电磁波的类型及其应用，如表1所示。

[表1] 电磁波的类型及其应用

频率	波长	名称		用途及相关事项
1 kHz (10^3 Hz)	100 km	无线电波		
10 kHz (10^4 Hz)	10 km	无线电波	超长波（VLF）	海中通信
100 kHz (10^5 Hz)	1 km	无线电波	长波（LF）	航空和船舶的无线导航信标志、无线电时钟
1 MHz (10^6 Hz)	100 m	无线电波	中波（MF）	调幅无线电广播
10 MHz (10^7 Hz)	10 m	无线电波	短波（HF）	短波无线电广播、非接触式IC卡
100 MHz (10^8 Hz)	1 m	无线电波	超短波（VHF）	调频无线电广播
1 GHz (10^9 Hz)		微波	极超短波（UHF）	移动电话、电视广播、无线局域网、GPS、微波炉 
10 GHz (10^{10} Hz)	100 mm	微波	厘米波（SHF）	卫星广播、ETC、无线局域网、海洋雷达、气象雷达
100 GHz (10^{11} Hz)	10 mm 1 mm	微波	毫米波（EHF）	无线电天文学
10^{12} Hz	10^{-4} m	微波	亚毫米波	无线电天文学
10^{13} Hz 10^{14} Hz	10^{-5} m 10^{-6} m	红外线		红外线摄影、暖气设备、热像仪、遥控、自动门、红外线通信 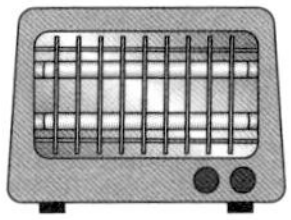
10^{15} Hz		可见光		光学设备
10^{16} Hz 10^{17} Hz	10^{-7} m 10^{-8} m 10^{-9} m	紫外线		荧光灯、黑光灯、杀菌消毒、化学作用的应用 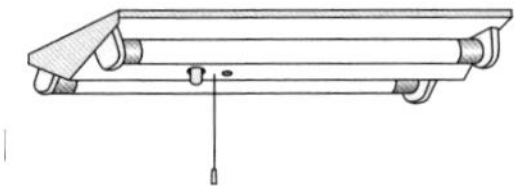
10^{18} Hz 10^{19} Hz	10^{-10} m 10^{-11} m	X射线		X射线摄影、X射线CT、放射治疗、物质的结构分析
10^{20} Hz 10^{21} Hz 10^{22} Hz 10^{23} Hz	10^{-12} m 10^{-13} m 10^{-14} m	γ射线		食品辐照（消毒和杀虫剂等）、作物育种、PET检查（癌症诊断等）、放射治疗、灭菌

※微波与红外线的界定范围尚未明确。

波篇

万事万物的传播方式

波的波长和频率

波的波长和频律适用于任何波的数学方程式。时间单位和长度单位是由电磁波决定的。

发现契机！

——我们将与海因里希·鲁道夫·赫兹先生（1857—1894）谈一谈波的波长和频率。

我是赫兹，很高兴见到你们。我出生在德国的汉堡。

——频率的单位赫兹（Hz），是以赫兹先生的名字命名的。您对波的波长和频率有什么重要发现吗?

英国物理学家麦克斯韦先生是第一个在实验上证实并预测电磁波理论的人。1887年，他用一个简单的实验装置成功地发射和接收了电磁波。

——噢，所以他是第一个发现无线电波的人。

是这样的，但当时我竟然认为无线电波没有任何用处。

——令人惊讶的是，无线电波改变了世界。从那时起，无线电波作为人类的一种通信手段加速了世界的进步。说到无线电波，自然会想到频率，所以，这就是采用您的名字作为频率单位的原因吧。

哪里哪里，这对我来说是无上的荣耀。不过，我没有想到，如今世界上的每个人都在使用无线电波进行交流！

原理解读！

- 波在一个振动周期内传播的距离称为波长，就像从山到山、从谷到谷一样。波在一个振动周期内行进一个波长的距离。换句话说，波速v、周期T和波长λ之间形成以下关系。这被称为波的基本方程。

$$\lambda = vT$$

- 或者，频率用$f=\frac{1}{T}$来表示，那么$v=f\lambda$也是成立的。

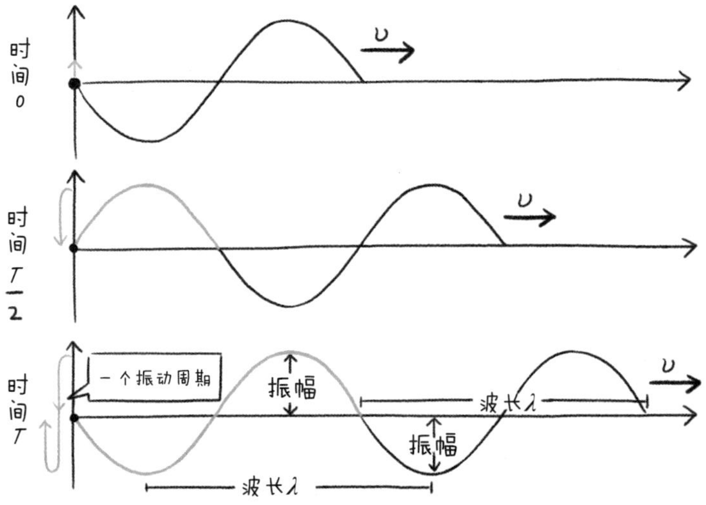

波是一种振动相继传递的现象。在一次振动（一个周期）中，波前进了一个波长。

波是振动相继传递的现象

让我们把波的振动想象成钟摆一样简单地重复往返式运动的振荡现象。从振动中心到振动幅度最大的地方的宽度称为“振幅”，完成一次振动所需的时间称为“周期”。

另一方面，在一秒钟内振动的次数被称为“频率”，周期T（单位为s）和频率f（单位为Hz）之间存在着一种关系：$f=\frac{1}{T}$。例如，如果周期T= 0.1s，那么在1s内振动10次，所以频率f = 10 Hz。

在图1中，有许多相同的摆锤等距离排列成一排，而且所有的摆锤都以相同的周期摆动。假设摆锤末端的重物通过一根橡胶绳松散地连接在一起，如果在末端摇动其中一个重物，摆锤的运动会逐渐延迟并传递给下一个摆锤。摆锤的运动以连锁式传递，自然就形成了“波浪”的形状，并且会移动，这就是“波动”。

你们见过足球场上的“波浪”式应援方式吗？纵向一列的观众站起来并举起双手，旁边座位的观众看到后以同样的方式站起来。这样反复下去，体育场的观众席就会像大波浪一样起伏。每个观众都没有移动，只是在自己的座位上站着和坐着，反复地起伏着。但当这种起伏以有规律的方式传递时，全体观众看起来就像波浪一样。

［图1］波的传播示意

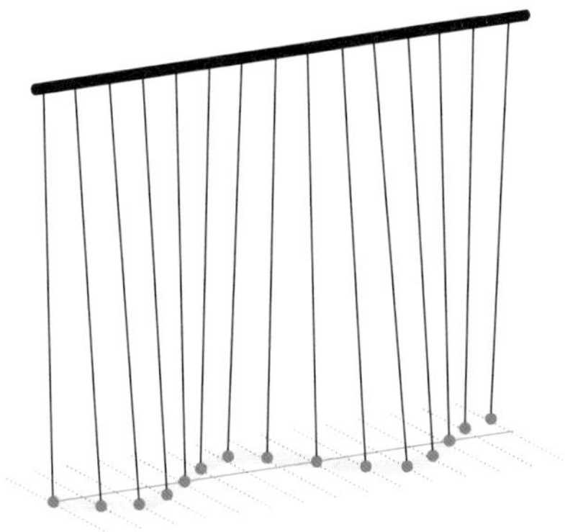

波是能看见且能感受到的

波（波动）是一种振动连锁反应现象。振动的源头被称为波源，而传输振动的物质被称为介质。可以想象一下，人的声音传到对方耳朵的场景。

声音是称为声波的波，声带和口是波源，而空气是介质，如图2所示。

这时，随着声音从口中发出的气息并没有传达给远处的人。空气是停留在原地的，只有振动被传送了。

波的振动可以被身体感觉到，也可以被眼睛看到。

［图2］人声音传播的过程

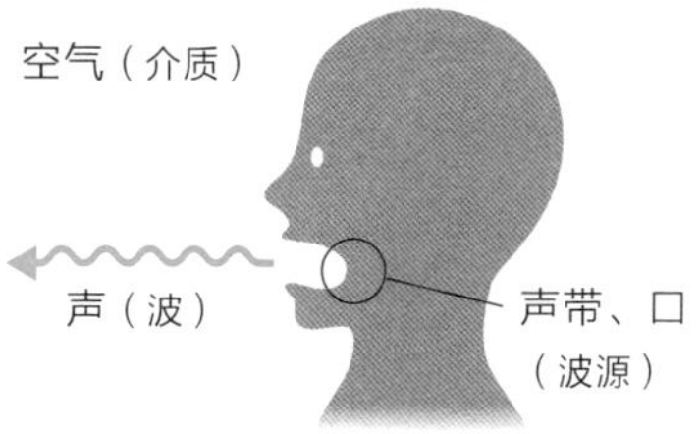

例如，像音乐会或演唱等声音很大的地方，随着音乐的振动，身体（皮肤）也会感受到振动。虽然地震并非什么好现象，但地震也是由地震波在地球内部传播的振动。

此外，也可以用一根绳子，比如跳绳，来观察波的形状。将绳子的一端固定在墙上并拉紧，然后快速上下抖动另一端（在这种情况下，手是波源，绳子是介质）。这样便可以观察到波在绳子上传播，如图3所示。当手上下摇晃一次时，可以看到发出的一组有波峰和波谷的波形。

［图3］观察波的形状

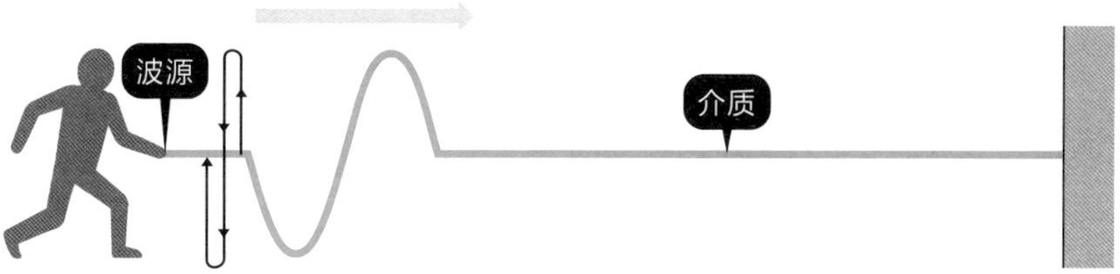

波的基本方程

一组波的相邻两个波峰或波谷之间的距离（波形一个振动周期的长度）称为波长λ（单位为m），一次往返振动的时间称为周期T（单位为s）。

由于波在周期T内行进了一个波长λ的距离，所以当波的速度为v时，即以下方程式成立。

$$\lambda = vT$$

另外，波或波源在一秒钟内振动的次数称为频率f（单位为Hz）。频率用周期表示如下。

$$f=\frac{1}{T}$$

将频率方程代入波长方程，可以得出波的速度方程，具体如下。

$$v=f\lambda$$

这些关系式被称为波的基本方程。这是很重要的关系式，适用于所有的波动。

横波和纵波

在图1波的示意中，介质的振动方向和波的方向是成直角的。以这种方式传播的波被称为“横波”。上一节（第140页）介绍的电磁波也是一种横波，因为电场和磁场与运动方向成直角振动。

相反，图4中介质振动方向与波的传播方向是平行的，被称为纵波或疏密波。之所以被称为疏密波，是因为波在密集部分（介质被压缩后密度变高的部分）与疏散部分（介质稀疏的部分）的交替变化中移动。它看起来不像波，因为没有所谓的波形出现，但满足波的条件，即振动在介质中一个接一个地传递。纵波的一个典型例子是声波。

在地震波中，P波速度快，是初始的微振动传播，而S波则速度稍慢，是主要的振动传播。P波是纵波，S波是横波。

［图4］纵波的示例

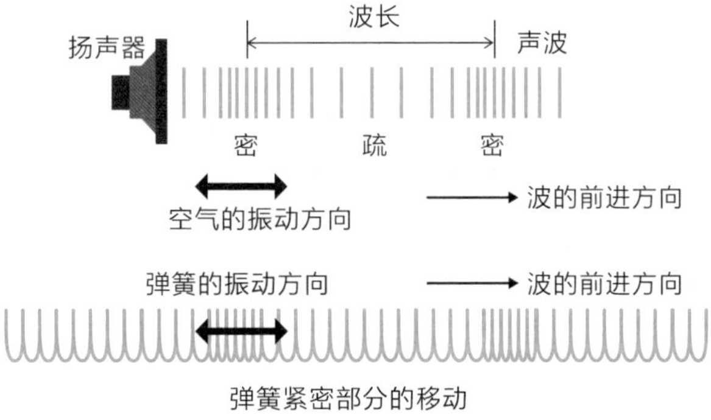

原理应用知多少！

时间和长度的标准是由“电磁波”决定的

电磁波的频率和速度在决定“时间”和“长度”的标准方面起着非常重要的作用，而时间和长度与我们的生活是密不可分的。

时间单位“秒”最初是由地球的自转周期决定的，但现在是由最精确的铯原子钟定义的。

“秒”是如何被确定的呢？首先，将铯-133原子在一个不受干扰的大气环境中冷却到极限状态。在那时吸收和发射的特定电磁波的频率为9 192 631 770 Hz，并将其确定为时间单位。换句话说，这个无线电波（被归类为微波，因为它的频率约为9GHz）振动9 192 631 770次所需的时间是一秒钟。

另一方面，长度单位米最初是怎么定义的呢？从地球北极到赤道的距离为1万千米，这个距离的千万分之一就被定义为1m。然后制作“米原器”作为标准。现在将真空中的光速c的值设定为299 792 458m/s，并根据这个值确定了1m的距离。换而言之，1m是光在真空中一秒钟所走距离的1/299 792 458。

无论是时间还是长度，都是由以电磁波为标准的物理学定律决定的。在日本，产业技术综合研究所（AIST）负责管理测量标准，并拥有世界上最高精度的技术。

1秒前进了299 792 458米

↓

1/299 792 458秒前进了1米

毕达哥拉斯

声音的三要素

从五度相生律到十二平均律，音乐是由波组成的。

发现契机！

——已知最早的关于“声音”的科学（数学）研究是古希腊哲学家和数学家毕达哥拉斯先生（公元前582年—前496年）的研究。

这不就是我吗？我出生在爱奥尼亚的萨摩斯岛（今希腊东部小岛），在那里我聚集我的弟子，组成了一个名为“毕达哥拉斯教团”的秘密社团，我是这个社团的大师。

——说到毕达哥拉斯先生，最著名的是您的数学定理“毕达哥拉斯定理”（勾股定理），但您还研究过声音吗?

喂，不要大声说出来。这些在我们教团是绝对保密的，泄露给外人的人是要以死来补偿的。并且，所有记录应该都没有流传下来吧，你为什么会知道?

——没关系的啦！那都是2500年前的事了。顺便问一下，您都是怎么研究声音的呢?

通过实验彻底调查笛子、琴等乐器的物理条件和音程的高低关系，我发现，如果琴的一根弦的张力是固定的，那么在弦振动部分的长度是整数比例的情况下，同时鸣响时就会发出清脆悦耳的和弦。

——这在后世被称为“五度相生律”。毕达哥拉斯先生也演奏过吗?

好吧，告诉你也没关系。作为“匀整与和谐”教义的化身，每个人都被我的表演所陶醉了。

原理解读！

- 声音的三个要素是音调、响度和音色。
- 音调是由声波的频率f（Hz）决定的。
- 响度由声压p（Pa）或声压级（dB）表示。
- 音色是由声波的波形（泛音成分的比例）决定的。
- 由空气振动传播的波称为“声波”。
- 声波以“纵波”也就是“疏密波”的形式传播，其中纵波传播方式是高压（密）部分和低压（疏）部分在前进方向上一字排开传播，类似于一串汽车追尾。

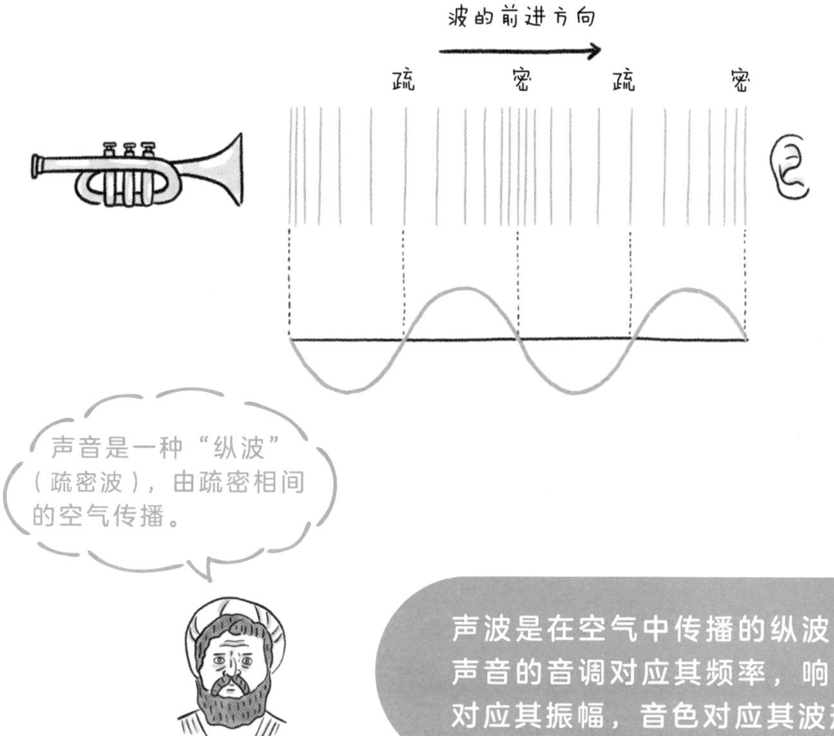

声波是在空气中传播的纵波。声音的音调对应其频率，响度对应其振幅，音色对应其波形。

音调

音乐的三个要素是旋律、节奏和和声，但在这里我们将重点讨论音乐中使用的声音（音乐）的三个物理要素，即音调、响度和音色。

声音的音调是由每秒的振动次数决定的，或称为频率f（单位为赫兹，Hz）。频率越高，音调就越高，如图1所示。频率正好是两倍关系时被称为八度。

尽管声速随温度的变化而略有不同，但在15℃时，声速几乎是恒定的，约为340m/s。所以，使用波的基本公式$v = f\lambda$（第151页），我们可以看到：低音调的声音具有长波长，高音调的声音具有短波长，高一个八度的声音具有两倍的频率和一半的波长。

［图1］声音的高低

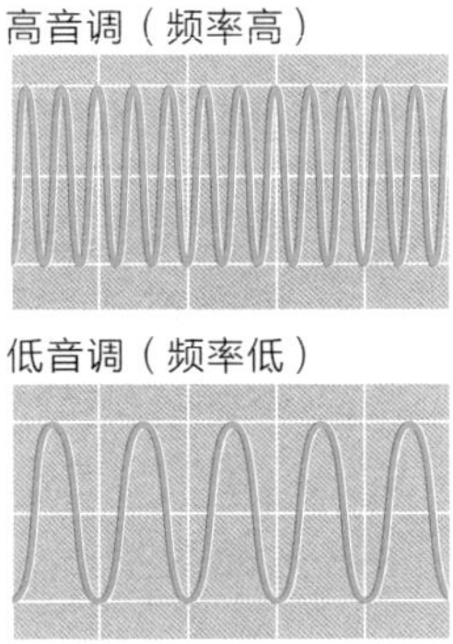

响度

声音的响度与空气振动的压强p（单位为帕斯卡，Pa）有关。因为声音是一种在空气中传播的疏密波，所以气压的微小变化会以振动的形式传播。

把图2看成是显示声压变化的图表。从平均压强到最大压强的振幅称为压强振幅。声压p越大，声音越响亮。

响度用“声压级”来表示，单位是分贝（dB）。当$p=p_0$时，声压级为0dB，其中p_0是基于人耳几乎听不到的最低声音的声压。声压每增加10倍，声压级值就增加20分贝。

［图2］声音的强弱

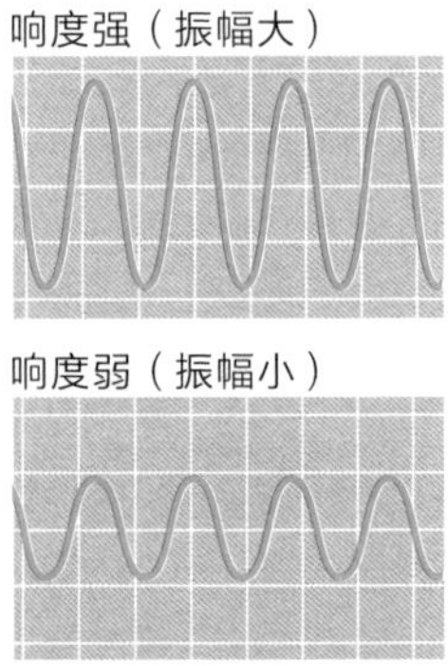

音色

因为音色的差异，尽管声音的音调和响度相同，也能区分不同类型的乐器，这是由于声波的波形不同造成的。如果用麦克风收取声音，用示波器（一种观察信号波形的设备）观察，差别是一目了然的，如图3所示。

正如将在下一节“波的叠加原理”中详细讲述的那样，周期性波可以表示为频率为整数比的正弦波成分的叠加（第160页）。在音乐领域，**频率最低的正弦波成分被称为基音，而频率为基音倍数的成分被称为泛音**。

通过将一些泛音与基音混合，可以产生各种波形。人类的听觉可以立即分辨出泛音的混合比例，并识别出发声的乐器或人。

图3显示了人声和主要乐器在表演中使用的音调方面的频率范围，可以看出，产生低频声音的乐器往往体积比较大。

［图3］声乐和乐器的频率范围

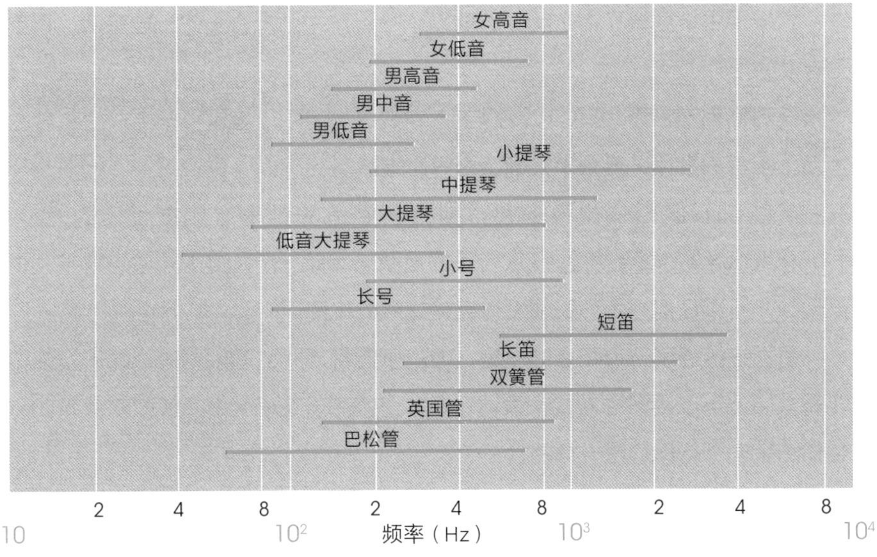

原理应用知多少！

音阶是由频率比产生的

毕达哥拉斯发现，当频率比为简单整数的音在一起演奏时，会形成和谐优美的和弦。他根据频率比为2：3的“完全五度”的关系，构建了音律。

例如，如果我们以do的音符为参考基数，其3/2倍的频率将是so的音符。

与之相反的2/3倍是低fa的音符，4/3倍时是高fa的音符（相对于标准音的“完全四度”的关系）。所以八度的差异会被认为是相同的音，但那是2倍振动频率。

通过围绕参考音符向上和向下重复三次这样的操作，就可以确定七个音符的高度，这就是“五度相生律”。**最初的音阶，即今天的“哆来咪”的基础，就是这样产生的。**

五度相生律强调和谐之美，长期以来一直作为西方音乐的标准音律，直到文艺复兴早期。

在现代西方音乐中，“十二平均律”被广泛使用。这是将一个八度划分为十二个半音的音律，其频率被确定为等比级数。

虽然以五度相生律为基调，但相邻半音的频率之比被设定为 $\sqrt[12]{2}=1.059\,463$ 倍（这个数字的12次方正好是两倍，即一个八度）。由于它是一个无理数，所以任何一个和弦都没有完美的整数比例。

虽然这牺牲了一点和音的质量，但由于音符之间的间隔相等，易于换调和转调，因此可以用多种方式来表达音乐。这与在卡拉OK中能够改变音调，使整体的音调平行移动是一样的。

趣闻轶事

人类的听觉范围

成年男性正常说话时，其声音的频率为100～150Hz，女性为200～300Hz，女性比男性高约一个八度。据说一些专业的女高音歌唱家能够发出高达3000Hz的高音。

对人耳来说，“可听见声音”的频率据说在20～20000Hz之间，涵盖了大约10个八度的范围。20Hz的声音实际上更接近我们在皮肤上的感觉，而不是用耳朵听到的声音。低于20Hz的声音被称为“次声波”，是噪声污染的原因，是一种对人类来说应该听不到，但可以感觉到的声音。

可听见声音的最高范围实际上因人而异，因年龄而异。大多数人在年轻时可以听到近20000Hz的声音，但随着年龄的增长，范围变窄，大多数老年人不能听到15000Hz以上的声音。

频率为20000Hz以上的声音，人类无法听到，被称为“超声波”。它们在不伤害人体的情况下被用于内部器官的医疗诊断、超声波清洗机以及渔船上的声呐等。

有一些动物，比如狗和猫，可以听到这些超声波。众所周知，蝙蝠和海豚能够积极地利用超声波，它们根据自己发射的超声波反射声来识别障碍物和猎物的位置，这被称为“回声定位”。

约瑟夫·傅里叶

波的叠加原理

波的叠加原理适用于数字图像压缩技术和“傅里叶分析”的原理。

发现契机!

——应用于傅里叶分析的波的叠加原理，是由约瑟夫·傅里叶先生（1768—1830）在18世纪提出的。请问什么是波的叠加原理呢?

意思是：多个波重叠的区域的位移是每个波的位移之和。如果波峰和波峰重叠，它们就会变成更大的波；如果波峰和波谷重叠，它们就会相互抵消掉。

—— 傅里叶分析是将一个复杂的周期性函数，表示为许多具有不同周期的三角函数的总和，是吧?

是的，波的叠加原理是傅里叶分析思想的出发点。通过傅里叶分析，可以将一个复杂的函数分解成几个不同频率的简单函数，使其更加简单。我在做热传导研究的时候，为了计算热传导方程，才提出这个分析方法的。但事实上，瑞士的丹尼尔·伯努利先生（1700—1782）在1753年对弦的振动研究中，就提出了一个类似的分析方法。那时我还没有出生，由于它过于超前，以至于在当时不受人们的认可。

—— 在现代，“傅里叶分析”已经成为一个极其强大的工具，被广泛应用于各个领域，包括声音、光线、振动和计算机图像等领域。

我感到很荣幸。但请不要忘记伯努利先生哦。

原理解读！

- 当多个波相遇时，合成波的位移是各个波的独立位移之和（波的叠加原理）。
- 即使两个波相遇并重叠，它们也能相互滑过而不改变形状（波的独立性）。

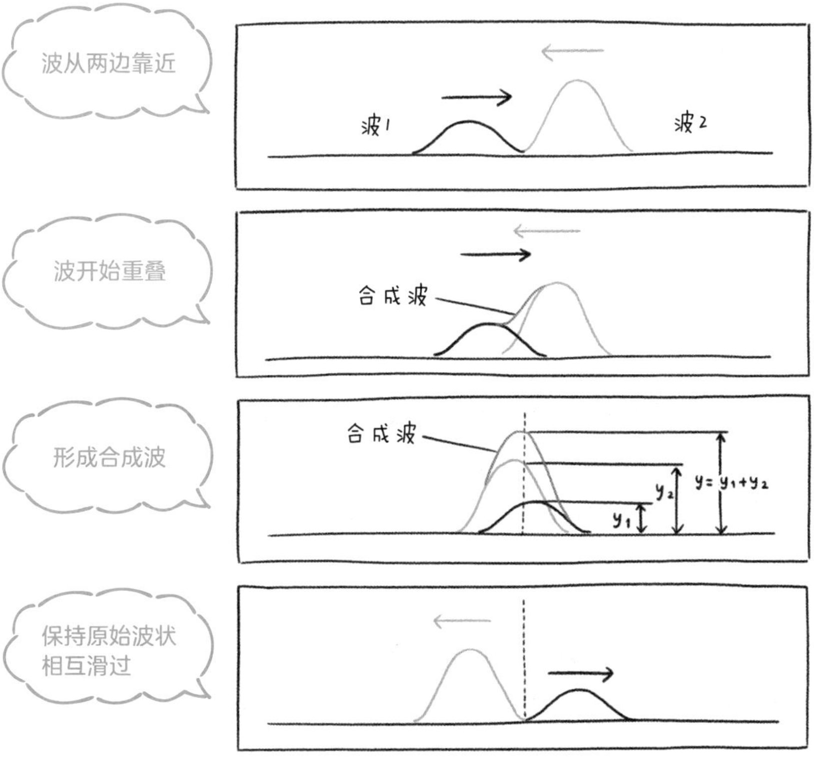

即使有多个波，它们也是独立传输的。叠加区域的位移是每个波的位移之和。

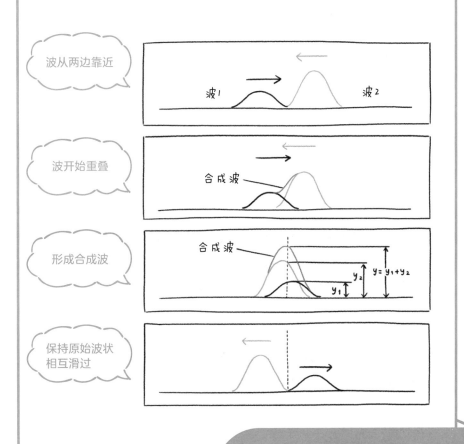

波的叠加

当普通物体相互碰撞时，会相互反弹、黏合、破裂或飞散。波相互碰撞又会如何呢?

只是传输波的介质在那里振动，波本身并不移动。即使是看台上的观众在为足球比赛等欢呼时表演的“人浪”，也是在自己的座位上反复地站站坐坐，但他们并没有移动，只是传播了波的形状。

波不涉及物质的移动，所以即使多个波相遇，它们也可以互相滑过而不影响对方，即所谓的波的独立性。这就是为什么我们在有许多人声时也能互相交谈，在许多手机信号交汇时也能保持通话的原因。

在波浪叠加的地方，发生波的合成。当时的原理是叠加原理，如果每个波独立到达该位置，所发生的位移之和就是合成波的位移。

什么是傅里叶分析法

一般来说，具有复杂波形的波可以被看作是许多具有不同频率和振幅的正弦波的叠加。在图1中，左侧看似复杂的波形，可以被分解成右侧的正弦波。图1中右边的三个波是正弦波，称为傅里叶分量。最上面的一个频率与原波相同，后面的是频率为两倍或三倍的分量。在声音领域，它们对应的是泛音。

图1是一个只有三个分量的例子，如果增加傅里叶分量的数量，并把任何周期性的波依次加在一起，合成波形将逐渐接近目标波形。可以重复这个过程，直到获得所需的精度。

这种将任意波形的波分解为若干正弦波的方法被称为傅里叶分析，它被广泛使用在各个领域。如果分解后的分量比（称为频谱）是已知的，那么可以通过叠加波来恢复原始波形。

[图1] 傅里叶分析

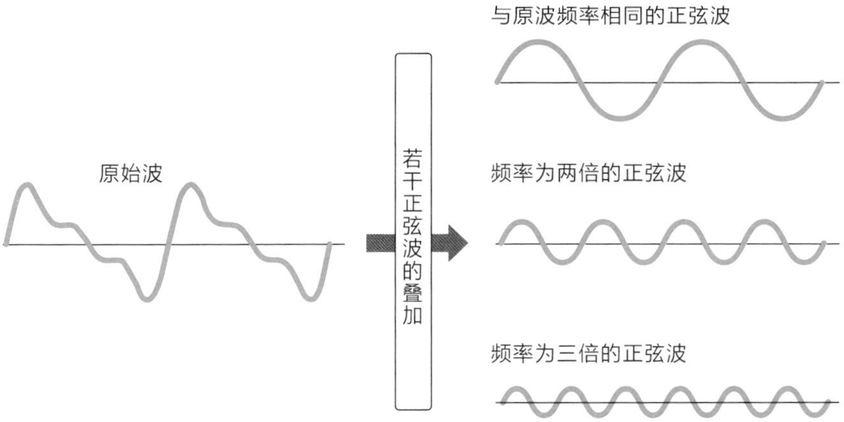

原理应用知多少！

图像压缩和傅里叶分析法

虽然波的叠加原理的傅里叶分析应用非常广泛，但在我们现代生活中最熟悉的例子可能是数字图像的压缩技术。

如今，即使是智能手机的内置摄像头也超过了1000万像素，如果将捕捉到的信息原封不动地记录下来，将会产生巨大的数据量。为了减少通信时间和节省存储容量，缩小文件大小的技术已经被开发出来。如智能手机和数码相机中使用的JPEG压缩图像文件格式，以及基于傅里叶分析开发的信号转换技术也被用于数字电视广播。

简单地说，这是一种准确再现目标图像的总体形象和突出轮廓的技术，同时省略那些不仔细看就看不到的细节。

万事万物的传播方式

克里斯蒂安·惠更斯

惠更斯原理

当波叠加时，它们相互加强，形成下一个波。应用于卫星和天线。

发现契机！

——“惠更斯原理”是由17世纪的数学家、物理学家和天文学家克里斯蒂安·惠更斯先生发现的。这是个怎样的原理呢?

波是介质（传输波的物质或物体）的振动相继传递的现象。例如，请你在这个桶里装满水，并尝试打出一个波浪。

——扑哧扑哧。啊……波浪的波峰（最高的部分）和波谷（最低的部分）似乎是连成一排的。

那被称为“波面”。你可以制作各种形状的波面，如圆形或直线。

——我观察波的传播时发现，波面似乎被送出并向前移动了。

我根据叠加原理解释了这种波的传播方式，这就是我的惠更斯原理。

——您还做过关于光的研究。牛顿先生主张光的微粒说，但您主张波动说，对吗?

两束光线相互交叉而互不干扰的原因，一定是因为光是一种波。我以为，光的真正性质是一种波，在充满硬粒子的介质中传播，就像声波在空气中传播一样。胡克先生所谓的“以太”理论，很不幸后来被否定了。

原理解读！

- 波是振动在介质中相继传递的现象。
- 子波源是无数看不见的、微弱的圆形波（三维的球形波），其会根据波面某个瞬间微小部分的运动，在运动的波面周围扩散开来。
- 包络线（包络面）是指与该曲线族（曲面）共同相切的一条曲线（曲面）。之所以被称为包络线，是因为它似乎覆盖并连接整个曲线族。
- 一个波面上的所有点都是居中的，并发出子波源，而下一个波面是作为这些子波源的包络面出现的（惠更斯原理）。

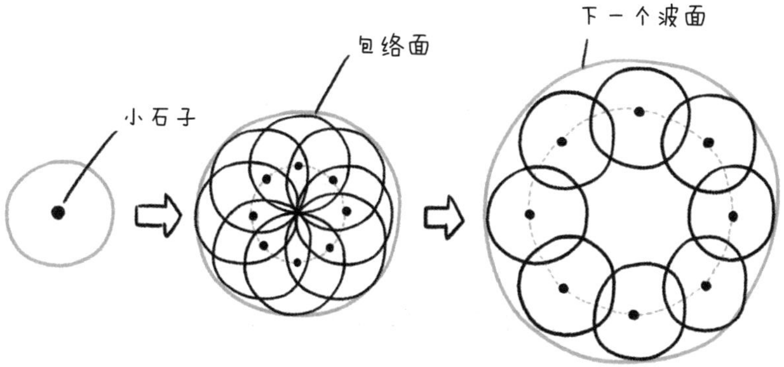

当一个小石子被扔进池塘时，一个圆形的波以小石子为中心向周围扩散，无数小的子波源从波面的每个点发射出来。通常与这些波相切的包络线（蓝线）形成下一个波面。

微弱的子波源从一个波面同时扩散出去，并在许多重叠的地方相互加强，形成下一个波面。

用圆形波面组成直线的波面

如果向一个平静的池塘扔入一颗小石子，一个圆形的波纹就会扩散开来；如果同时扔入两颗小石子，会有两个圆和之前一样扩散开来，且边前进边相互交错。由于波的独立性，每个波纹都不受其他波纹的影响，各自扩大其半径，只是会出现叠加。

如果把许多小石子以相等的间隔放在一条直线上，然后同时扔入池塘，会发生什么呢？在图1中，波源排成一条直线，圆形波从直线上以同样的速度扩散出去，波的外缘就逐渐形成了一个直线状的波面。

[图1] 圆形波组成直线状的波面

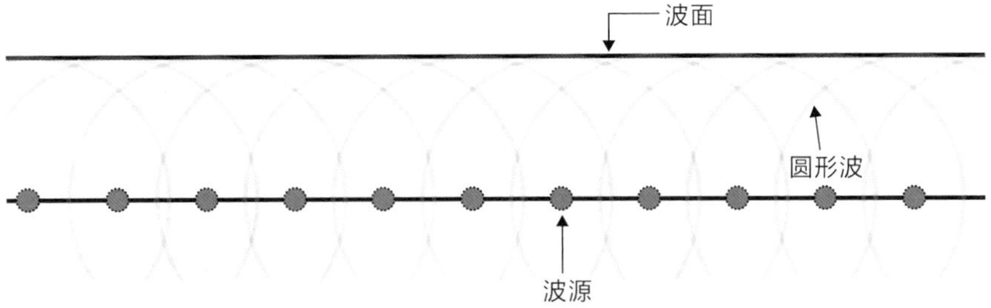

子波源相互加强，形成新的波

波是介质的振动相继传递的现象。我们认为，在某个瞬间，波面的一个微小部分的运动在其周围产生了一个微弱的圆形波（三维的球形波），眼睛是看不见的，就像一个掉进池塘的小石子。这些微弱波被称为“子波源”。

由于一个波面上的许多点同时一致振动，所以子波源也同时产生。这些圆同时散开，就像图1中的小石子同时落下一样。这些子波源中的每一个都是微弱的，是无法察觉的，但在无数个子波源同时叠加的地方（包络线：共同相切的线），根据波的叠加原理这些波相互加强，成为可见波。这就是新的波面，这里的叠加原理被称为惠更斯原理。惠更斯原理能成功地解释波与波之间相互交叉而互不干扰的事实，以及波所特有的“衍射”现象，即波绕到墙的背面。图2展示波从墙的缝隙扩散到墙的背面。

后来，法国的菲涅尔（1788—1827）从数学的角度加强了惠更斯的想法，并能够完全解释为什么向相反方向传播的波不存在，这在惠更斯的时代是难以解释的。由于惠更斯原理得到菲涅尔的补充完善，该原理也被称为“惠更斯-菲涅尔原理”。

［图2］波从墙的缝隙扩散到墙的背面

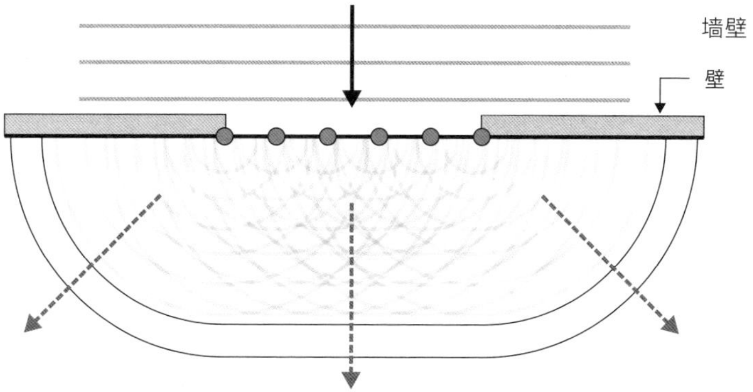

无数的子波源从介质的每个点以圆形模式扩散开来，在墙壁的间隙处振动。虽然每个子波源都很弱，无法看到，但我们可以观察到它们共同叠加的相互加强区域所形成的下一个波面。这样相互加强的部分在数学上称为“包络线（包络面）”。

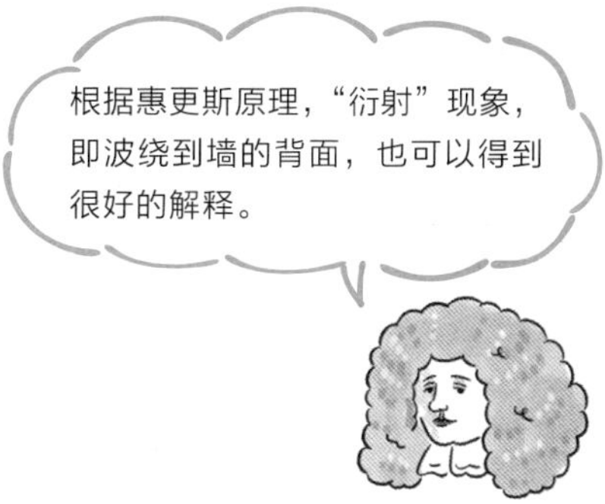

原理应用知多少！

可以预测大阵雨的“相控阵天线”

相控阵天线是惠更斯思想的一种积极应用。

在一个平面上有规律地排列着许多元件天线，这些天线同时辐射出小的球形无线电波，就是相控阵天线，如图3（a）所示。在图3（b）中，每排天线的辐射时间不同，因此无线电波的波束可以在短时间内被传送到各个方向。

该技术在超高速网络通信实验卫星“纽带”（2008年发射）上成功进行了测试。该卫星在以毫秒为单位的短时间内，成功地切换无线电波波束的发送目的地，向受灾地区等需要通信的地区集中发送无线电波。另外，在陆地观测技术卫星“大地”（2006年）和“大地2号”（2014年）中，使用雷达来研究大范围内的地球表面地形。

离我们比较近的是正在研究的气象雷达的应用，期待它能在大阵雨的短时间预测等方面发挥作用。

[图3] 相控阵天线及其机制

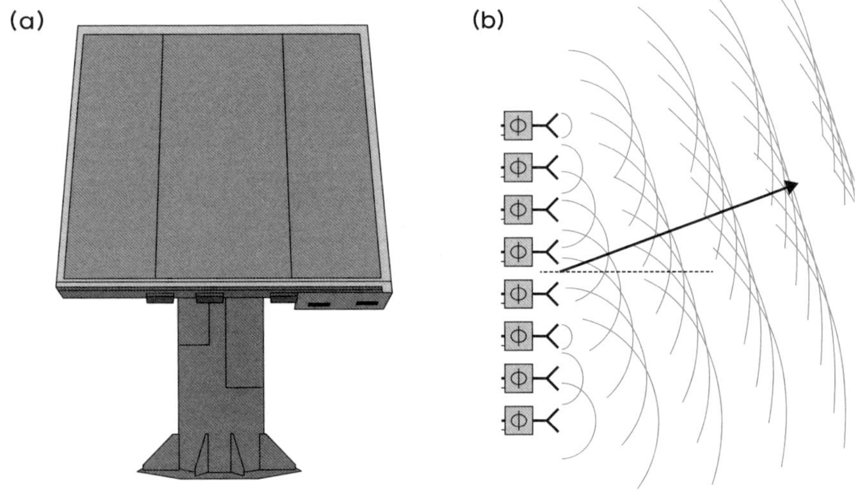

趣闻轶事

首次登陆土星的泰坦卫星

此次要谈论的是欧洲航天局（ESA）开发的一款无人探测器。一个叫“惠更斯”的小型行星探测器，首次在土星的泰坦卫星上着陆。

“惠更斯”在美国于1997年发射的土星探测器“卡西尼号”的怀抱中离开了地球。在进入围绕土星的卫星轨道后，“惠更斯”与“卡西尼号”分离，并于2005年1月14日成功降落在土卫六表面，向地球发送图像和观测数据。土卫六是太阳系中第二大的卫星，因其带有甲烷的大气以及变化的天气而备受关注。

该探测器是以克里斯蒂安·惠更斯的名字命名的。他在1655年用自己设计的望远镜发现了土星的绕行卫星泰坦，就在这一年，他确认了土星环的存在。伽利略·伽利雷曾将土星的奇怪形状报告为“有耳朵的星星”，但惠更斯利用更好的望远镜观测，并确认它是一个“环”。

“惠更斯”已经完成了它的任务，但它仍然是最遥远的人工天体神器。

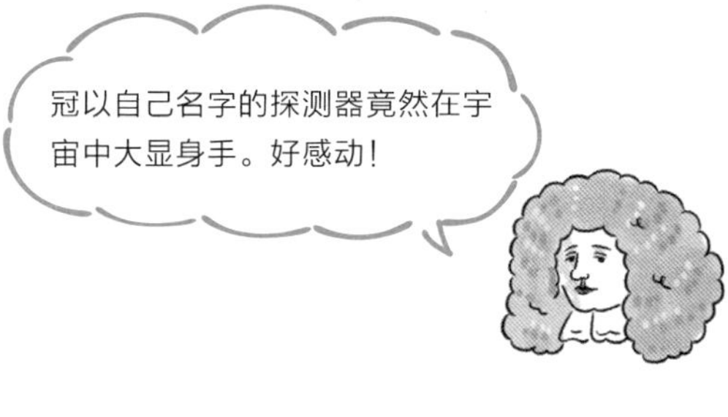

冠以自己名字的探测器竟然在宇宙中大显身手。好感动！

威里布里德·斯涅耳

反射和折射定律

从眼镜和放大镜到光纤通信和内窥镜，反射和折射定律已经应用在我们生活的方方面面。

发现契机！

——折射定律是由荷兰天文学家和数学家威里布里德·斯涅耳先生（1580—1626）发现的。您是什么时候发现这个定律的呢?

我大约在1621年就注意到它了，但没有发表关于它的论文，因为很久以前就有许多人研究光的折射了。

——似乎英国的托马斯·哈里奥特在1602年就注意到了类似的定律。

是这样的吗？我听说他也没有留下多少出版物。毕竟，在出版物中保留自己的成就是很重要，不是吗?

——1690年惠更斯先生在出版的著名的《光论》中，介绍了您的学说，于是，您的学说突然进入了人们的视线。

那都是我离开世间60多年后的事了，没想过它会有这样的发展。

——折射是透镜和棱镜原理的基础。眼镜使许多人的生活更加舒适，而使用透镜的望远镜和显微镜则是科学新时代的突破口。棱镜还开辟了一门名为光谱学的新科学。

可是，我在研究它的时候没有那么多的预见性，非常感激惠更斯。

原理解读！

- 当波到达介质的边界时，会在边界发生反射和折射。反射和折射通常同时发生（在全反射的情况下只发生反射）。
- 反射波是相对边界（如镜子的表面）被折回的波。其中，反射波的角度与入射波的角度相等（反射角=入射角）。
- 折射是由于波的速度在介质的边界发生了变化而引起的。波进入传播速度较慢的介质时，波的前进路径被弯曲，从而使“折射角<入射角”。

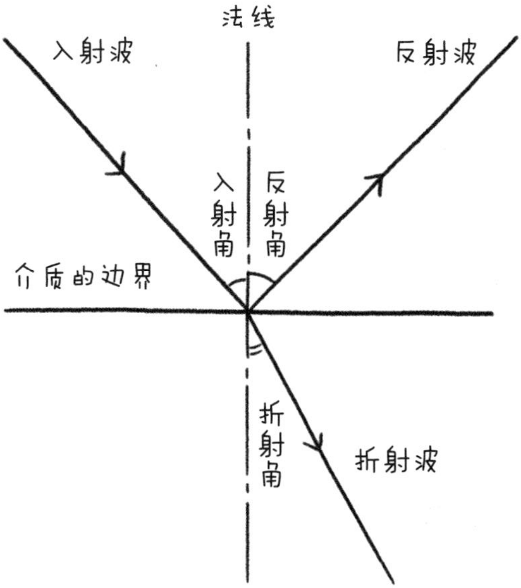

这些也是光、声和水波的属性，是波的一般属性。

波在介质的边界发生反射和折射。反射和折射同时发生。折射是由波的速度差异造成的。

反射定律

波在同种均匀介质中前进的速度是恒定的，如果没有障碍物，波将沿直线前进。匀速直线运动是波前进运动的基础，当有改变其速度的介质边界或障碍物时，波会改变其前进路线。

我们回忆一下在小学所学的光的实验。光通常是直接穿过空气，当碰到镜子时发生反射，因为那是与空气不同的物体。镜子是由一种金属制成的，特别容易反射光线，所以大部分光线都会被反射回去。

由于反射的光线又回到空气中，所以光速仍与撞击镜子前相同。在这一点上，光的路径相对于镜子是对称的，而反射定律，即反射角=入射角，自然就成立了。

在图1中，对于一个看镜子的人来说，光源似乎处于与镜子对称的位置，这是每天都能看到的场景。当反射面不像镜子那样平坦，而是凹凸不平时，就会发生漫反射，但如果放大来看，在表面的微小部分还会发生与镜子相同的反射。

［图1］镜子对光线的反射

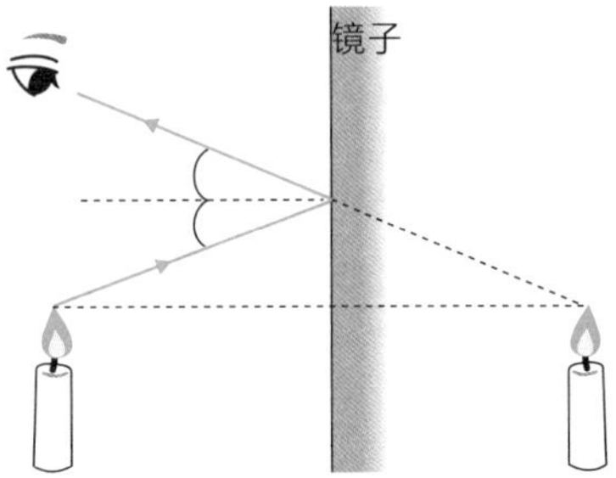

折射定律

当两种类型的介质相互接壤，波从第一种介质通过其边界进入第二种介质时，如果波的速度发生变化，就会发生折射。

以初中所学的光的折射为例，光从空气中到水中，水中的光速是空气中的3/4左右。这时，进入水面的光线以折射角小于入射角的方式斜向弯曲，解释如下。

图2表示横排成一列的队伍，在波浪冲击中向大海前进，并斜着进入海水中。比起在沙滩上行走的速度v_1，在海里行走的速度v_2不可避免地要慢一

些。于是，从第一个入海的人开始放慢速度，队伍就会自然地弯曲，这便是发生折射的原因。

在图3中，如果入射角为 θ_1，折射角为 θ_2，那么有：

$$\frac{\sin\theta_1}{\sin\theta_2}=\frac{v_1}{v_2}=n_{12}$$

或

$$n_1\sin\theta_1=n_2\sin\theta_2$$

［图2］向海上行进的队列

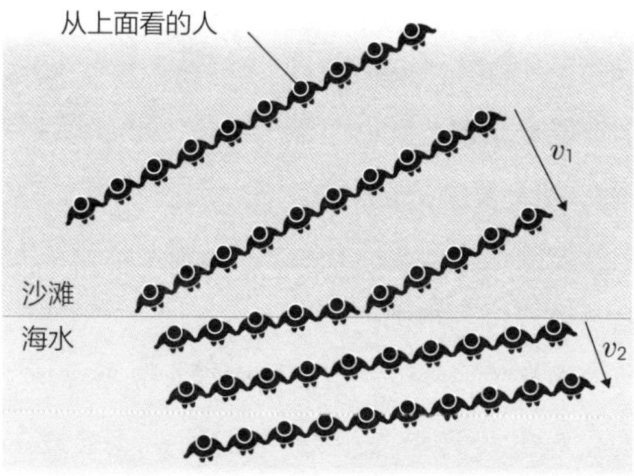

这被称为**折射定律**或**斯涅耳定律**。

v_1和v_2是波在各自介质中的传播速度，n_1和n_2是各自介质的折射率（绝对折射率），n_{12}被称为第二种介质对第一种介质的相对折射率的量。

［图3］折射定律（斯涅尔定律）

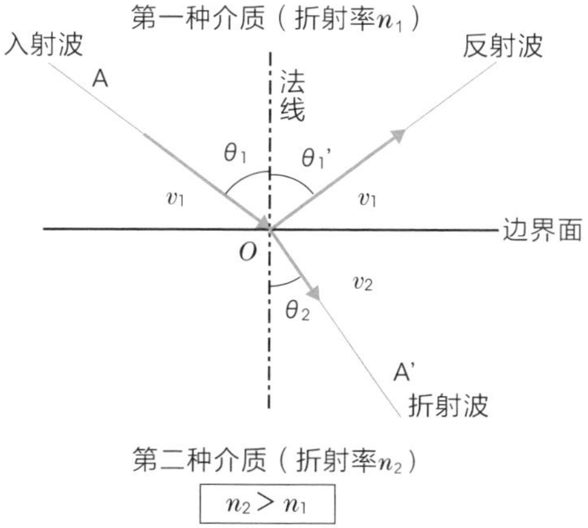

反射波：与入射波相同，在第一种介质中传播。

折射波：穿过边界在第二种介质中传播。

入射角 θ_1，反射角 θ_1'，折射角 θ_2：是各个波的行进方向（射线）与边界面的法线之间的夹角。

折射率（绝对折射率）：相对于参考介质的折射率。

全反射原理

如上所述，我们假设$v_1 > v_2$（$n_1 < n_2$），在这种情况下$\theta_1 > \theta_2$，任何入射角θ_1都会发生折射。

如果$v_1 < v_2$（$n_1 > n_2$），会发生什么呢？这是光从水中照射到水面，或声音从空气传到水面的情况。

现在$\theta_1 < \theta_2$，所以如果增大θ_1，θ_2先达到90°。由于这是折射角的上限，对于大于这个角度的入射角θ_1不会发生折射，所有的波都在边界表面被反射，这被称为**全反射**。而满足$\sin\theta = \frac{v_1}{v_2} = \frac{n_2}{n_1}$的入射角$\theta$被称为**临界角**。从水到空气的光的临界角约为49°，从空气到水的声波的临界角约为13°。

潜入水下时，可以看到远处的水面像镜子一样映照着水底，几乎听不到外面世界的声音，那是由于光线和声音的全反射。通常在水面上方13°内是没有声源的，所以没有来自空气的声音。观众一般不在水上面13°内，所以游泳馆里观众的欢呼声很难传到水中运动员的耳朵里。此外，花样游泳的音乐是由水下扬声器直接播放到水中的，如图4所示。

［图4］人在水中接收的声音和光线

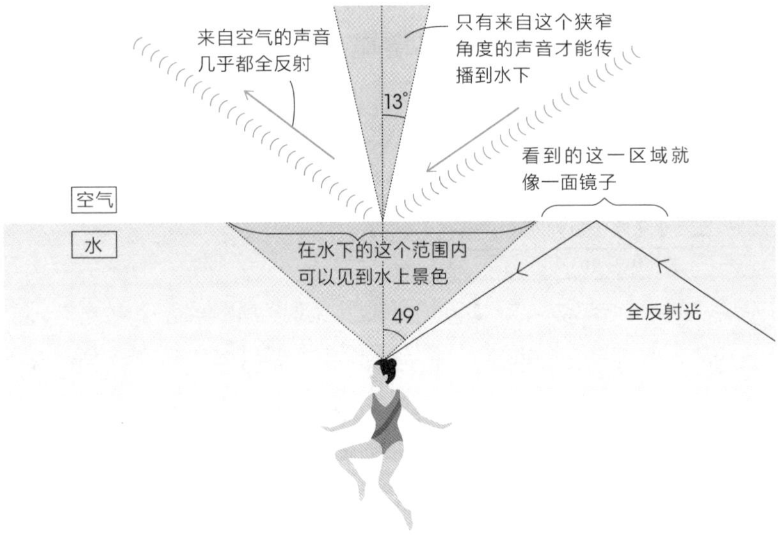

原理应用知多少！

普遍应用于镜子和眼镜

在日常生活中，不乏反射和折射被应用的例子。以每天使用的镜子为例，我们“看”东西时，大多数看到的是这些东西的反射光，所以光的反射与日常生活密切相关。

折射也被用于眼镜、放大镜、望远镜和双筒望远镜所使用的透镜中。照相机和电视图像也使用了镜头所产生的图像，可以说也是应用的折射原理。

普遍应用于光纤和安全标志

当光从横截面进入细玻璃纤维时，光在纤维的内表面引起全反射，而不会从侧面漏出，因此光可以沿着纤维传送而不损失能量，这就是光纤背后的技术。光纤是我们每天都使用的互联网和电话等信息通信不可缺少的传输手段。光纤技术也被应用于医疗领域中的胃镜和内窥镜。

自行车后面的红色反射器也是利用全反射来增加其反射率的。玻璃或塑料反射器在三个相交成直角（就像立方体的四角）的表面上反射入射光线，并将其准确地按照来时的方向送回去，这种反射器被称为角反射器，广泛用于自行车上的反射器和护栏上的安全标志。

50年前的阿波罗计划中，宇航员在月球表面设置的角反射器至今仍能准确地反射从地球发射的激光，这有助于精确测量月球的距离。全反射广泛应用在许多领域。

万事万物的传播方式

光的波动说和微粒说

光是一种波，一种粒子，围绕光的身份持续了200年的争论。

发现契机！

—— 今天，再次请来了艾萨克·牛顿先生。牛顿先生在力学领域非常活跃，但您也研究过光吗?

我是一个对任何感兴趣的东西都会全神贯注的人。大约从1666年起，我就一直致力于研究光。当时伦敦有一场瘟疫流行，因此我被疏散到我的家乡伍尔索普大约一年半的时间。

—— 我听说您还做过棱镜的实验。

我从年轻时就对光感兴趣，还发明了反射式望远镜，以消除望远镜中的色差（由于折射率不同导致的颜色模糊）。

—— 这是一项伟大的发明，后来被称为“牛顿望远镜”。

我把改进后的版本捐给了皇家学会，他们对它非常满意。也许正因为如此，他们在1672年邀请我成为会员。

—— 1704年，您出版了对光研究的巅峰之作《光学》。另一方面，1690年，克里斯蒂安·惠更斯在他的《光论》中提出了光的波动说和子波源的概念。

我坚信，光是一种粒子。宇宙中的一切都是由微小的粒子构成的，它们都在根据我的力学定律进行运动，光也不例外。根据惯性定律（第20页）可以理解，如果没有障碍物，光到哪儿都是直线前进的。如果有障碍物，就会有明显的阴影，这是受到物体施加的力而改变路径的证据。

原理解读！

光的波动说（惠更斯的理论）

- 光是在一种被称为“以太”的介质中将振动传播的波动现象。
- 即使两束光相互交叉，它们也不会相互干扰。
- 根据惠更斯原理，可以把反射、折射和衍射（波绕过物体的特性）等现象理解为子波源叠加的结果。

光的微粒说（牛顿的理论）

- 光是由发光物质发出的极小粒子。
- 粒子在真空或均匀介质中直线前进。
- 粒子在介质的边界上受到力的作用，并改变其运动状态（折射和反射）。

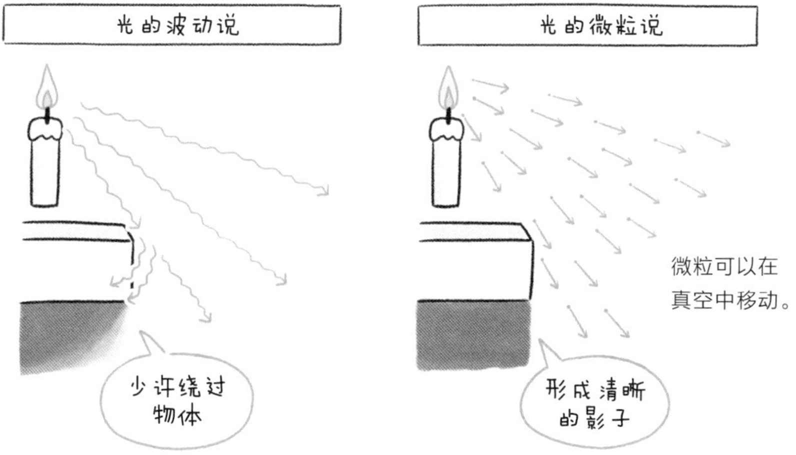

“以太”的振动以波的形式传播。

惠更斯和牛顿谁是对的？

惠更斯的立场是，光是一种波。因为波是一种传播振动的现象，必须有一种介质来传播振动，所以一种称为“以太”的未被发现的物质被认为是传输光的介质。就波而言，根据上一节讨论的惠更斯原理（第164页），各种反射、折射和衍射等现象可以很容易地解释为子波源的叠加结果。

另一方面，牛顿认为，光是携带它的微小粒子的运动。他认为，只要没有障碍物，光就会沿直线传播，而光创造出几乎没有绕行的清晰影子，这一事实就证明了光是微小粒子的运动。

在牛顿力学中，不受力的物体会保持匀速直线运动（惯性定律），光粒子也遵守这一定律。光之所以被反射和折射，是因为光粒子在介质的边界受到了力的作用，这也被认为是符合运动规律的。

光速的测量能否决定胜负？

以光从空气中进入水中为例，光进入水中的折射角比入射角小。在这种情况下，波动说的解释是：光速在水中比在空气中慢，所以根据惠更斯原理，折射角变小。

另一方面，牛顿的微粒说的解释是：当光粒子从空气中进入水中时，会受到水的强烈吸引，因此它们在被吸入时发生弯曲，速度方向发生变化。在这种情况下，粒子的速度受到水的吸引并加速，而光速在水中比在空气中快。也就是说，通过比较空气和水的光速，就可以清楚地确定两个论点中哪个是正确的。

然而，光速是如此之快，达到300 000km/s，以至于在惠更斯和牛顿的时代无法测量出来。这个问题直到牛顿去世100多年后才得到解决。

1849年，法国的菲索利用旋转齿轮法成功地测量了光速。这是第一次在地面上测量。次年，即1850年，傅科利用进一步改进的旋转镜法，在实验室里成功地测量了光速。傅科还通过在光路中间设置一个狭长的水箱来测量水中的光速。

其结果是，水中的光速大约是空气中的3/4倍，所以，惠更斯的波动说是赢家。从空气射入水中的光的折射两种示意图，如图1所示。

［图1］从空气射入水中的光的折射

（a）微粒说

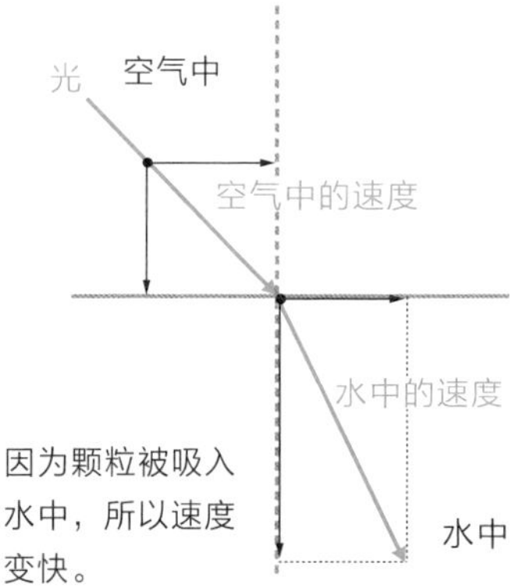

空气中的速度小于水中的速度

（b）波动说

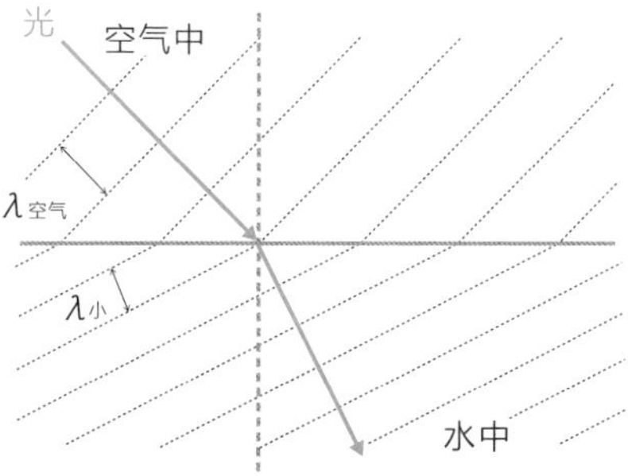

光波在水中的速度较慢，波长λ较短。“λ空气”代表光在空气中的波长，“λ水”代表光在水中的波长。

空气中的速度大小水中的速度

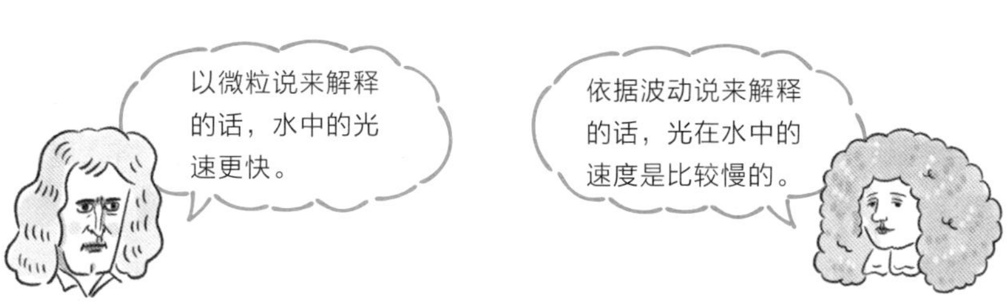

以微粒说来解释的话，水中的光速更快。
依据波动说来解释的话，光在水中的速度是比较慢的。

一场持续了200多年的争论终于尘埃落定

由于牛顿力学的完美成功和其不可动摇的名声，惠更斯等人的波动说暂时被打上了失败旗号。然而，在19世纪，托马斯·杨和他的同事进行精确的衍射和干涉实验（第191页）以及菲索和傅科对光速测量的结论性结果，都从实验上证实了光的波动性。波动说赢得了逆转。此外，1864年，麦克斯韦从理论上证明了光是一种电磁波，光的真正性质得到了彻底澄清。

然而，争论并没有就此结束。直到20世纪，真相才得以浮现。

在19世纪后半叶，对"黑体辐射"（由不反射光的物体发出的光）的研究揭示了一些不能简单地将光视为电磁波来解释的现象。继马克斯·普朗克在1900年提出"普朗克定律"之后，阿尔伯特·爱因斯坦在1905年提出的"光的量子理论"，**最终确定了光的"二重性"，它同时具有波和粒子的特性。**

今天，众所周知，波和粒子的"二重性"是所有微观粒子共同的基本属性，称为量子，是"量子力学"的一个基本概念。

原理应用知多少！

相信目之所及必有物的理由

如果光像声波一样具有衍射性，并且有能力在阴影中穿梭，那么人们所看到的一切都会变得模糊不清，而且无法确定位置。人们"相信看得到"的方向就有事物存在，因为有光的直进性。

如果沿途的介质是均匀的，就能判定光线是直接从光源来到人们的眼睛的。反之，如果沿途发生反射或折射，就会误认为光源是在它不存在的地方，就像镜子的另一边有自己一样。

光具有显著直进性的原因是，光是一种波长极短的波，约为0.5μm

（1μm是1mm的1/1000）。如果进行精确的实验，实验会清楚地表明光也会发生衍射和干涉。这是在牛顿去世后的事。

我们能看到星星，是因为光的粒子性

从经验中得知，相同亮度的光源会随着距离变远而亮度减弱。这是因为进入人们眼睛的光量与距离的平方成反比。人们在夜空中用肉眼看到的无数恒星，实际上是巨大的热光球，就像太阳一样，它们看起来没有太阳那样明亮，是因为太遥远了，即使以光速，也需要几年甚至几千年才能到达。

根据详细的计算，如果把光看作是经典的波动，那么来自如此遥远的恒星发射的光并没有足够的能量来刺激人类的感光细胞来“看”到它。于是，会得出看不到星星的结论。

然而，如果考虑到光具有波和粒子的二重性，光作为来自恒星的粒子（光子），具有与频率成正比的固定能量，那么当它击中感光细胞时，即使数量很少，也能产生刺激。人们能在夜空中看到星星，实际上是光的粒子性质的一种表现，如图2所示。

[图2] 我们看到的星星

约瑟夫·冯·夫琅和费

光的色散和光谱

光的弯曲方式取决于其波长，从彩虹的构成到光谱分析的技术，都是相同的原理。

发现契机！

——我们将要采访的是德国物理学家约瑟夫·冯·夫琅和费先生（1787—1826），您因对太阳光光谱的研究而在“夫琅和费谱线”上留下了自己的名字。我还听说您大大改进了透镜的制造方法，并开发了性能良好的棱镜分光镜。

我的父亲是一位镜子制造商，而我自己则是玻璃镜厂的学徒，所以我很擅长制作光学仪器。1813年左右，一个小型望远镜被连接到一个高性能的棱镜上，并开发了一个能够精确观察光的光谱分光镜。当我用它观察太阳光时，在熟悉的彩虹色带中发现了约700条细的暗线。

——据说，英国的沃拉斯顿先生在1802年也发现了一些，但他并没有深入研究。

我对其中的570多条暗线进行了波长的测量、记录并给它们命名。

——暗线是著名的“夫琅和费线”。后来，人们发现它们是太阳和地球大气层的“吸收谱线”，这促进了光谱学和天文学的发展。

是这样的。我很高兴能够为科学发展创造机会。

——您还在夫琅和费协会（国内常译为弗劳恩霍夫研究所）留下了自己的名字，这是欧洲最大的应用科学研究机构，在德国各地有许多研究所。您真是一个民族英雄啊！

我非常荣幸，我的国家和人民采用了我的名字。

原理解读！

- 人类眼睛能够感知的波长（400～800nm）的电磁波被称为可见光（所谓的光）。
- 入射光线被棱镜等分离成不同波长的现象，称为光的色散。
- 光的色散是因为介质的折射率随波长的变化而变化引起的。
- 光谱是复色光经过色散系统（如棱镜、光栅）分光后，被色散开的单色光按波长（或频率）大小而依次排列的图案。

光谱

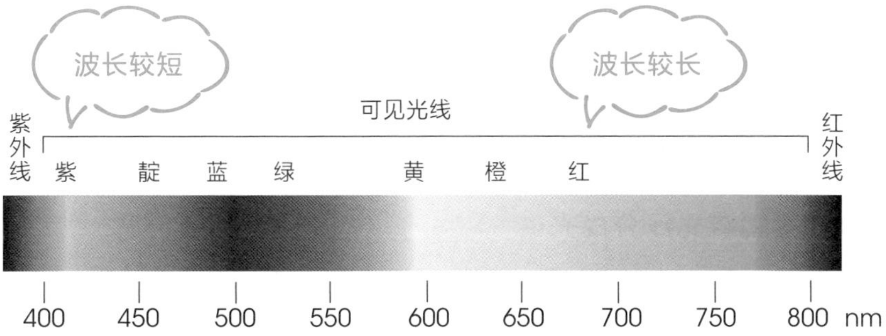

光的折射方式取决于它的波长（颜色），并可以通过棱镜分割为光谱。

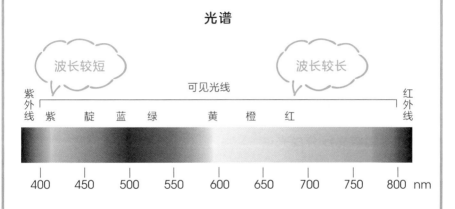

我们可以识别的七色彩虹

我们的眼睛可以直接感知真空中波长为400～800nm的电磁波，这些被称为可见光。光的“颜色”与它的波长相对应，较短的波长是紫色，较长的波长是红色。像太阳光那样的白光是各种颜色的可见光的复色光。

在真空中的光速是恒定的（约30万km/s），与波长或频率无关，但在介质中，它根据波长（频率）的不同而略有不同。例如，当白光入射到玻璃上时，同时入射的各种色光在玻璃内会逐渐偏移，这种现象被称为分散。

根据折射定律（斯涅耳定律，第170页），折射率是波在两种介质中的速度之比，所以如果存在色散，不同波长的折射率都会不同。如图1所示，当光以一定角度入射时，入射角是相同的，但折射角是不同的，所以光在每个波长下的弯曲度是不同的。这就是白光被分成彩虹的七种颜色的原理。如果仔细观察颜色的顺序，可以看到，折射率从红色到紫色逐渐增加。

通过棱镜等因色散而产生的光带被称为光谱（英文为spectrum）。

[图1] 棱镜将光线分成光谱

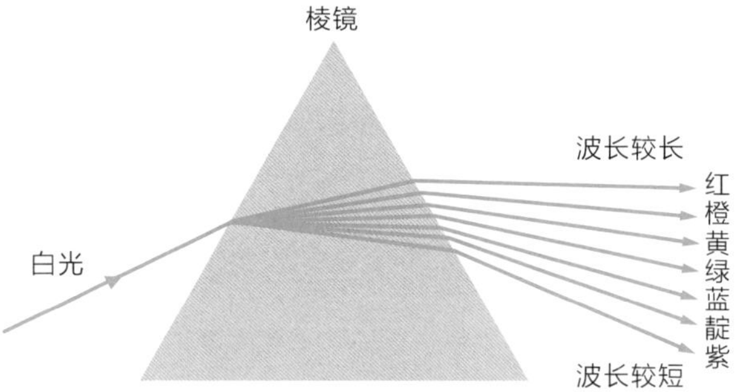

当光线从空气中进入玻璃时，紫光比红光更容易弯曲。因此，通过棱镜可以将光线分割成光谱。

彩虹的颜色是光的成分——牛顿的研究

从1666到1667年，牛顿对当时广为人知的“白光被棱镜分解”的现象进行了详细观察。他将阳光从一扇风门上的小孔射入一个黑暗的房间，并观察通过棱镜出现的彩虹色带。

光线进入的孔是圆形的，但图像不是圆形的，而是拉长的，并且是彩色的。如果只让其中一些颜色的光线通过小孔，并通过另一个棱镜，光线会被进一步折射，但没有出现其他颜色了。牛顿意识到，彩虹带中的每种颜色都是“光的组成部分”。

然后，他用第二块对称排列的棱镜对分散的光线进行了重新组合的实验，以恢复到白光，如图2所示。于是，他发现白光是许多不同颜色的光组成的混合光。

牛顿将这一色带命名为“**光谱**”，并于1672年在《关于光与色的新理论》中发表了一系列的研究成果。

［图2］牛顿的棱镜实验

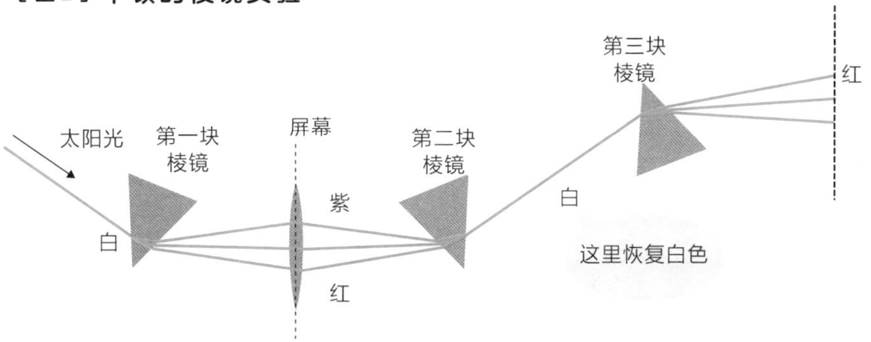

白光（太阳光）被棱镜分光后，被透镜收集并再次通过棱镜，恢复到白光。因此，牛顿证明彩虹带是白光的组成部分，并将其命名为“光谱”。

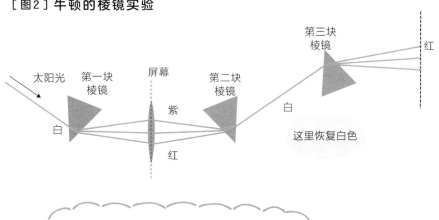

我们为什么能看见彩虹?

大家应该见过雨后天空中出现的七色拱门彩虹。那道美丽而雄伟的彩虹是如何出现的呢?

当雨滴仍在空中，阳光照射到它们时，阳光会被水滴折射，接着内部反射，最后折射回来，如图3（a）所示。这些光线会射到背对着太阳的观察者的眼睛里。因为在水中也会发生色散，光线被分解成光谱，不同波长（颜色）的光线以不同的角度折射，因此观测者可以在该方向看到悬挂的彩虹。

色带以太阳的反方向为中心，形成一个圆形，红色的视觉半径为42°，紫色的视觉半径为40°（这个角度由水的折射率决定），如图3（b）所示。彩虹是以水滴为棱镜来分解太阳光谱的，观察彩虹就意味着在观察太阳的光谱。

[图3] 看见彩虹的原理

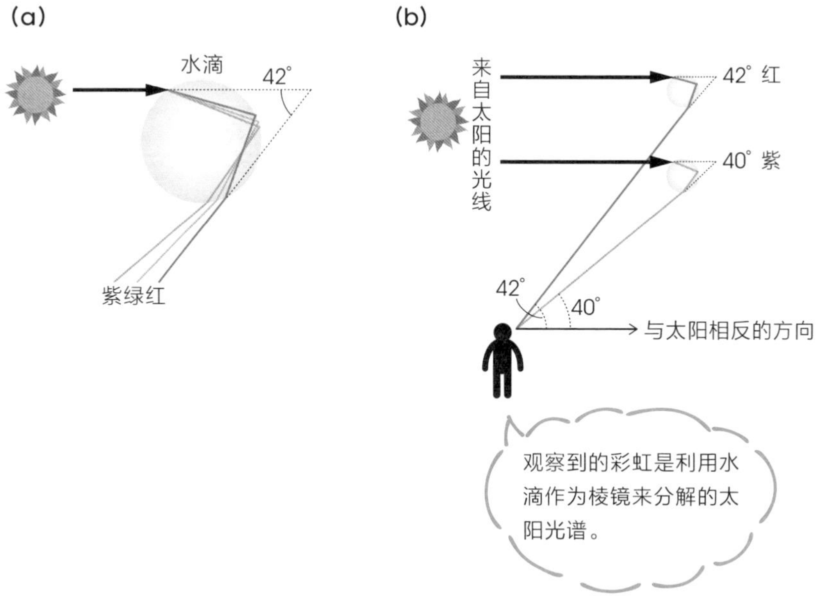

原理应用知多少！

线谱是元素识别的一张王牌

夫琅和费自己研发了高性能的棱镜分光镜，大约在1814年，他详细观察了太阳光的光谱，发现在彩虹色带中大约有700条暗线。他对这些暗线中的570多条进行波长的测量和命名，并进行了系统研究。

这些暗线被称为“夫琅和费线”，后来发现是太阳和地球周围气体（大气）的“吸收谱线”。

另一方面，被加热到高温的原子所发出的光是一种“线状光谱”，只由几个固定波长的光组成。那个图样是由各个元素决定的，通过观察这个图样，可以确定发射光的元素。这是基尔霍夫和本生在1859年开发的光谱分析法，它使得尽管在非常小的样品中也能识别元素，并加速了新元素的发现。

吸收谱线揭示了遥远星球的组成元素

不热的原子具有选择性地吸收与自身发射的相同波长的光的特性，当来自光源的光通过气体等介质时，背景的连续光谱可能以线状缺失，这被称为“吸收谱线”。由于只有明暗颠倒之差，图样与线状光谱相同，所以可以通过吸收谱线来确定引起问题的元素。

通过这种方式，在地球上就可以知道太阳主要是由氢构成的，还包括周期表上从第1个元素到铁元素之间的所有元素，它们虽然含量很少，但是也包含在太阳的构成元素中。

还有一个小插曲，一种最初在地球上没有发现的新元素首次在太阳的吸收谱线中被发现，并被命名为太阳元素“氦”。所以，利用吸收谱线可以使人类获得遥远星球的组成元素的相关信息。

托马斯·杨

光的衍射与干涉

波具有绕行和叠加的特性，这种原理应用在了CD和DVD的结构中。

发现契机！

——这就是托马斯·杨先生（1773—1829），一位英国的天才科学家。

哈哈哈，叫我天才，我会害羞的。

——您从小就阅读大人的书籍和《圣经》，在十三四岁时就掌握了多种语言。您既是一位拉丁语和希腊语学者，又是一位执业医生，您还研究过象形文字。您的本职工作到底是什么呢?

我在1801年成为皇家学会的自然哲学教授，所以我的头衔是物理学家。

——您研究光所使用的方法，其灵感来自哪里呢?

作为一名医生，我对散光等视力方面的问题感兴趣，于是就进入了光学领域。人类的色觉是由红、绿、蓝三原色组成，这个想法是我的创意。

——1802年，您在论文《论光的颜色和理论》中支持了光的波动说。

当时，我遭到了牛顿先生的微粒说支持者的强烈反对。但我在《自然哲学讲义》（1807）中记录的双缝实验成为决定性的一击。除非我们把光看作是一种波，否则无法解释干涉现象。

——这是历史上的“杨氏双缝干涉实验”，它最终确立了光的波动说。

原理解读！

- 波遇到障碍物时偏离原来直线传播的物理现象被称为“衍射”。
- 两列或两列以上的波在空间中重叠时发生叠加，从而形成新波形的现象被称为“干涉”。波相互加强或削弱的地方是由干涉决定的。
- CD和DVD表面的彩虹色，肥皂泡和水面油膜的颜色，以及螺钿和蛋白石的微妙色调，都是光的干涉的结果。

（a）光的衍射

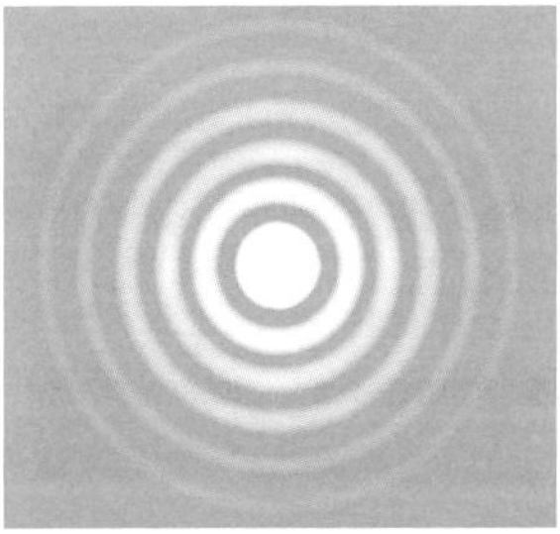

（b）光的干涉

(a) 当一束激光通过针孔时，屏幕上会出现一个模糊、分散的图像，这是因为光在通过针孔时也绕过了障碍物。该图被放大。

(b) 当一束激光穿过两个非常接近的缝隙（狭缝）时，屏幕上出现的不是两个而是许多亮点（杨氏双缝干涉实验）。

波绕到障碍物的后面（衍射）。当多个波重叠时，它们会相互加强或削弱（干涉）。

衍射的情况

光与波具有相同的属性。为了更容易理解，接下来以水波为例介绍衍射。

图1是水波投影仪观察到的水面波的情况。

穿过水面下各个窄缝的波浪正在向上移动。黑色区域是一堵墙，但波浪也能绕到墙的后面。

这就是衍射。

波长较长时，衍射波清晰可见，但随着波长变短，直波变得更加明显，衍射变得很不明显。

[图1] 水波投影仪拍摄的水面波浪图案

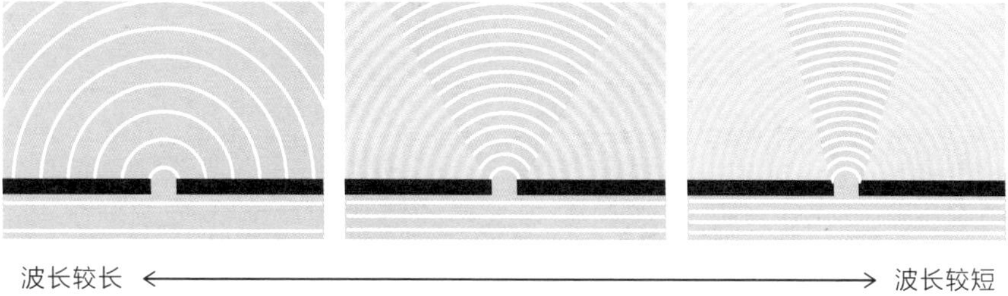

干涉的情况

相同波长和相同相位的波（即波峰和波谷的时间一致）从两个波源S_1和S_2的圆圈中散开，细实线圆圈代表波峰，细虚线圆圈代表波谷，如图2所示。

黑点是波峰和波峰或波谷和波谷相互重叠并相互加强的地方，并沿粗实线排列。

灰色圈点是波峰和波谷重叠并相互抵消的地方，沿粗虚线排列。

因此，通过干涉而相互加强和削弱的点总能在某个地方发生。

［图2］两个波相互加强和相互削弱的点

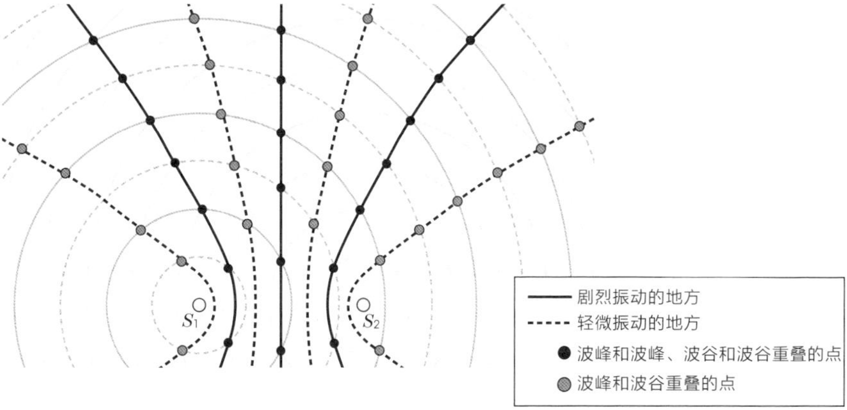

杨氏双缝干涉实验确定了光的波动性

托马斯·杨的双缝实验为光的波动性提供了明确的证据。双缝指的是平行排列的两个非常窄的缝隙，两个缝隙对应图2中的波源S_1和S_2。

通过双缝的光线根据惠更斯原理发生衍射和干涉，在屏幕上产生一种有明暗条纹的图案。

由于光的波长非常短（约0.5μm），因此有必要缩小双缝之间的距离以产生可观察到的干涉条纹。如今，用激光做实验相对比较容易成功。

衍射光栅是一块透明的板子，上面以等间隔刻有每毫米数百条细槽。它可以被认为是杨氏双缝干涉实验中两个窄缝数量的增加。

衍射光栅被用作将光分成不同波长的分光器。由于它们能产生比棱镜更好的分辨率，所以已成为现代光谱学的主流。

原理应用知多少！

CD和DVD的结构

光的干涉被巧妙地用于读取CD和DVD上的数据。让我们以音乐的CD-DA（一种在CD上存储音乐和其他音频的标准）为例进行说明吧。

当CD的记录面（银色面）被放大时，其结构如图3所示。在铝蒸镀的平坦表面（基板）上，看起来像岛屿一样的东西（沟槽）排成了一排。这些一排排的沟槽被称为轨道。通过沿轨道发射激光束来读取沟槽是否存在。

事实上，这个沟槽是以在基板塑料中光的波长的1/4高度制作的。因此，照射到沟槽的光和从基板上反射的光相比返回的距离更短，往返的波长仅为光波长的1/2（半波长），如图4所示。

当波有1/2波长的偏差时，就等于波峰和波谷颠倒了，所以沟槽里的反射光和周围基板的反射光会发生干涉，相互抵消，削弱了反射光。在没有沟槽的情况下，仅有基板的反射光就会以相同的强度返回，所以沟槽的存在或不存在可以被解读为反射光强度的变化。

［图3］CD的记录面（放大）

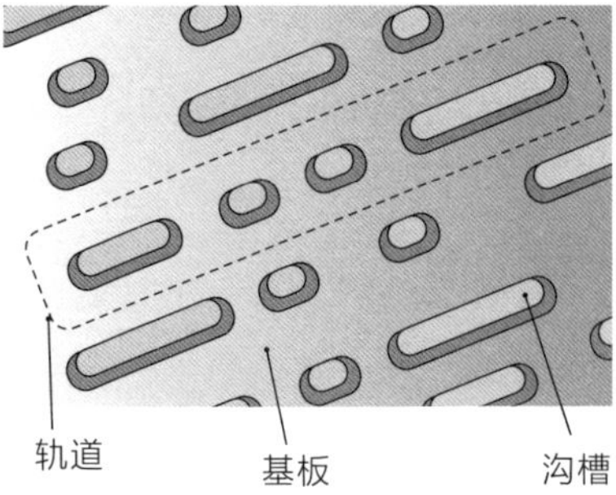

［图4］半波长偏差的机制

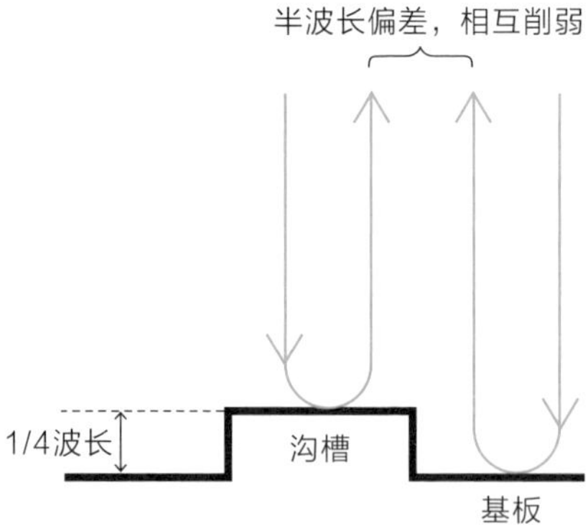

趣闻轶事

为什么CD或DVD的记录面是彩虹色的

大家都知道，当光线照射到CD或DVD的银色表面时，就可以看到鲜艳的彩虹色。这是因为记录面上轨道的规则间距就像衍射光栅，造成干涉和白光的色散。

比较CD和DVD的银色记录面，彩虹色图样在DVD上更为广泛。这是因为DVD的轨道间距更窄，记录密度更高，所以同一波长的光线被强化的角度更大。

BD（蓝光光盘，DVD的后继者）能够以更高的密度记录，不显示这种彩虹色。这是因为轨道间距变得过于狭窄，以至于可见光的波长无法满足干涉的条件。

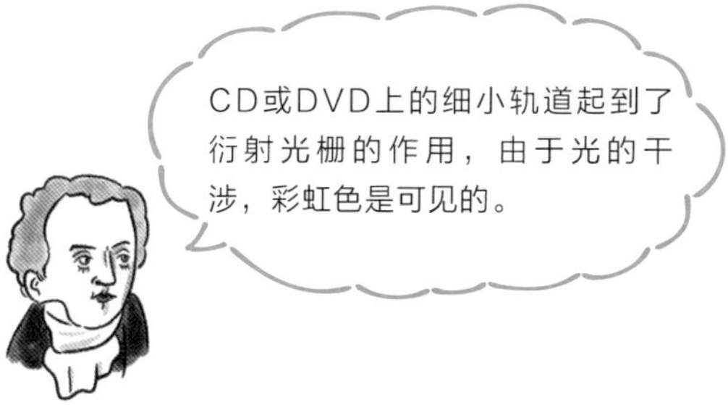

CD或DVD上的细小轨道起到了衍射光栅的作用，由于光的干涉，彩虹色是可见的。

多普勒效应

波的频率随运动而变化，多普勒效应实现了超速行驶的测量，并让我们了解了宇宙的膨胀。

发现契机！

——著名的物理学家、数学家和天文学家克里斯蒂安·多普勒先生（1803—1853）发现了多普勒效应。您是如何发现这种效应的呢?

长期以来，人们根据经验知道，当声源或观察者运动时，声音的音调会发生变化。我试图根据波的传播来解释这一现象，并解释我所观察到的双星（牵牛、织女二星）的颜色变化。

——这就是1842年发表的论文《论天空中双星和其他一些星星的色光》吧。

由于光的颜色反映了其振动的频率，所以我推断颜色的差异可能是星星运动的结果。

——所以您要找的不是声音，而是星光。顺便问一下，恒星的颜色是由其表面温度决定的吗?

这是在我离世后很久才被发现的……不过，事实证明，我的想法是错误的。

——但您对声音的看法是正确的，这就是为什么您的名字留存至今。

谢谢你。多普勒效应于1845年在荷兰由迪德里克斯·白贝罗（1817—1890）通过实验证实。这是在我发表理论的三年后被证实的，我必须要感谢他。

原理解读！

- 多普勒效应是一种物体辐射的波长因为波源和观测者的相对运动而产生变化的现象。
- 当接近声源时，听到的声音比原来的高；当远离声源时，则听到的声音会变低。

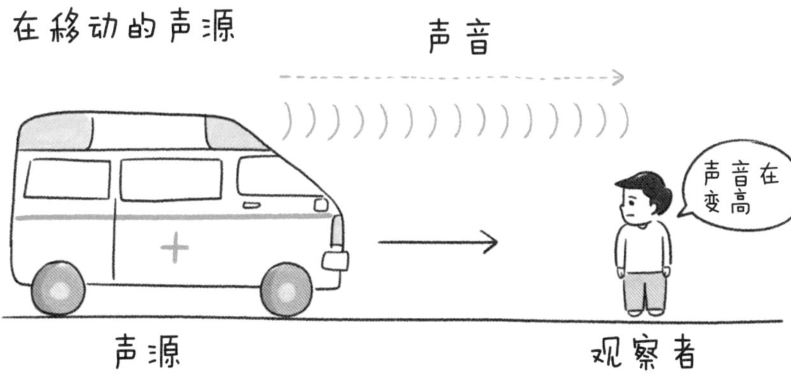

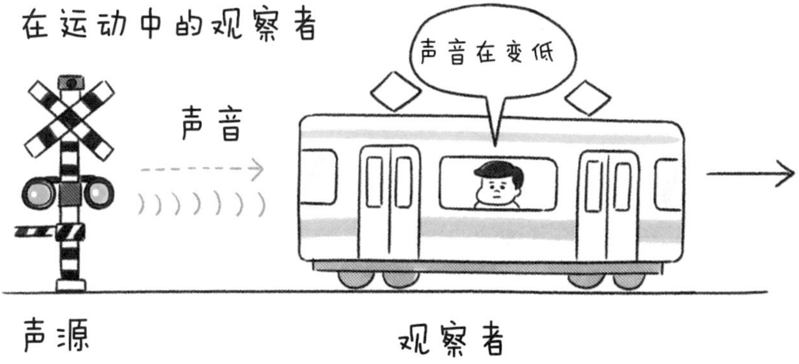

当声源和观察者相互靠近时，声音会比原声高；当它们相互远离时，声音会变低。

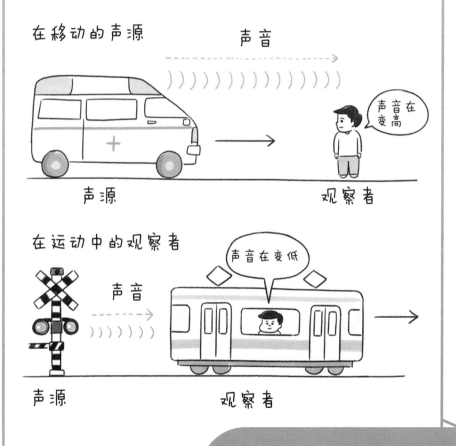

多普勒效应公式的推导

对于多普勒效应，比较熟悉的例子有救护车经过时的鸣笛声和列车通过道口时的警报声，如图1所示。在每一种情况下，当声源接近时，声音比原来的声音高，而当它远离时，声音就会变低。为什么会发生这种情况呢?

[图1] 多普勒效应发生的原理

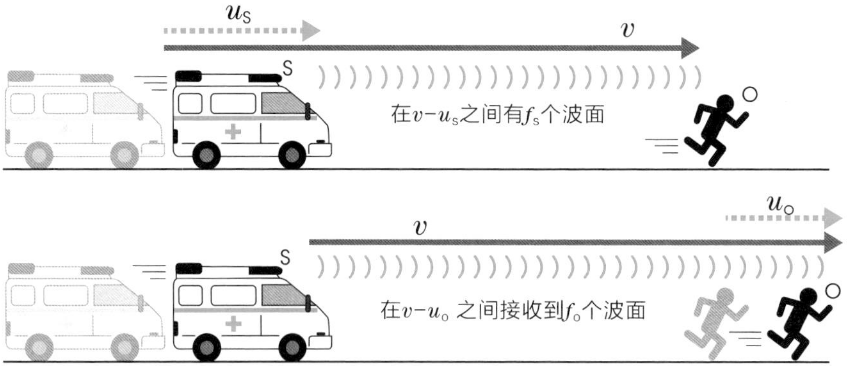

当声源S以速度u_s直线运动，观察者O以速度u_o运动时，声源发出的声音频率f_S和观察者接收到的声音频率f_o之间的关系表示如下。$f_o > f_S$ 表示声音比原声高。

$$f_o = \frac{v - u_O}{v - u_S} \cdot f_S$$

让我们回想一下，在《波的波长和频率》（第149页）中提到的波的基本方程，即$v=f\lambda$ 。声音是看不见的，但如果我们能看到声音的波面，等间距发送的波阵面似乎会以声速v一个接一个地飞出去。注意，v是相对于介质（空气）的速度，并在没有风吹过的情况下。

从以速度u_s传播的声源S的角度来看，声音将以相对速度$v-u_s$传播。另一方面，从以速度u_o运动的观察者O的角度来看，飞来的声音将以相对速度$v-u_o$飞向自己（这些称为相对声速）。

声音的高低对应其频率的大小。如果声源发出的声音的频率是f_s，观察者收到的声音的频率是f_O，那么根据波的基本方程$v=f\lambda$，它们各自的波长（波面的间隔）λ 应该为：声源的波长$\lambda=\frac{v-u_S}{f_S}$，观察者观察到的波长$\lambda=\frac{v-u_O}{f_O}$。其中，$v$用相对声速代入。

然而，由于λ 是同一个物体的波长，所以不管对象是谁，或者是否处于运动状态，都应该是一样的，所以两个方程是相等的，那么$\lambda=\frac{v-u_S}{f_S}=\frac{v-u_O}{f_O}$。通过转换这个方程，我们得到观察者接收到的声音频率f_O方程。

将f_O方程转化为$\frac{f_O}{f_S}=\frac{v-u_O}{v-u_S}$，可以理解为：O和S在不同运动中听到的声音频率之比，等于它们的相对声速之比。如果把频率看成是“每秒钟发射等间距的波面或捕捉的等间距波面的数量”，可能就更容易理解了。

向右移动的波源发出的周期恒定的圆形波的图像，可以通过水波投影仪投射出来，如图2所示。就像追逐着自己发出的波浪一样，在前进方向（右侧）上的波长较短，在后面（左侧）的波长比较长。可以想象成声波，它们是以同样的方式传播的。

［图2］如果用水波投影仪将多普勒效应可视化

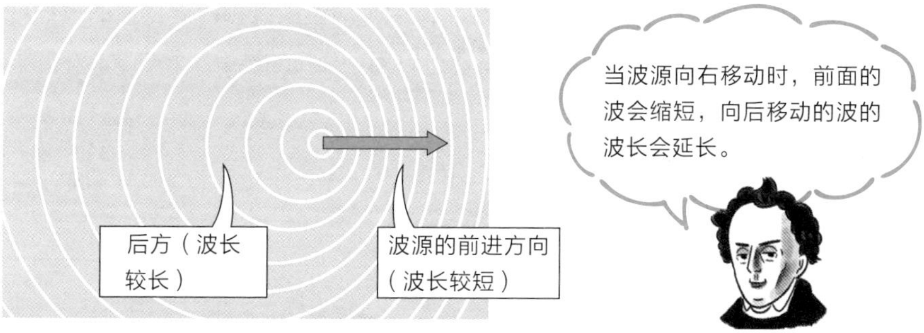
后方（波长较长）
波源的前进方向（波长较短）
当波源向右移动时，前面的波会缩短，向后移动的波的波长会延长。

迪德里克斯·白贝罗的实验

荷兰化学家和气象学家迪德里克斯·白贝罗于1845年在荷兰的乌特勒支进行了一次实验，并验证了多普勒效应。一位小号演奏者乘坐在由蒸汽机车拉动的无盖车厢里，车厢以各种速度运行的同时演奏者发出一定音调的声音。另外，几位有绝对音感的音乐家驻扎在轨道旁的观察点，聆听并记录小号接近和远离时的音调。这是在一个还没有频率测量仪器的时代，利用最快的交通工具在刚开通的铁路上进行的实验。

原理应用知多少！

打击汽车超速行驶

多普勒效应还被用于测量棒球速度的测速枪（雷达枪），以及用于检测汽车超速的超速执法装置（通常称为“奥比斯”，是波音公司的商标），如图3所示。两者的原理是一样的，向要测量的物体发射一个无线电波（微波）脉冲，根据反射波的频率计算出物体的速度，由于多普勒效应，反射波会发生变化。

一些气象应用的雷达也使用这种技术。在这种情况下，物体是落在空中的雨滴，雨滴的微波反射随风而动，被用来测量接近和远离雷达的风的成分。通过探测大气层的强烈旋转，雷达可以用来预报龙卷风。

［图3］违规超速打击装置

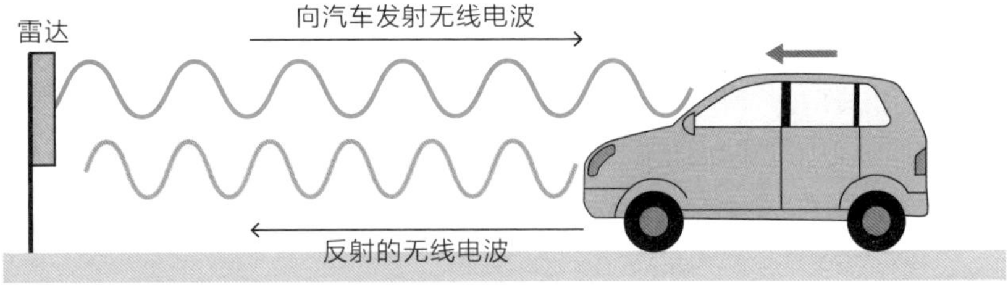

当雷达设备发出的无线电波被一辆移动的汽车反射时，根据多普勒效应，其波长会缩小。汽车的速度可以从频率的变化中计算出来。

趣闻轶事

多普勒效应还揭示了宇宙的膨胀和太阳系外行星的存在

1912年，美国天文学家斯里弗发现，遥远的银河系光谱中的吸收谱线（弗劳恩霍夫线，第187页）被移到了其原始位置的红色一侧，这意味着它们的振动频率在下降。

这种现象被称为“红移”，意味着星系正在远离地球。1929年，美国天文学家哈勃发现星系的距离与根据红移计算的衰退速度之间存在比例关系，从而发现了“宇宙膨胀”或“大爆炸”，这是伟大的发现。

2019年诺贝尔物理学奖授予瑞士科学家麦耶和奎洛兹，他们是第一个发现太阳系外行星的人。他们用来探测围绕飞马座51号行星运行的隐形行星的方法被称为“视线速度法”。

这种方法通过能够精确测量光的多普勒效应，证实了一颗恒星在被一颗行星扫过时发生轻微周期性运动。

这与多普勒应用于研究双星（双子星）的想法相同，观察技术的进步使这个结论得到证明。

由光的多普勒效应带来的观察事实改变了我们对宇宙的看法。多普勒对这些成果一定非常满意吧?

流体力学篇

气 体 和 液 体 是 如 何 运 动 的 ？

气体和液体是如何运动的？

阿基米德

阿基米德原理

在液体中漂浮的原理，也应用于吃水测量和潜水艇。

发现契机！

——阿基米德原理是由古希腊科学家阿基米德发现的。据说他出生在西西里岛上的锡拉库扎，那是当时的一个希腊城邦，他在埃及的亚历山大城接受教育。后来回到锡拉库扎，他在数学、物理学和工程学等各个领域取得了成就。阿基米德先生，很抱歉，我能和您谈一下吗？

（他在地上画东西。）

——那个……这一发现也被称为浮力原理。那个……不好意思，如果可以的话……

啊？什么，是你啊。我正准备大声斥责呢，直到我看到你的大影子。说是想听黄金之冠的故事，是吧？

——是的。阿基米德先生，您好像发现了有关浮力的基本原理。

我听说它后来被称为“阿基米德原理”，这原本是锡拉库扎国王希伦二世的要求。

——您被要求辨别一顶皇冠是否是由纯金制成的。

当我看到公共浴室的水溢出来的时候，我想出了这个方法。我非常高兴，赤身裸体地边跑回家边喊道：“我找到了！”

——（他是那种一心扑在研究上，常常会忘记自己的人。）

原理解读！

- 一个部分或完全浸泡在流体（液体或气体）中的物体受到一个向上的力，这个力的大小等于排出流体的重力，而这个重力被物体所取代。
- 这被称为浮力，可以用以下公式表示。

$$F=\rho_{液}V_{排}g$$

F为浮力，$\rho_{液}$为流体的密度，$V_{排}$为流体中物体的体积，g为重力加速度。

由于$\rho_{液}V_{排}$是排出的流体的密度×体积，它代表流体的质量，所以$\rho_{液}V_{排}g$是排出的流体的重力。

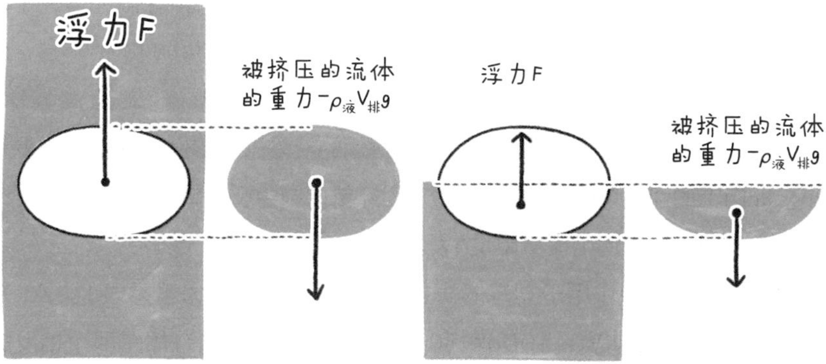

我们的身体也在推挤空气，所以身体受到的浮力等于身体体积所推挤的空气的重力。

施加在物体上的浮力等于物体推开的液体的重力。

被替代液体的重力与浮力之间的关系

阿基米德在他的《论浮体》一书中提到流体中物体的受力情况。这就是后来被称为“阿基米德原理”的基本思想。接下来用简化的模型对重力与浮力之间的关系进行演示。

准备体积均为100cm^3、密度不同的立方体A、B和C（A、B和C的密度分别为2g/cm^3、1g/cm^{3}和0.5g/cm^3），如图1所示。思考一下它们被完全淹没在水中的情况，假设水的密度恒定为1g/cm^3。

［图1］体积相同但密度不同的立方体

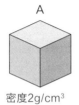

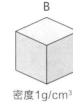

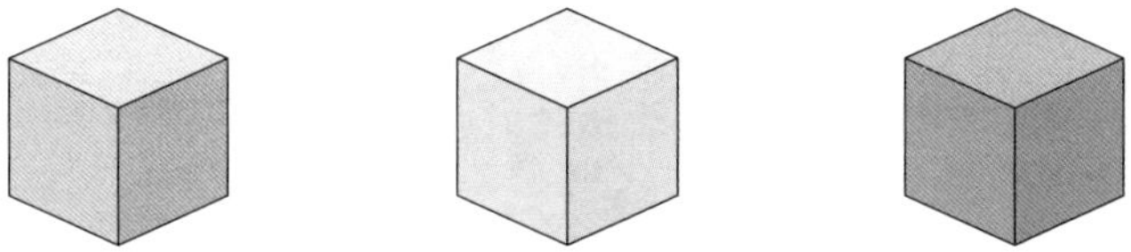

作用在立方体上的浮力大小等于它所替代的液体（在本例中是水）的重力大小，即向上的浮力等于100g的重力（国际单位制中重力单位是N），但在这里为了方便理解，将使用质量单位g表示）。

另外，由于重力作用于立方体，立方体有一个向下的力（重力）。A、B和C的质量分别为200g、100g和50g。浸泡在水中的立方体有两个相反的力，即浮力和重力。

立方体A受到向上的浮力为100克力，向下的重力为200克力，作用在立方体A上的合力为向下的100克力，所以立方体下沉到底部，如图2（a）所示。

立方体B受到向上的浮力为100克力，向下的重力也为100克力。因此，合力为零，立方体停留在原地，没有上升或下降，如图2（b）所示。

同样地，在立方体C中，由于50克力的向上的浮力，立方体上升了，如图2（c）所示。由于不考虑黏度和摩擦力的能量消耗，立方体以一定的加速度上升，当它最终到达水面时，将继续在那里上下摆动。这里必须考虑立方体在静止时漂浮的情况，如果立方体C处于这种状态，它应该通过排出体积为 $50cm^3$的水而漂浮起来（立方体C部分在水面以下），这是与它的50克重力相同的浮力，如图2（d）所示。

［图2］完全浸没在水中的立方体上的作用力

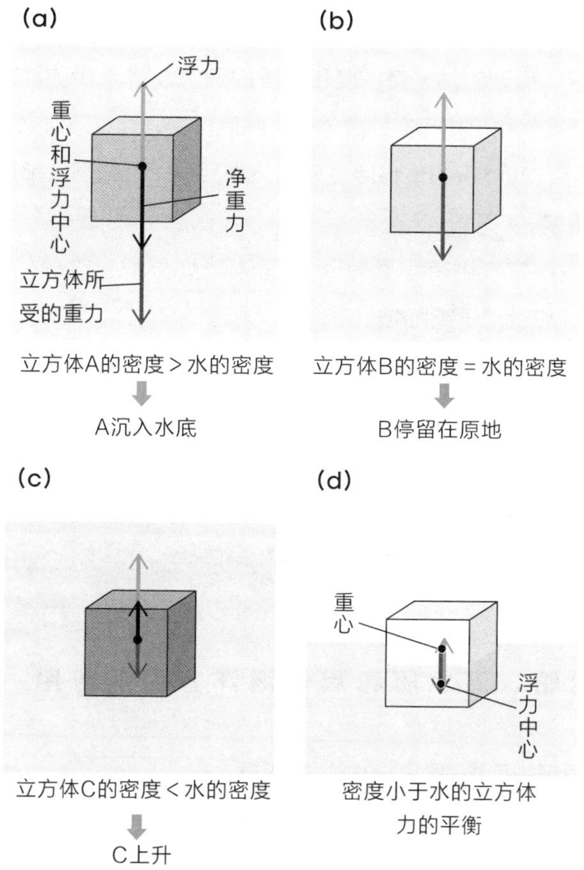

在真实环境中，一个漂浮在水面上的物体上下运动幅度会变小，最终归于静止，这是因为物体和液体之间存在摩擦。

原理应用知多少！

用于测量密度和比重

应用阿基米德原理的例子有密度和比重的测量仪器。在这种方法中，将固体样品悬浮在空气和已知密度的液体中，然后称重，通过浮力来确定密度和比重。另外，将已知体积的重物浸没在液体样品中，并根据从那里受到的浮力确定液体的密度。

例如，假设在空气中有质量为5g的固体。如果把它放在4℃时密度为1g/cm³的水中并称量，质量为4g。那么

$$\frac{\text{空气中质量}}{\text{空气中质量}-\text{水中的质量}}=\frac{5\text{g}}{5\text{g}-4\text{g}}=5$$

所以计算出固体的比重为5。

比重是指与4℃水的密度（1g/cm³）的密度比，所以没有单位。事实上，只是除以1，所以它作为数值与密度是相同的。

在船舶、潜水艇和其他海洋方面的应用

阿基米德原理被用来测量船舶货物的质量。这种方法被称为“吃水测量”，即通过检查空载和装载货物之间的吃水差，并根据吃水下降的量（浮力增加的量）来确定货物的质量。

阿基米德原理也被应用于蛟龙号，是中国领先的载人潜水器。该潜水器通过使用由充满空气并经合成树脂硬化的小玻璃球、作为重物的铁质砝码和盛有海水的压载水箱组成的浮力材料组合来调整其浮力。

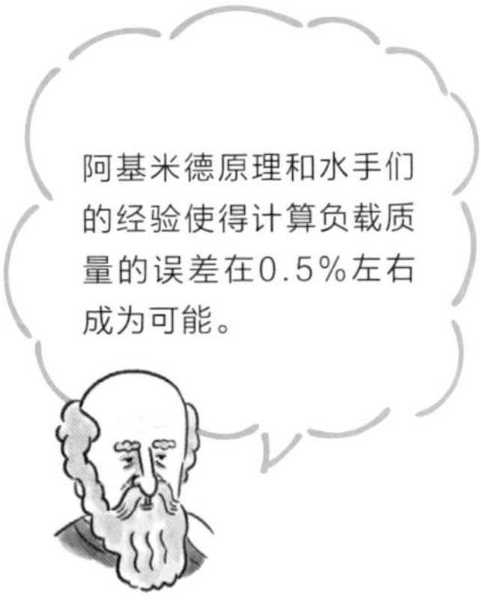

阿基米德原理和水手们的经验使得计算负载质量的误差在0.5%左右成为可能。

趣闻轶事

忠于阿基米德原理的方法

锡拉库扎国王希伦二世听到一个传言，说金匠制作的纯金王冠中混有银。他委托阿基米德在不破坏皇冠的情况下验证其真伪。

阿基米德准备了与皇冠相同质量的金和银。然后他把银放在一个装满水的大花瓶里，让水淹没它，并测量质量。接着对金子和皇冠做了同样的处理，然后计算出皇冠中金银的比例。

然而，有一种观点认为，以这种方式验证皇冠的真伪是很困难的，因为黄金是一种可以被拉薄和加工的金属。与其表面尺寸相比，现存这种类型的皇冠所使用的黄金数量很少。

不管这个轶闻情节是否真实，如果仔细准确地阅读阿基米德用这个原理所展示的内容，就会发现，还有另一种方法可以更准确地发现“皇冠是否只由纯金制成”，并不是称量溢出的水。

其方法是将一块与王冠相同质量的黄金放在天平上，并将其浸入水中。如果它们保持平衡状态，说明体积是相等的，所以皇冠是由纯金制成的。如果王冠掺杂着银，而银的密度比金小，它的体积就会比金大，这就会增加浮力，导致天平倾斜，如图3所示。

[图3] 天平浸没在水中

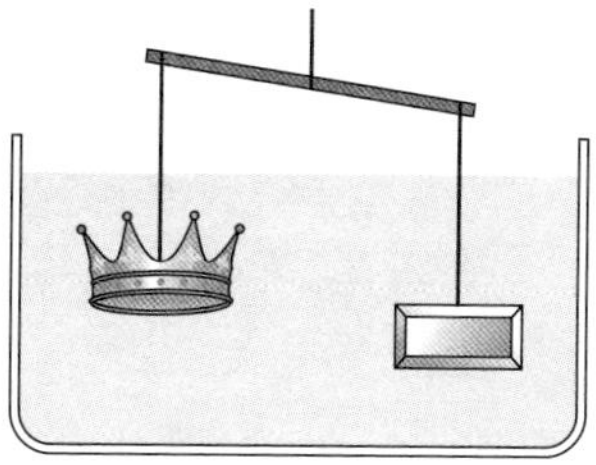

气体和液体是如何运动的？

帕斯卡定律

当对气体或液体施加压力时会发生什么？
从牙膏到汽车刹车，都应用了帕斯卡定律。

发现契机！

—— 帕斯卡定律是由布莱士·帕斯卡先生（1623—1662）在法国发现的。

大家都想知道我是如何想出“帕斯卡定律”的。你们知道古希腊伟大的哲学家亚里士多德说过“自然厌恶真空”吗?

—— 帕斯卡先生提出了一种叫作“以太”的物质，构成了天体空间。这是在思考真空问题上提出的大问题（第143页）。

确切地说，我对科学的兴趣之一是“真空是否存在”。在证明这个问题的过程中，我意识到周围的空气是有质量的。从那以后，我开始思考像空气和水这样的流体事物，以及力是如何通过流体传递的。

—— 我明白了。您一定是通过一系列踏实可靠的实验和细致的研究得出了这个定律。顺便问一句，帕斯卡先生您是否留下了“人是一根会思考的芦苇”这句名言?

是的。你不认为我们人类与宇宙的大小和时间相比非常微小吗？但通过“思考”的行为，我们能够囊括这样一个宇宙。

原理解读！

- 作用于密闭流体上的压强将大小不变地由流体传到容器各部分，这被称为帕斯卡定律，可以用以下公式表示。

$$p = \frac{F_n}{S_n}$$

设p为压强变化，F_n为施加在流体任何表面的力，S_n为受力表面的面积。

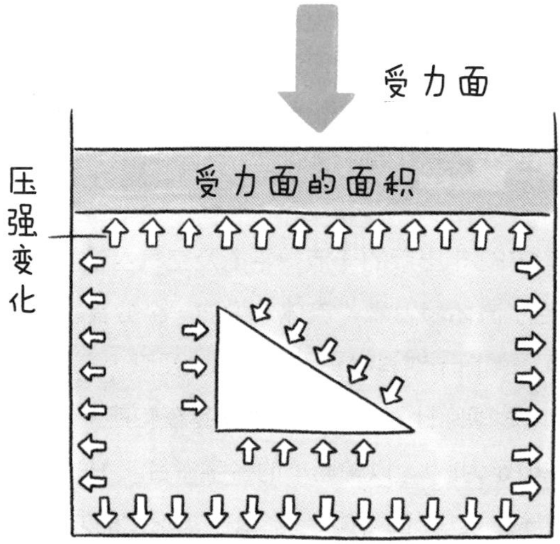

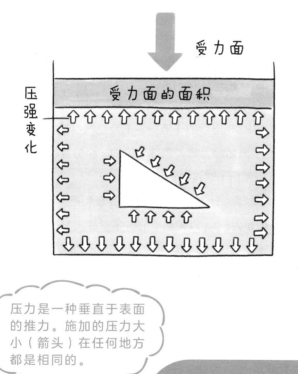

压力是一种垂直于表面的推力。施加的压力大小（箭头）在任何地方都是相同的。

在一个封闭的容器内，对液体施加的压力在任何地方都是相等的。

压强单位Pa来自帕斯卡的名字

帕斯卡发现，当压力作用于静止的流体（不可压缩的气体和液体的总称）时，流体中的所有点的力都是相同的强度，并且作用在所有方向上，如图1所示。

［图1］向流体施加压力时

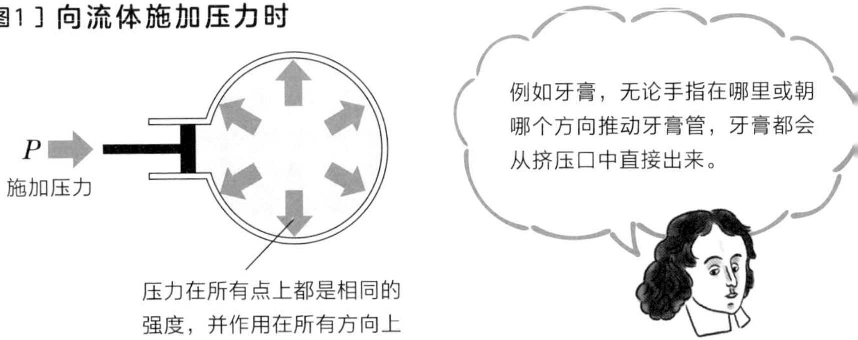
P
施加压力
压力在所有点上都是相同的强度，并作用在所有方向上
例如牙膏，无论手指在哪里或朝哪个方向推动牙膏管，牙膏都会从挤压口中直接出来。

帕斯卡定律在其1663年出版的《液体平衡及空气重量的论文集》一书中有所描述。本书介绍了流体静力学（流体力学的一个分支，是关于静止流体的科学）学科的大纲。帕斯卡对科学史作出了重大贡献。

在1971年的第14届国际计量大会上，也就是在帕斯卡去世约300年后，人们决定将压强的单位定为Pa，以帕斯卡的名字命名。1Pa是1N力对$1m^2$面积所施加的压力（使质量为1kg的物体产生$1m/s^2$加速度的力）。

帕斯卡定律指出，“向静止的封闭容器中不可压缩流体的一部分施加压力时会产生压强变化，压强变化将大小不变地由流体传到容器各部分”。

那么，压力的传递需要多长时间呢?

适用于传递的速度是声速。声速随流体的变化而变化，例如，水的声速非常快，大约为1500m/s。因此，在我们能够观察到帕斯卡定律的范围内，可以认为压力是瞬间传递的。

流体压力传递原理

让我们仔细观察帕斯卡定律，即“压强变化以相同的大小传递”。

在图2中，两个圆柱体通过管道连接，每个圆柱体都充满了不可压缩（受力不收缩）的静止液体，并在开口处安装活塞。孔径的横截面积分别是1m^2和5m^2。

压力是垂直于物体表面的作用力，所以如果用1N的力推动横截面积为1m^2的圆柱体中的活塞，内部液体的压强将是1Pa。

由于两个圆柱体上的压强相等（帕斯卡定律），横截面积为5m^2的圆柱体上的压强应该是1Pa，所以此时的力是5N，如图2所示。

换句话说，**如果两个圆柱体横截面积比为1：5，那么在较小活塞上施加的力将在较大活塞上升至5倍大。**

[图2] 如果使用两个横截面积为1：5的圆柱体，力是否增加？

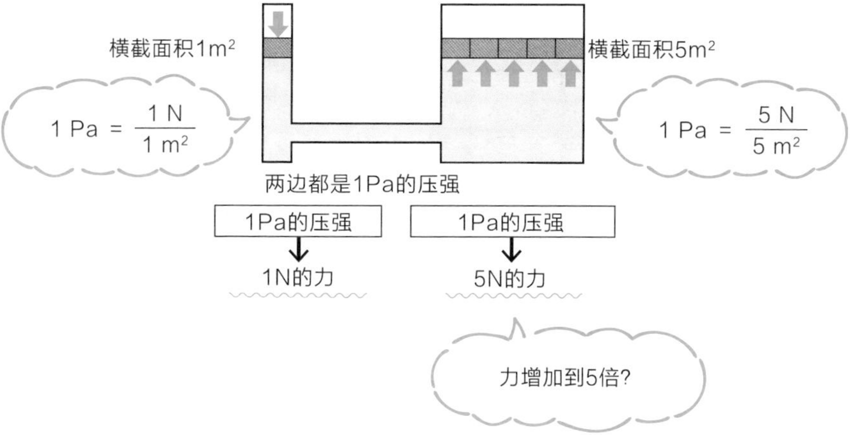

这就像一个神奇的装置，无中生有，创造出5倍的力。想到这里，你可能觉得有点奇怪：“这样的事情真的会发生吗？”

现在来思考一下通过推动活塞而流动的液体的体积。

实际上，两个圆柱体中流动的液体体积是相同的。

例如，如果横截面积为1m² 的活塞被推下1m，就有1m³ 的液体流动。

此时，横截面积为5m²的活塞是否也会向上移动1m呢？答案是否定的。横截面积为5m²的活塞只会使流体的流动距离上升1/5，即0.2m，如图3所示。

也就是说，横截面积小的活塞可以用小的力来移动大面积的活塞，但是要使横截面积大的活塞移动，就必须大幅度地往下推压。这意味着，**两个活塞所做的功是相等的，并没有产生5倍的力**。

［图3］比较移动流体的量

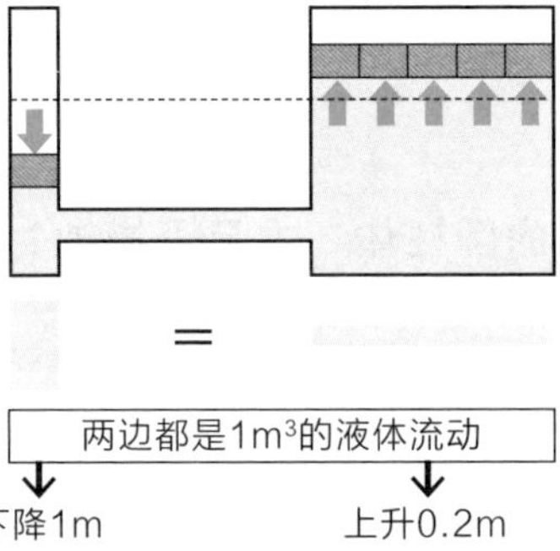

同样数量的液体在流动，但流动的距离却不同。

这就像一个神奇的装置，可以举起不能直接举起的重物，但要想获得大的力，就需要用小的力移动很长的距离。

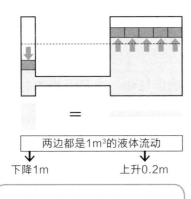

原理应用知多少！

汽车制动系统的理想选择

大多数轿车使用液压制动系统。液压制动系统使用的是帕斯卡定律，即通过踩下制动踏板，与踏板相连的活塞向充满制动液的气缸施加压力。

为了使轮胎停止转动，使用了比制动踏板推动活塞更大的活塞。这使得脚踩在刹车踏板上的力大到足以让高速行驶的汽车停下来，如图4所示。

此外，在对轮胎进行制动时，如果每个轮胎受力的大小或时间不同，车体将以不稳定的方式移动，这是极其危险的。从帕斯卡定律中，我们知道施加在流体上的压强会以相同的大小瞬间传递，这一特性对于制动系统来说非常方便。

[图4] 制动系统的机制

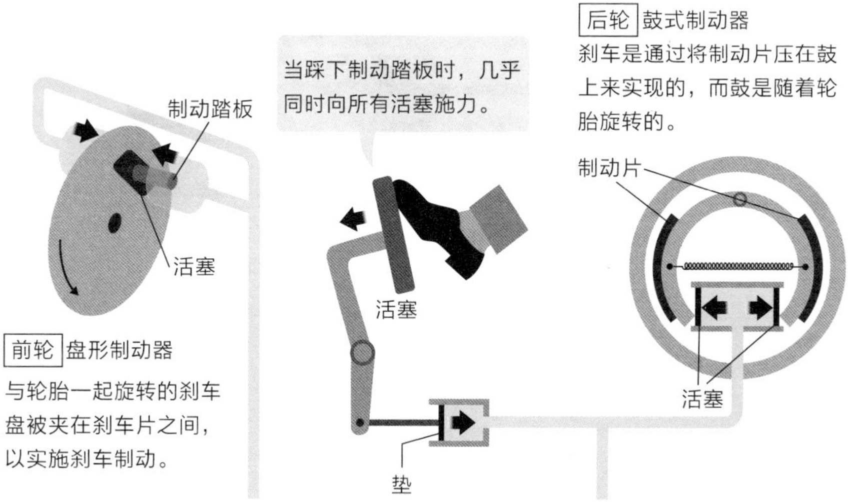

后轮 鼓式制动器
刹车是通过将制动片压在鼓上来实现的，而鼓是随着轮胎旋转的。
当踩下制动踏板时，几乎同时向所有活塞施力。
制动踏板
活塞
制动片
活塞
活塞
前轮 盘形制动器
与轮胎一起旋转的刹车盘被夹在刹车片之间，以实施刹车制动。
垫

类似人手的机器手

有一种被称为“机器手”的机器，模仿人类的手来抓取和握住东西。在日常生活中并不常见，但也应用了帕斯卡定律。

由柔软材料制成机器手的机制是，通过调整其内部的空气量来打开和关闭手指，从而微妙地调整力的大小。这是为了将各种各样形状、柔软易碎的东西轻轻地包起来并拿起，主要应用在食品工厂等场所。

应用帕斯卡定律，人们还开发了一种利用液压在灾难中进行重体力劳动的机械手，在山体滑坡或建筑物倒塌的现场使用，如图5所示。这种高功率且小巧灵活的机器人手，对于自然灾害频发的日本来说是一种可靠的技术。

[图5] 用途多样的机器手

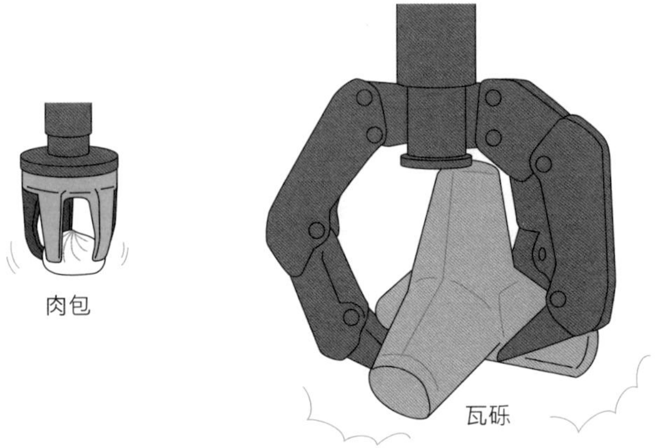

趣闻轶事

一位早熟的天才和一位热心教育的父亲

帕斯卡是一位早熟的天才，但年仅39岁就英年早逝了。他在物理学之外也留下了许多成就。在短暂的人生中，帕斯卡的前半生主要致力于数学和物理学，后半生致力于神学和哲学。

帕斯卡的成就在很大程度上得归功于他热心教育的父亲，他父亲是一名税收行政长官。帕斯卡接受了广泛的学科教育，但他的父亲试图让他在15岁之前远离数学，以免影响他的语言学习。为此，帕斯卡的父亲把家里所有的数学书都藏起来。考虑到他后来在物理学和数学方面的成就，这似乎很令人惊讶。

帕斯卡在12岁时开始自学几何，并发现三角形的内角之和为180°（图6）。因此，他最终被父亲允许学习数学。

［图6］三角形的内角之和

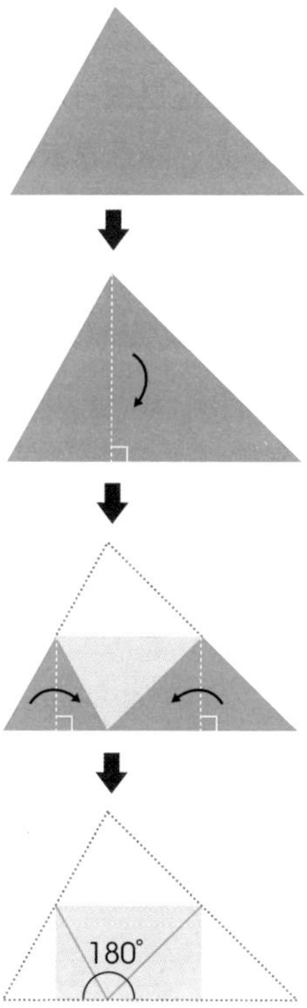

气体和液体是如何运动的？

伯努利原理

流体中的能量守恒定律被应用于飞机技术中。

发现契机！

——伯努利原理是由丹尼尔·伯努利先生（1700—1782）发现的，他是一位数学家、物理学家、植物学家和医生。

嗨，我是丹尼尔·伯努利。

——听说您原来不是学数学和物理的，能告诉我们您发现“伯努利原理”的契机吗？

这一切都始于20岁时，我在研究生院学习医学，父亲告诉我他独特的有关“能量守恒”想法。

——您是学医的呀？伯努利家族不愧是著名的数学家家族，我听说您的父亲约翰也是一位数学家。

根据父亲的想法，我写了关于呼吸原理的博士研究论文。但后来我把研究重点转移到数学和物理学上，就在这时发现了伯努利原理。

——您的父亲一定对这个伟大的发现感到高兴吧？

这反而使我父亲不高兴了……

——我不知道在这个伟大的发现背后还有这样的烦恼。

是的，是的，伯努利定理可以称为“流体中的能量守恒定律”。

——您从父亲那里学到的东西与您后来发现了这个原理有关吧。

原理解读！

- 流动体的速度v、压强p和高度h，三者是此消彼长、相互补给着变化的。
- 流动体的能量之和在流线上是恒定的，这被称为伯努利原理。
- 当流体为非黏性（无摩擦运动）、不可压缩（受力时不收缩），并以恒定速度向同一方向流动时，伯努利原理成立。

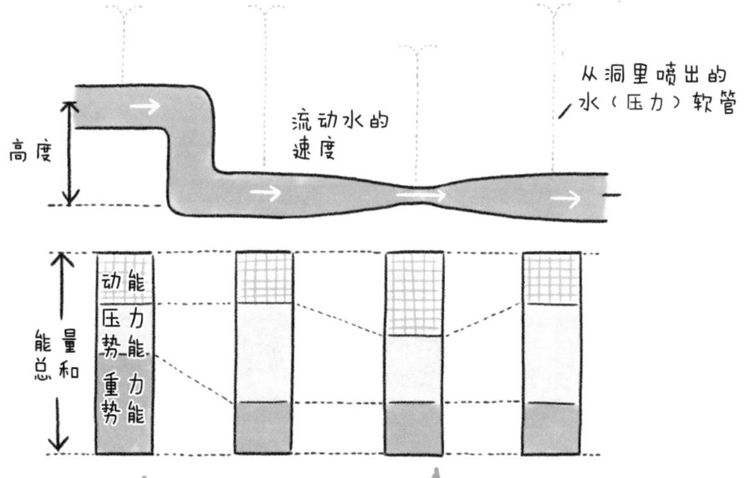

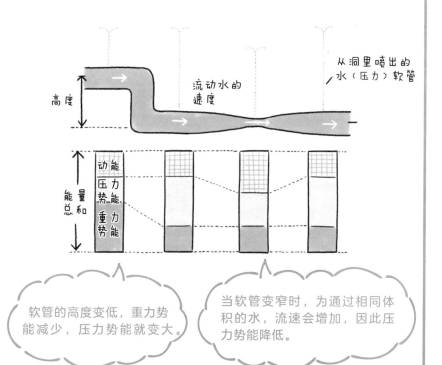

软管的高度变低，重力势能减少，压力势能就变大。

当软管变窄时，为通过相同体积的水，流速会增加，因此压力势能降低。

动能、重力势能和压力势能的能量之和在流动的任何地方都保持不变。

※非黏性、不可压缩的流体，包括正常状态下的水和空气。

流体中能量的运动

“不可压缩的无黏性流体中的能量之和在流线上是恒定的”，这一原理也被称为“流体中的能量守恒定律”。

非黏性是指**在试图流动时不产生阻力的特性**，不可压缩是指在受力时不收缩的特性。流线是一条代表某一时间点的流动的曲线，是由流体中的点组成，并由流动的方向连接，如图1所示。伯努利原理如图2所示。

[图1] 流线

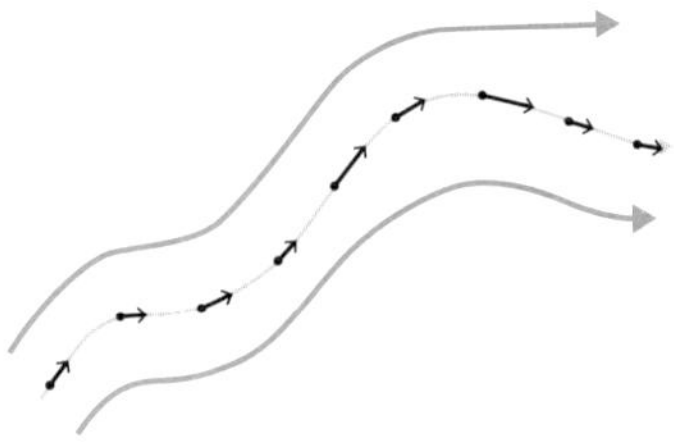

[图2] 伯努利原理（图解）

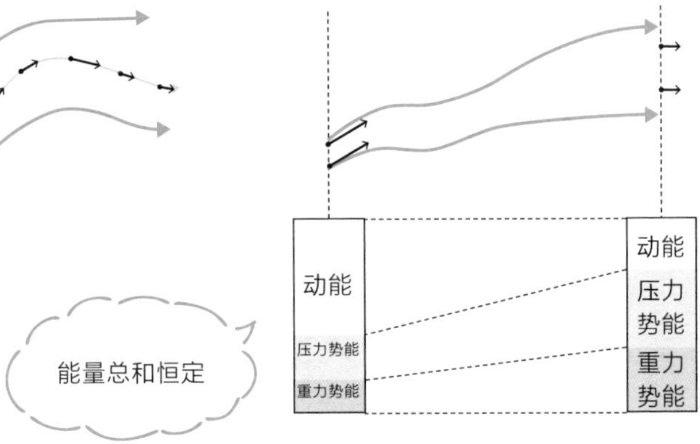

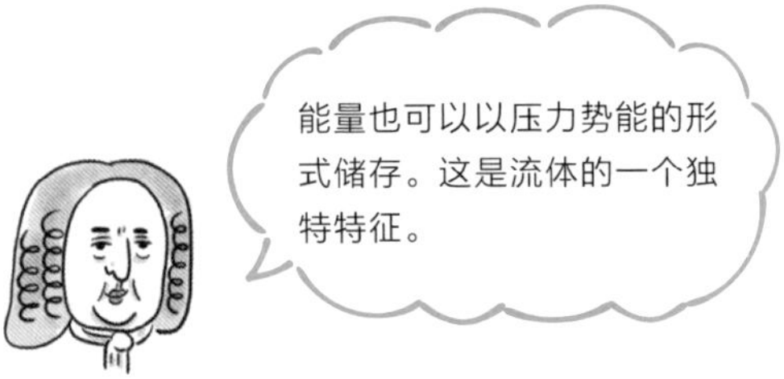

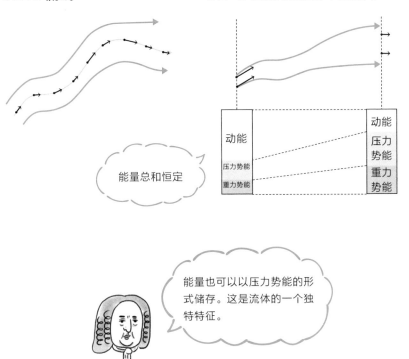

在与数学家欧拉一起度过的漫长岁月中诞生了伯努利原理

伯努利原理在1738年出版的《流体动力学》中有所描述。然而，这份手稿直到伯努利在圣彼得堡的俄罗斯科学院工作时才真正写成。

初到圣彼得堡时，伯努利正处在哥哥的死亡和恶劣的气候带来的烦闷中。因此，他的数学家父亲约翰将自己的得意门生莱昂哈德·欧拉（后来成为伟大的数学家）送到儿子那里生活。伯努利和欧拉于1727年至1733年间在圣彼得堡一起进行研究工作，据说这一时期是伯努利作为科学家最具创造性的时期。

流体中的不可压缩性

伯努利在液体中进行了原理验证的实验。然而，伯努利原理在气体中是在一定条件下才成立的，这就需要了解流体的不可压缩性。

直观地说，气体被认为比液体更容易压缩。例如，如果把空气放在一个圆柱体里，用活塞推动它，它的体积会变小。事实上，大气的可压缩性很高，比大多数液体的可压缩性高约1万倍。

想想户外吹来的微风，或风扇吹来的风。在平缓的气流中，空气没有被压缩，只是不断移动，其密度几乎保持不变。一般将这些气体假设为不可压缩气体。

不适用条件是存在的，例如，当流速变得足够大，可以与声速相比的时候。通常当流体的速度超过该流体中声速的30%时（称为马赫数0.3），就会被视为可压缩流体，伯努利原理不能在该条件下使用。

草原犬鼠的窝

栖息在北美草原上的草原犬鼠被发现使用伯努利原理来建巢。它们建造了巨大而复杂的地下洞穴，有多个入口和出口，但它们如何让洞穴内部通风一直是个谜。

草原犬鼠建在地面上的巢穴，有些高高堆起，有些低平。当风吹过草原时，高处的风速比低处的风速大，根据伯努利原理，气压会变低，因此，空气从低处的巢穴流向高处的巢穴，如图3所示。研究已经证实，草原犬鼠的巢穴是以这种方式通风的。

[图3] 草原犬鼠的通风系统

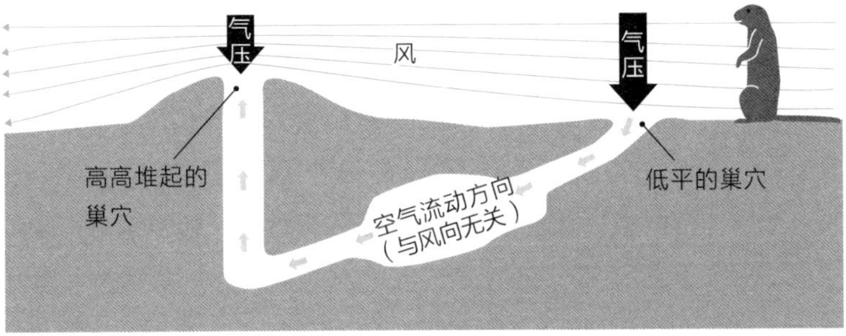

1.当巢穴较高时，巢穴上方的风速加快，空气压强下降。
2.较低的巢穴和较高的巢穴之间的气压差使空气流经巢穴，使其通风。
3.通风与风向无关，每当有风吹过，高处的气压就会下降，所以巢内气流的方向是恒定的。

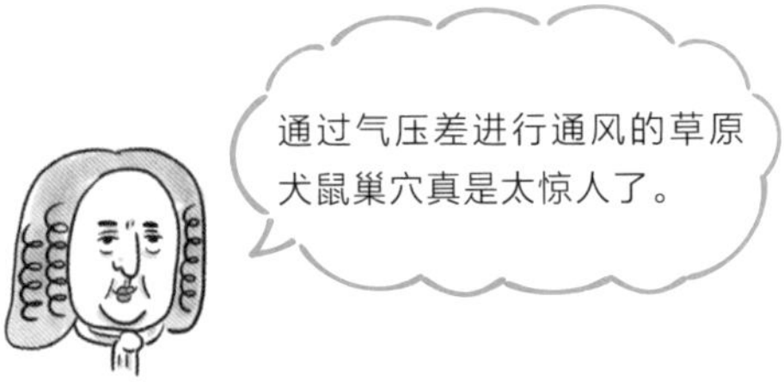

通过气压差进行通风的草原犬鼠巢穴真是太惊人了。

原理应用知多少！

计算飞机的升力和速度

伯努利原理与“流体的速度”“压强”和“高度”有关。在生活中，与这些有关的是飞机。

飞机的升力计算就是伯努利原理的一个应用。升力是指在流体中运动的物体在垂直于其运动方向上所受到的力。在飞机上，升力是一种将机体推上去的向上作用的力。

如果能准确地测量出机翼上下表面气流的速度分布，就可以根据伯努利原理计算出机翼上下表面的压强，而机翼上下之间的差值可以用来计算出高精度的升力。

此外，飞机和一级方程式赛车中使用的皮托管都是应用伯努利原理计算速度。皮托管在行进方向的正面和侧面有小开口的管子，所以能够用来测量压强。

如果皮托管正面接收气流，流动会停止，速度变为零，压强变高。若在侧面方向接收气流，速度和压强保持不变，如图4所示。通过测量压强的差值，可以确定速度。

[图4] 皮托管的原理

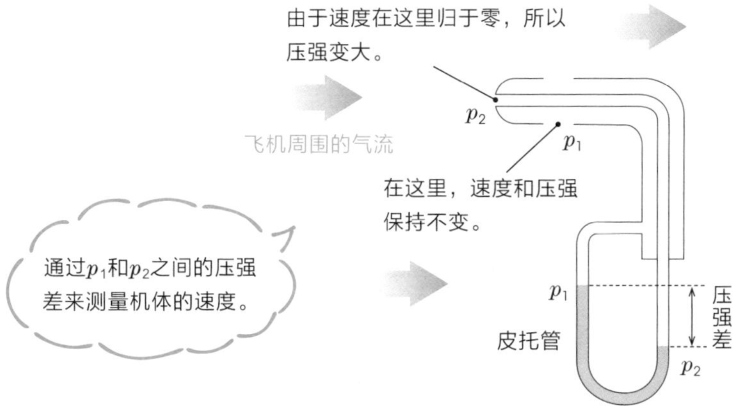
由于速度在这里归于零，所以压强变大。
p_2
飞机周围的气流
p_1
在这里，速度和压强保持不变。
通过p_1和p_2之间的压强差来测量机体的速度。
p_1
皮托管
压强差
p_2

气体和液体是如何运动的？

库塔-茹科夫斯基定理

飞机为什么会飞？为什么球会转弯？库塔-茹科夫斯基定理是关于物体升力的定理。

发现契机！

——库塔-茹科夫斯基定理是一个关于均匀流动中作用于物体的升力的定理。德国的马丁·威廉·库塔先生（1867—1944）和俄国的尼古拉·叶戈罗维奇·茹科夫斯基先生（1847—1921）分别发现了它。

我是茹科夫斯基，今天作为代表参加访谈。库塔-茹科夫斯基定理在我们研究飞机的飞行原理时，非常重要。

——您是如何发现它的呢？

我对让比空气重得多的机器飞行的想法很感兴趣。因此，于1895年访问了柏林，看到空气动力学先驱奥托·李林塔尔的滑翔机飞行实验。

——您是购买了他向公众出售的八台机器中的一台吗？

是的。因为我相信，即使在理论研究中，实验和观察也是非常重要的。关于这项研究成果，我于1906年发表了两篇论文，在这两篇论文中提到我得出的飞机机翼升力的数学公式。

——这个方程式就是出现在库塔1902年教授论文中的那个方程式。这就是为什么这一发现被称为“库塔-茹科夫斯基定理”。此外，在1903年，莱特兄弟成功实现了世界上第一次载人动力飞行。这就是人类对天空的憧憬成为现实的过程。

原理解读！

- 位于流体（液体和气体）中的物体受到与流动方向成直角的向上的力被称为升力。
- 升力是流体的密度、流体的速度（流速）和物体周围的环量之积，这被称为库塔-茹科夫斯基定理。
- 当流体为非黏性（无摩擦运动）时，库塔-茹科夫斯基定理成立。

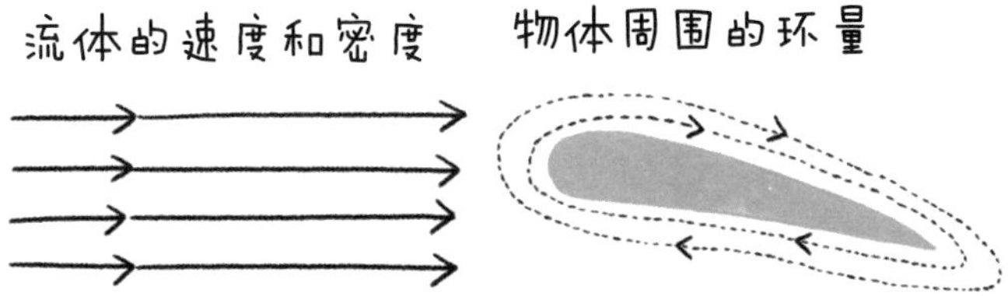

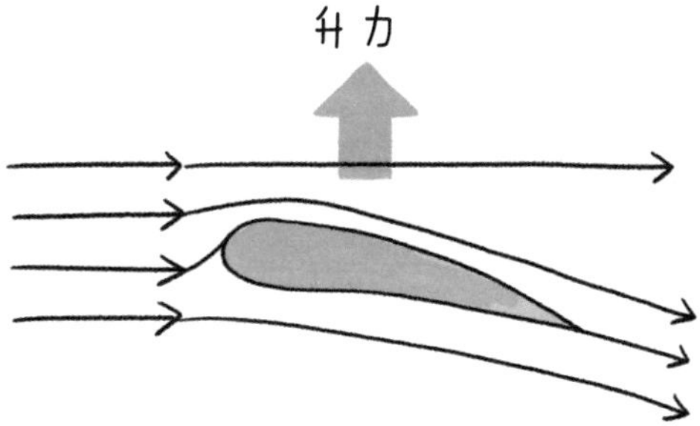

在流体中作用的升力随着流体的密度、流速和物体周围的环量的增加而变大。

为了产生升力，气流在机翼的上侧必须更快，下侧必须更慢。这是由环量负责的。

飞行技术研究的障碍

库塔-茹科夫斯基定理指出：“如果具有一定形状截面的物体被置于运动且不产生阻力的非黏性流体的均匀流动中，那么该物体将受到升力。”升力是流体中的物体受到与流动方向成直角并向上的力，所以当物体在流体中移动时，也可以用同样的方式来思考。

从19世纪后半叶，库塔-茹科夫斯基定理被发现之前，到20世纪初，人们渴望用一种类似于今天飞机的机制来飞向天空。对飞行技术的研究是通过实验进行的，例如使用模型等来测量机翼所受的力。然而，在理论研究方面并没有取得进展，仿佛遇到了一堵大墙。

突破口就是库塔-茹科夫斯基定理。这个定理的奇妙之处在于，它将**环量**包含在对升力的解释中。这里的环量是流体力学中的一个术语，接下来将会用图示来说明（图3）。

到目前为止，由理论计算出的飞机机翼周围的气流如图1所示。然而，通过实验测量的机翼周围的实际气流如图2所示。

[图1] 理论上机翼周围的气流

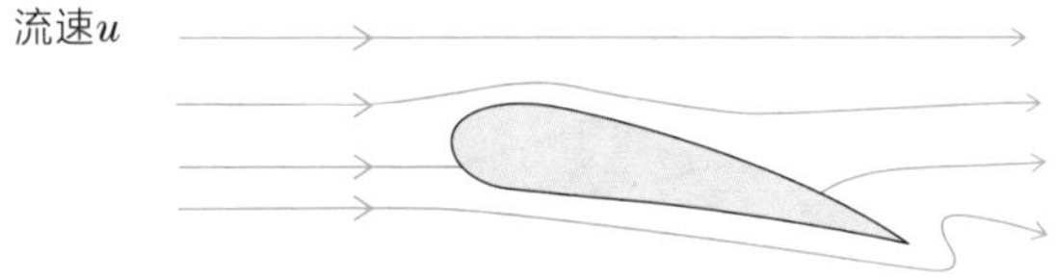

[图2] 实验中测量的机翼周围的气流

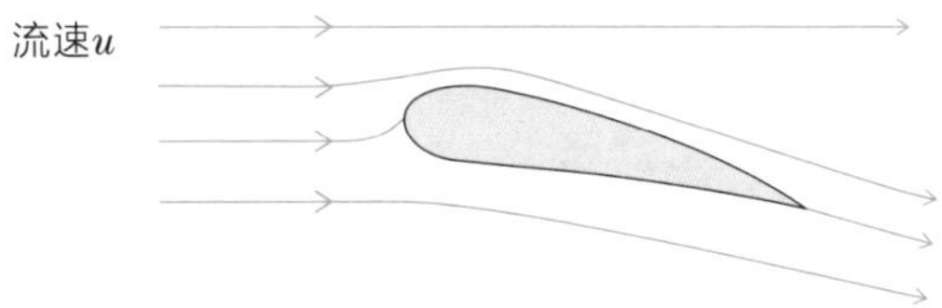

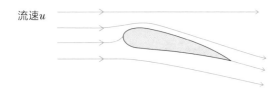

库塔和茹科夫斯基发现了通过环量产生的升力

为了将理论上计算出的气流（图1）变成实际的气流（图2），需要一个围绕机翼的气流，如图3所示。

库塔和茹科夫斯基意识到，是环量创造了这种气流。在机翼的上侧，理论上的气流方向和机翼周围环量的方向是相同的，所以它们相加后，流动变得更快。相反，在机翼的下侧，二者的流动方向是相反的，因此速度较慢。

根据伯努利原理（第216页），流速较快的机翼上侧的压强较小，流速较慢的机翼下侧的压强较大。这种压强差就是向上的升力，如图4所示。

虽然由环量作用产生的飞机机翼周围流体的流速与压力之间的关系符合伯努利原理，而且伯努利原理可以从机翼周围的速度计算出升力，但它并不能解释机翼为什么有升力。解释升力的是库塔和茹科夫斯基发现的飞机机翼周围的环量。

［图3］围绕飞机机翼的气流（环量）

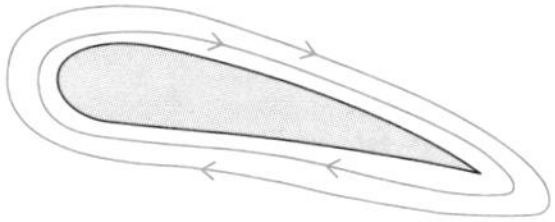

用飞机机翼周围的实际气流与理论气流相抵，我发现了环量的流动。
加入环量这一要素，可以解释实际飞机机翼周围的气流和升力的变化。

［图4］升力的产生机制

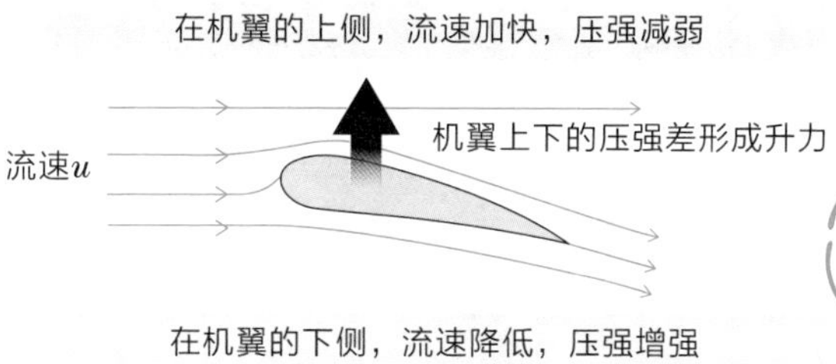
在机翼的上侧，流速加快，压强减弱
机翼上下的压强差形成升力
流速u
在机翼的下侧，流速降低，压强增强

原理应用知多少！

机翼的升力计算、棒球中的变化球和环保船

如同前文所述，根据库塔-茹科夫斯基定理，理论上可以计算出机翼的升力。

这个定理虽然是作用于均匀流动下，有断面的柱子或板状物体上，但在球形物体上也同样成立。

对于棒球中的变化球或足球中的角球，球体的运动轨迹都呈现一条曲线。轨迹之所以呈现曲线，是因为通过球体的旋转产生了环量，在升力的作用下球的运动轨道发生了变化，如图5所示。

另外，1924年德国航空工程师弗莱特纳发明的旋筒风帆货船也是通过大型圆桶的旋转，利用海上的风力驱动航行。虽然有一段时间不再使用这种旋桶货船了，但1980年以来，为了减少燃油消耗，旋筒风帆货船的研究以环保之名重新开启。

［图5］棒球的内飘球轨迹变化原理（从上方观察）

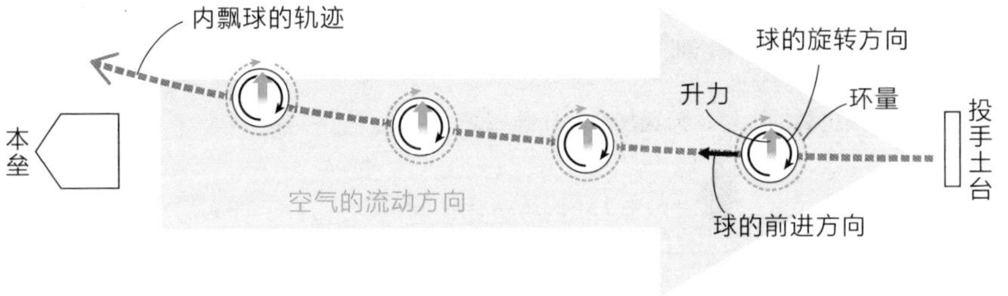

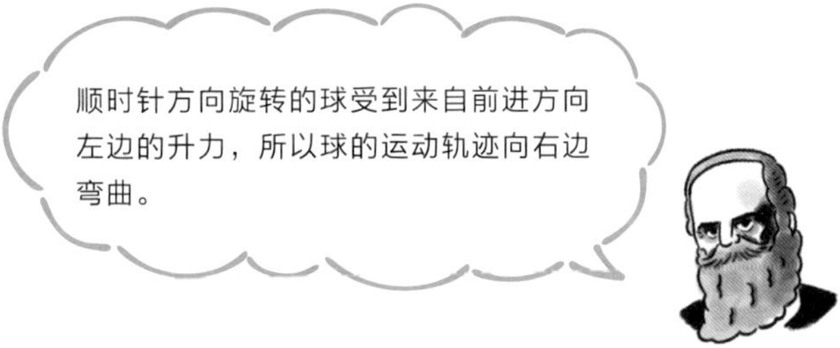

趣闻轶事

连接两人的奥托·李林塔尔

马丁·库塔和尼古拉·叶戈罗维奇·茹科夫斯基分别得出了库塔–茹科夫斯基定理，但他俩都受到了同一个人的影响。

这个人便是德国的奥托·李林塔尔。

奥托·李林塔尔实际上参与建造了被称为“空气动力学之父”的英国人类学家乔治·凯利发明的滑翔机，并进行许多实际的飞行实验，这些实验都很成功。他的实验被世界各地报道，他的实验照片也被出版，引发了公众和科学界对载人飞行器的兴趣。

因此，茹科夫斯基拜访过李林塔尔，并观察了他的实验，然后购买了一架滑翔机。此外，据说库塔由于对李林塔尔的飞行照片感兴趣，并选择机翼理论作为自己大学教授就业资格论文的研究课题。

在1896年的一次飞行实验中，李林塔尔的滑翔机失去控制，他从15米的高度坠落，导致颈椎受伤，失去了意识。尽管作出了种种努力，李林塔尔还是在事故发生后36小时离世。

气体和液体是如何运动的？

奥斯鲍恩·雷诺

雷诺的相似律

雷诺的相似律应用于飞机机身设计、船舶的螺旋桨设计以及火星探测。

发现契机！

——雷诺的相似律是由英国奥斯鲍恩·雷诺先生（1842—1912）发现的。

今天，我将向你们展示我在1883年做的关于管道内流体流动情况的实验，相信这将有助于你们理解这一定律。

——非常感谢您。（抬头看实验装置）这是个大装置啊。

在准备好之前，先讲讲我研究它的契机。我的父亲是英国圣公会的牧师，擅长数学，拥有多项农业机械改进的专利。也许是因为在这种环境下生长，我发现自己开始对机器感兴趣。

——您为什么要进入流体力学领域呢?

在进入大学之前，我在一家著名的造船厂当了一年学徒，获得了制造和维修沿海汽船的经验。于是我决定对船舶的安全和流量进行研究。

——船只非常大，所以即使想做安全测试，也很难用实物进行实验吧?

是的。因此，我想到了尺度，试图用小模型重现船舶的相同行为，于是我发现了相似律，这一定律对造船业非常有用。现在，已经准备好了，让我们开始实验吧!

原理解读！

- 雷诺数是一种可用来表征流体流动情况的无量纲数（流体是如何流动并作用于其周围环境的）。通过保持这个数值不变，即使物体在流动系统中的大小发生变化，围绕物体的流动系统也是相同的，这被称为雷诺的相似律。
- 如果两个流动系统通过形状相似的物体（扩大或缩小后，可以完全重叠的形状）或环境（管道等），若它们的雷诺数相同，那么这两个流动系统也将相同。

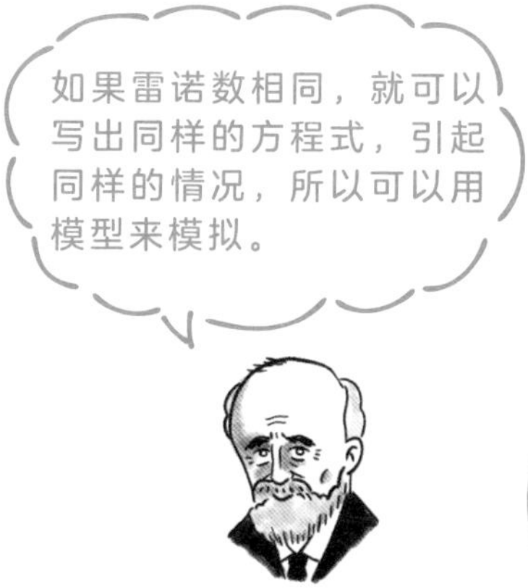

如果雷诺数相同，就可以写出同样的方程式，引起同样的情况，所以可以用模型来模拟。

如果雷诺数相同，即使物体的大小改变，物体周围的流动系统也可以重现。

雷诺进行的实验

图1为雷诺进行实验所需的仪器，该设备今天仍存放在曼彻斯特大学。在支架上有一个装满水的大水箱，水箱内有一根玻璃管，一端像小号一样打开。该管道通过水箱的墙壁与外部相连，这样就可以控制水箱中的水量并可以进行排水。

加大排水量会使管道内的流速变快，减少排水量则流速减慢（管口像小号一样加宽是为了防止水在被吸入时产生湍流）。

一根细管从另一侧插入管口中，正好位于管道横截面的中心。细管延伸到水箱顶部装着有色水的烧瓶，有色水的设计是为了使显示的水流动情况像一条细线一样。当管道中的流速足够小，有色水所显示的水流以直线方式通过管道，如图2（a）所示。如果流速逐渐加快，有色水在某一处开始与周围的水混合，该处下游管道中的水与有色水混合，如图2（b）所示。

[图1] 雷诺的实验设备

雷诺在改变管道的直径、流速和决定水的黏性的温度的前提下进行了这个实验，然后在流动情况相同的条件下发现了雷诺数。

［图2］管道中的流动情况

（a）当流速足够小时

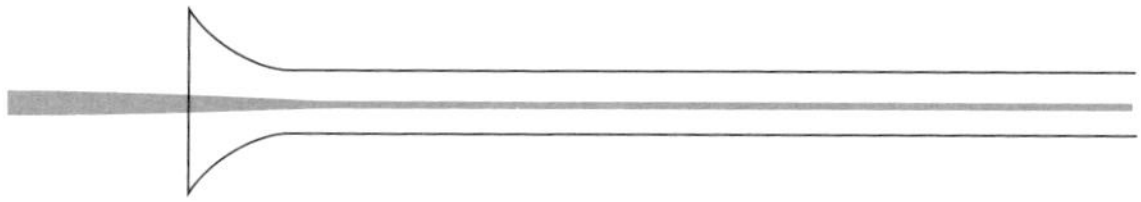

（b）当流速逐渐加快并出现湍流时

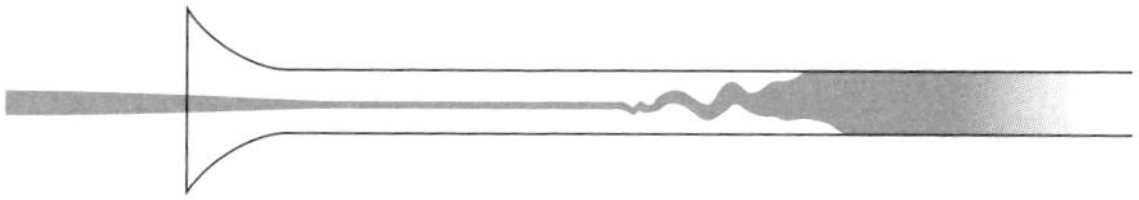

雷诺数代表什么

像“模型”和“实物”一样，将形状相似、大小不同的物体分别放置在不同的流体中，雷诺表示如果雷诺数相等，两个流动系统就是一样的。

雷诺数只能从三个因素中得到：流速、流体中物体的长度和流体的运动黏稠程度。如果雷诺数为R_e，流速为v，流体中物体的长度为l，流体的运动黏稠度为γ，则关系式如下。

$$R_e = \frac{vl}{\gamma}$$

如果把这个方程的分子和分母都乘以流体的密度，为了了解这个方程式的意义，可以得出雷诺数 =$\frac{\text{惯性力}}{\text{黏性力}}$。

换句话说，雷诺数代表了惯性力和黏性力的比率（惯性力是指按照所受的力来运动的力，黏性力是指和周围结合在一起运动的力）。

因此，当雷诺数小（黏性力大）时，流动是有序和均匀的；当雷诺数大（惯性力大）时，会产生湍流。

原理应用知多少！

飞机机身设计和船舶的螺旋桨设计

在设计飞机机身的时候，实际长度可能超过100m。因此，可以根据雷诺的相似律，使用小模型进行实验。将模型固定在风洞中，使空气移动来测量飞机周围的气流和力，如图3所示。这是一个极其重要的过程，因为它影响到机体设计的利弊和所需发动机性能的确认。

船体本身受到波浪的影响会摇动，在船舶设计中很重视这一点，所以根据其他相似律进行模型实验。然而，为了了解作为许多船舶推进装置的螺旋桨的性能，可以根据雷诺的相似律在水箱中进行实验。

在地铁、海底隧道、汽车道等长度在数千米以上的隧道中，为了获得必要的换气性能，在设计阶段的模型实验中，也会使用雷诺的相似律。

［图3］飞机（模型）的风洞试验

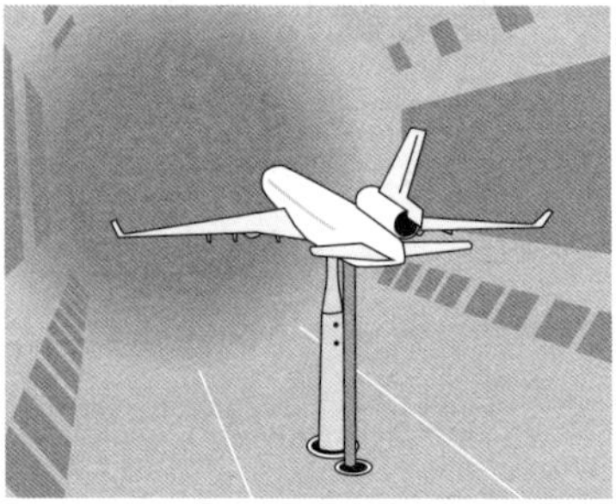

用于火星探测

火星在太阳系中与地球相邻，人类已经使用火星轨道上的卫星和登陆探测器进行了探测。

日本的想法是建造一架探测飞机，这架飞机比卫星具有更高的分辨率，并且比登陆探测器有更大的机动性，因为它不受地形的阻碍。

由于火星大气的特征与地球有很大的不同，日本已经开发了名为“火星大气风洞”的装置来模拟在火星上的飞行，并且正在研究可以在火星上飞行的飞机。

趣闻轶事

奇妙的相似

冬季，在济州岛和屋久岛上空拍到的卫星图像中，出现了奇怪的云层模样，成为人们谈论的话题，如图4（a）所示。当冷空气吹起时，北海道的济州岛、屋久岛和利尻岛的背风面有时会出现一排排交替的旋涡，这被称为“卡门涡街”。在流体中放置像圆柱体这样的障碍物并且雷诺数为40～1000时就会发生这种现象。

卡门涡街也可以在餐桌上展示。图4（b）显示了将牛奶倒入一个浅碗中，在碗的一角加入少量浓缩咖啡液，并快速移动筷子，此时看到的图案便是卡门涡街。

图4左边图像的实际大小为1000km，右边图像的实际大小为10cm，但两个图像的表现方式是一样的。

[图4] 卡门涡街

(a) 气象卫星在济州岛和屋久岛上空观测到的卡门涡街

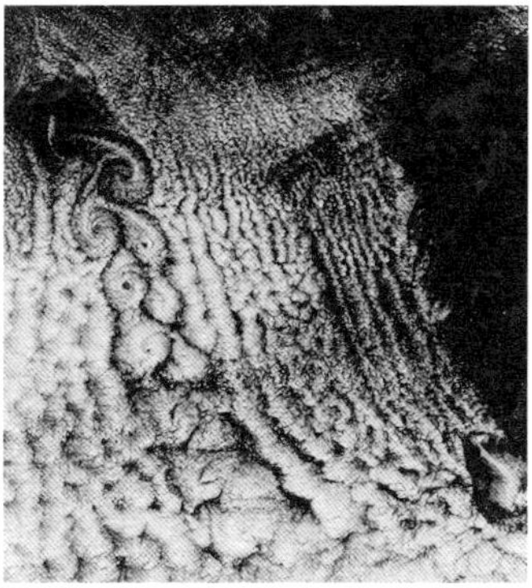

(b) 用牛奶和浓缩咖啡液制成的餐桌上的卡门涡街

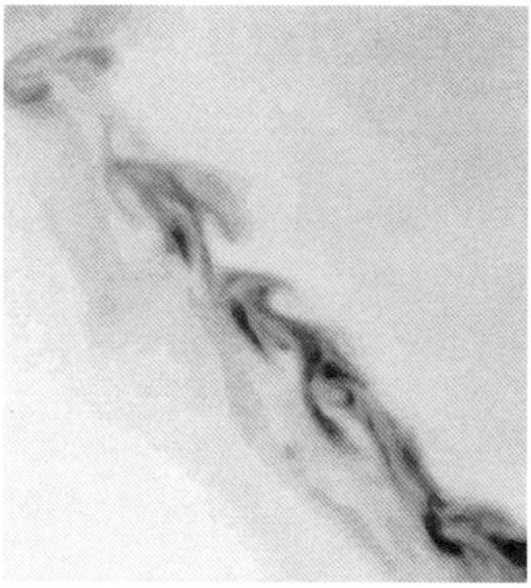

热篇

热量是如何产生的？

热量是如何产生的？

伦福德伯爵
本杰明·汤普森

热和温度

热的实质不是物理元素，是运动。

发现契机！

——在8世纪，科学家们认为热是一种无重量的流体（像液体或气体），称为热质。他们认为，如果热质流入一个物体，其温度就会上升；如果流出，其温度就会下降。然而，伦福德伯爵（1753—1814），一位制造火药和大炮的工程师，发表了自己的想法后，大大影响了人们对热的认识。

我在工作中注意到，在没有装弹的情况下发射大炮时，炮管变得比装弹时热得多。我开始认为，是火药使炮管中的金属颗粒产生剧烈运动，而不是子弹。并且，我还注意到了，在大炮炮管上钻孔的过程中会产生大量的热量，并且测量了产生的热量。在我看来，只要设备继续运行，就会产生热量。

——您是否有这样的疑问："如果热质说是正确的，那么热质的含量是有限的，但这不是很奇怪吗？"

所以，我尝试着做了实验。我用与枪管相同的金属做了一根圆柱形的铁棒，用钻头压住它在上面开孔，用两匹马的力量快速旋转，圆柱内的温度达到了70℃（1798年在皇家学会上发表）。

——您认为热的原因不是热质，而是运动，用今天的话说是一种能量。后来，随着能量守恒定律（热力学第一定律）的确立，热质说被彻底打败了。

原理解读！

- 在中国常用的温标单位是摄氏温度。摄氏温度是指1标准气压（大气压）下，水的冰点为0℃、沸点为100℃，其间分成100等份，1等份为1度。
- 构成物质的原子运动停止时的温度称为绝对零度，记为0K，单位是K（开尔文）。绝对温度T（K）和摄氏温度t（℃）具有相同的温度区间，其关系是$T = t + 273.15$。
- 热的实质是能量，热量是原子和分子的振动能量和动能的总量的变化量。热量单位是J（焦耳）。

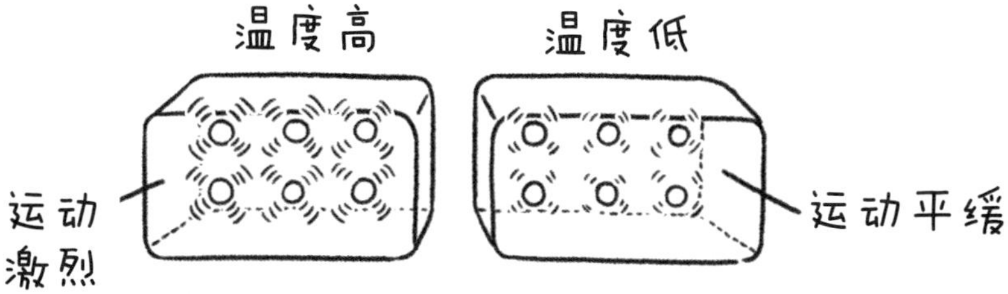

物体的温度显示其组成分子和质子的热运动强度。

在原子和分子的世界里，温度是原子和分子的热运动的强度。

伦福德的实验是对热质说的重大打击

热质说的倡导者声称，在伦福德的实验中："热量来自圆柱体中的空气。"但伦福德又将整个仪器放在水中，在没有空气的情况下进行测试。没有使用火，两个半小时后大量的水沸腾了。

由于伦福德的实验排除了热量来自外部的可能性，并且伴随着热量的产生也没有发生化学变化，理论上仍然认为在炮身钻孔过程中唯一的热量来源是运动。

微观世界的温度

物体是由原子和分子组成的。在考虑温度和热量时两者是一样的，假设它们是由分子产生的。

构成物体的所有分子通常都在不断地进行剧烈、混乱的运动，这种运动被称为热运动。在固体中，它们是振动的。

在微观世界中，温度是物体"分子热运动的剧烈强度"的物理量。运动越激烈，温度越高，运动越缓慢，温度越低，如图1所示。

这意味着低温是有下限的。分子运动停止的温度是−273.15℃（0 K），而且没有比这更低的温度了。

［图1］温度是衡量分子运动强度的标准

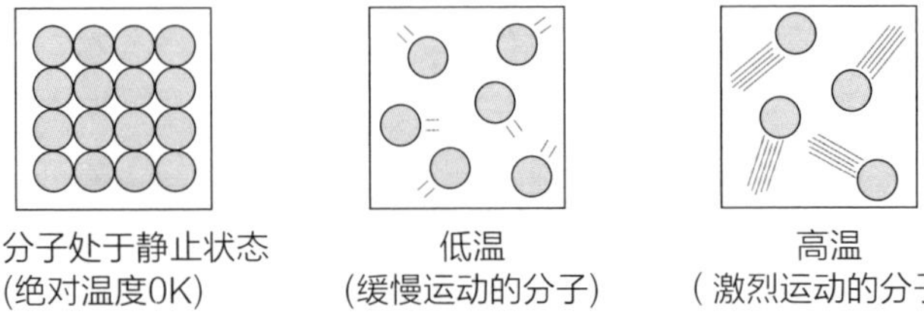

温度的上限是什么？如果分子不断移动，温度就会升高。温度可以是几万摄氏度、几亿摄氏度或几万亿摄氏度。在那时，分子分解并形成一种称为等离子体的状态。等离子体是继固体、液体和气体之后的第四种物质状态，分子在其中被电离，分离成阳离子和电子，并自由移动（第282页）。

热容量和比热（比热容）

物体被加热时，其温度会上升。这是因为构成物体的分子和原子的运动强度增强。物体获得的热运动能量的多少称为热量，热量的单位是J（焦耳）。

即使加入相同的热量，有的物体的温度会大大升高，而有的则不会。因此，要考虑将物体的温度提高1K所需的热量，这被称为物体的热容，单位是J/K（焦耳/开尔文）。

如果热容用C（J/K）表示，当温度上升到ΔT（K）时，需要的热量为Q（J），即：$Q=C\Delta \mathrm{T}$。

如果增加的热量是Q（J)，物体的比热容是c［J/(g · K)]，物体的质量是m（g)，温差是ΔT（K)，它们之间的关系为：$Q=mc\Delta T$。

在各种物质中，水的比热容是非常大的。像水这样的物质的比热越高，加热它需要的热量就越多。各种物质的比热如表1所示。

［表1］各种物质的比热容

物质	比热容［J/（g · k）］
铅	0.13
银	0.24
铜	0.38
铁	0.45
混凝土	0.8
铝	0.9
木材（20 ℃）	1.3
海水（17 ℃）	3.9
水	4.2

(25℃时的比热容)

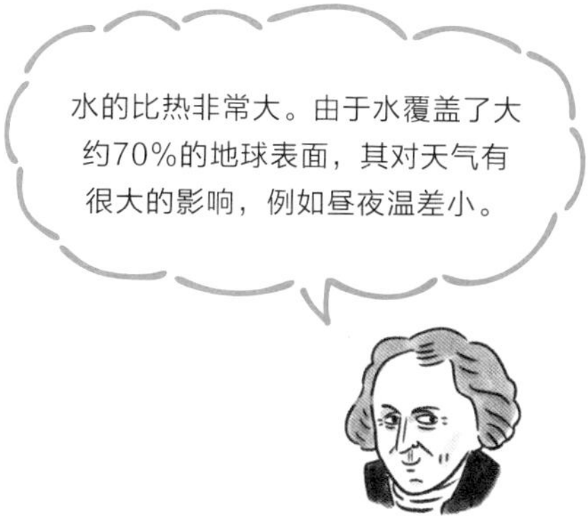

水的比热非常大。由于水覆盖了大约70%的地球表面，其对天气有很大的影响，例如昼夜温差小。

原理应用知多少！

温度计与体温表

在日常生活中，我们使用的玻璃棒温度计里的液体有银色、红色和蓝色。

银色的液体是汞。红色或蓝色液体是有色石油系的液体（煤油），一般温度计使用的是煤油，也有使用酒精的，所以它们统称为酒精温度计。

汞和煤油具有随着温度升高而膨胀的特性，而温度计就是利用这一特性。

用这些温度计测量体温时，并不会立即显示体温。因为身体正在传递热量给温度计，当温度计达到与体温相同的温度时，热量从身体向温度计的传递就结束了。这就是为什么使用温度计需要等待一会儿。

如果用普通的温度计测量体温，读取体温时，将温度计从身体上拿开后会受到周围空气的影响。所以体温计设计成当把它从身体上拿开后温度就不再返回，要想让它返回低温示数，就必须甩动它。

电子温度计通过利用半导体的特性来测量温度，即电流流动的难易程度随温度变化而变化。

另一种温度计是非接触式温度计，它利用身体表面发出的红外线来测量体温。所有物体都会根据其温度发出红外线，非接触式温度计利用的就是这一特性。

趣闻轶事

“摄氏度”的由来

日常生活中使用的温标单位被称为摄氏温度。

“摄氏”来自最早提倡这个温度刻度的安德斯·摄尔修斯中文名字的第一个字。

摄氏规定（1742年）一个标准大气压下水的冰点和沸点温度分别为100℃和0℃，但由于较高温度的数字反而较小，显得很不自然，所以冰点和沸点的温度就被分别改为0℃和100℃。

目前是先定义绝对温度，然后用这个绝对温度定义摄氏温度。具体来说，以绝对零度（0K）为最低温度、规定水为273.15K，即水在气、液、固三种状态下可以共存的温度（水的三相点）。1K的绝对温度被定义为1/273.15，数字存在非整数的原因是，在绝对温度开始使用时，已经广泛使用的摄氏温度1℃和绝对温度1K已经被调整到大致相同的程度。

热量是如何产生的？

罗伯特·波义耳

波义耳-查理定律

波义耳定律+查尔斯定律使气体膨胀的原理变得清晰明了。

发现契机！

——我听说对年轻时英国的罗伯特·波义耳先生（1627—1691）影响最大的人是德国科学家格里克先生（1602—1686）。

在我31岁时（1658年），得知了格里克先生用马匹进行的马德堡半球实验。他把两个边缘完全对齐的大空心铜半球密合起来，用真空泵把里面的空气抽空，然后两边分别用八匹马拉，但未能拉开两个半球。这就是我决定制作一个真空泵，并用它进行各种实验的原因。

——当时，您的助手是穷学生罗伯特·胡克（第2页）吧？

是的。在他的帮助下，我们建造出当时最好的泵，并用它进行了各种实验。这些实验成果在《关于空气弹性及其物理力学的新实验》（1660年）中发表了。在这本书的第二版（1661年）中，我提出了"气体的压强和体积成反比"，这被称为"波义耳定律"。

——现在，波义耳定律和法国的查理先生（1746—1823）在1787年发现的"查理定律"（如果压强不变，气体的热膨胀与温度的升高成正比，暂不考虑气体的种类）结合在一起，形成波义耳-查理定律。

原理解读！

- 在定量定温下，理想气体的体积V与气体的压强P成反比，这被称为波义耳定律。

$$P \times V \text{是恒定的}$$

- 当压强和质量不变时，气体的绝对温度T与体积V成正比，这被称为查理定律。

$$\frac{V}{T}\text{是恒定的}$$

- **波义耳定律和查理定律的结合被称为波义耳-查理定律。**

$$\frac{PV}{T}\text{是恒定的}$$

P为气体的压强，V为气体的体积，T为绝对温度。

※假设温度从T_1变为T_2，体积从V_1变为V_2，则：

$$\frac{P_1V_1}{T_1}=\frac{P_2V_2}{T_2}$$

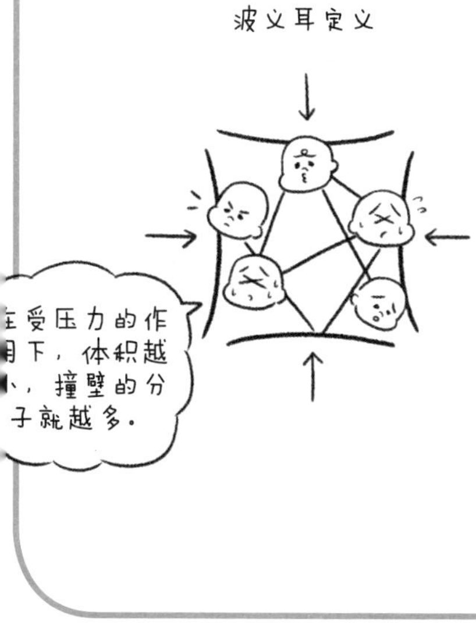

波义耳定义
在受压力的作用下，体积越小，撞壁的分子就越多。

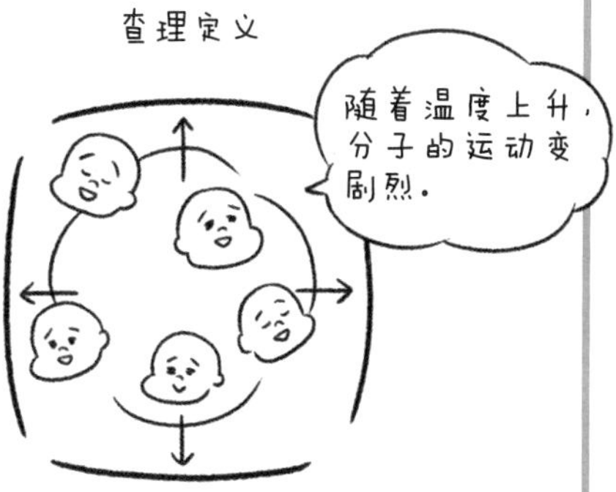

查理定义
随着温度上升，分子的运动变剧烈。

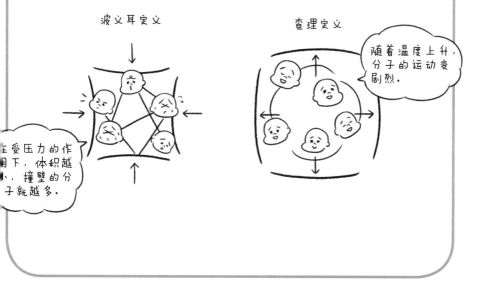

气体的压强

当运动中的气体分子撞击容器壁时，它对容器壁施加了力。在单位面积（$1m^2$）上所施加的力产生了压强。

压强以帕斯卡（Pa）为单位，其中1Pa是指1N的力作用在$1m^2$的面积上产生的压强。换句话说，$1\ Pa = 1\ N/m^2$。在天气预报中，由于大气压强的数值较大，所以通常用hPa（百帕，1hPa=100Pa）表示。

波义耳定律和气体的分子运动

例如，在体积为V_1的注射器中充满气体时，施加在容器壁上的压强为P_1。如果注射器活塞被移动，体积变为V_2，那么压强P_2会怎样呢?

如果体积缩小到原来的$\frac{1}{n}$（$V_2=\frac{1}{n}V_1$），单位体积内的分子数将增加n倍，容器壁上单位面积的碰撞分子数也将增加n倍，施加在容器壁上的压强也将增加n倍（$P_2=nP_1$）。波义耳定律如图1所示。

因此，$P_2V_2=(nP_1)\times(\frac{1}{n}V_1)=P_1V_1$成立。

［图1］波义耳定律

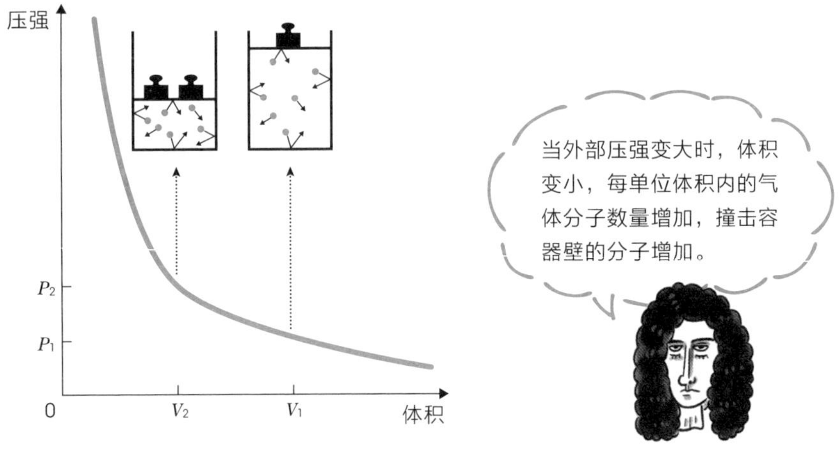
压强
P_2
P_1
0
V_2
V_1
体积
当外部压强变大时，体积变小，每单位体积内的气体分子数量增加，撞击容器壁的分子增加。

查理定律和气体的分子运动

从气体分子运动的角度来看查理定律，假设温度变高，气体分子的平均速度将变快，因此与容器壁的碰撞次数将增加，碰撞时推在容器壁上的力也将变大。查理定律如图2所示。

绝对温度T和体积V之间的关系，可以用图表表示为一条通过原点的直线。

假设查理定律在任何温度下都成立，当降低温度时，体积会随着温度的降低而减小。另外，在T=0时（约-273℃），V = 0。由于体积永远不可能是负数，这意味着没有低于-273℃的温度。

英国的开尔文男爵认为-273℃是最低温度，并将其定为“绝对零度”（0 K）。

［图2］查理定律

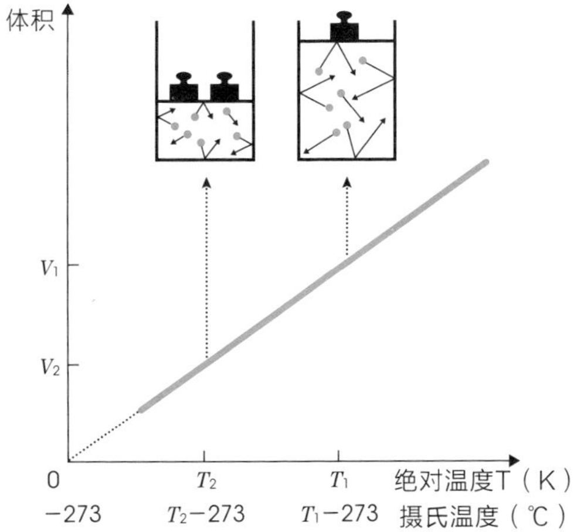

温度越高，气体分子的运动就越激烈，它们撞击容器壁的力也就越大。

波义耳-查理定律

波义耳定律和查理定律合在一起，可以用来推导压强和温度同时变化时的关系。一定质量气体的压强P、温度T和体积V之间的关系如下。

$$\frac{PV}{T}\text{是恒定的}$$

在定量气体的情况下，无论压强、体积和温度怎样变化，这一关系都会成立。

波义耳-查理定律成立的气体是一种“理想气体”

根据查理定律，无论哪种气体，在压力不变的情况下，温度上升或下降1℃，气体的体积就会增加或减少0℃时体积的1/273倍。

如此说来，该气体在没有达到绝对零度（-273℃）之前，应该是一直保持气态的。

然而，当空气的温度达到-183～-196℃时，氧气首先变成液体，然后氮气也试图变成液体，所以体积突然变得很小，波义耳-查理定律的气体状态方程不再成立。

这是因为现实中的气体，当温度极低时，与气体分子的热运动相比，分子间的作用力变得不容忽视，分子之间相互吸引，体积将变得更小。即使温度不是极低，随着温度变低，预计与理想气体的特性也会存在偏差。

波义耳-查理定律成立时，气体具有以下特征。

① 与气体的体积相比，每个分子的体积可以忽略不计。

② 分子间的作用力可以忽略不计。

这种气体被称为“理想气体”。但对于现实中的气体来说，这两个条件是不可忽略的，所以需要对压强和体积进行一些改动。

在分子稀少的情况下，现实中的气体是符合①和②的条件的，所以当“压强小”和“温度高”时，现实中的气体将接近理想气体。

原理应用知多少！

日常与波义耳定律有关的例子

小学生科学实验中有这样一个实验：如果把水和空气分别放在密封的圆管里，用活塞推它们（加大压强），水不会收缩，但空气会大大收缩，而且排斥性压强也会变大，如图3所示。

［图3］推压空气

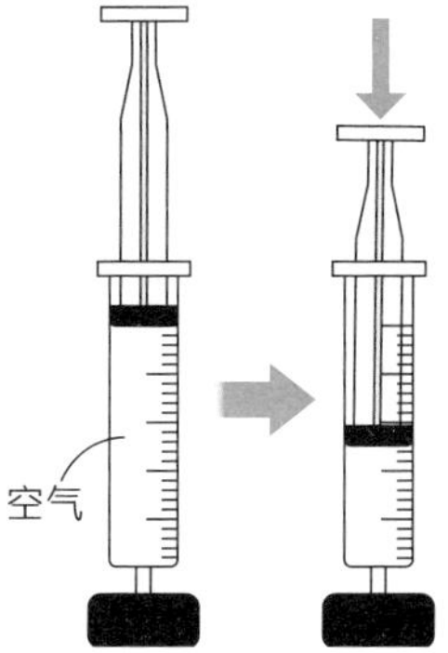

这是一个定性的波义耳定律实验。

握住网球时球会变小，因为压强使球内的气体体积变小了。

体积越小，球内气体的压强越大，反弹力也越大。

如果把一袋密封的糖果带到高山上，袋子会膨胀到最大尺寸。这是因为海拔越高，空气就越稀薄，推动袋子的大气压强就越小。

日常与查理定律有关的例子

当凹陷的乒乓球被加热时，里面的空气会膨胀并恢复到原来的形状，因为气体在其温度升高时会膨胀。

热气球之所以飘浮，是因为气球内的空气被燃烧器加热，导致里面的空气膨胀变轻。

靠近地面的空气团被太阳辐射后升温膨胀变轻，并上升形成上升气流。

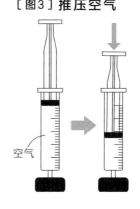

热量是如何产生的？

麦克斯韦

热力学第零定律

热力学第零定律是表示温度含义的定律，是热力学第一和第二定律的前提条件。

发现契机！

—— 在热力学中，我们首先考虑温度和热的热平衡（热力学平衡状态）。这就是“热力学第零定律”。现在，我们有请来自英国的麦克斯韦先生登台。

热力学第零定律是热力学第一和第二定律的前提条件。热平衡从很早以前就被大家知道了，但是并未成为定律。直到20世纪初，它才被命名为热力学第零定律。

—— 由于热力学的第一和第二定律早就已经根深蒂固，所以无法改变定律的编号和重新分配，只能将其命名为第零定律。顺便问一下，麦克斯韦先生您做了什么样的研究呢?

我曾关注过法拉第（134页）的力线（磁感线和感应线），并做了研究，将其数学化。然后我研究了为什么土星环如此稳定，发现土星环是小岩石的集合体，它们相互碰撞并保持稳定。从这项研究中，我学会了从统计学和概率学的角度分析气体的分子运动。

—— 麦克斯韦先生对分子运动论的研究，是以土星环的研究为契机开始的。

原理解读！

- 当两个不同温度的物体接触时，热量从高温物体流向低温物体。经过足够长的时间，两个物体的温度最终相等，热传递停止。这种状态被称为“热平衡”。这被称为热力学第零定律。
- 在热平衡状态下，表征状态的压强、体积、温度等不再发生变化。
- 在热平衡状态下，如果没有向外界传递热量，高温物体损失的热量与低温物体获得的热量相等。这被称为“热量守恒”。

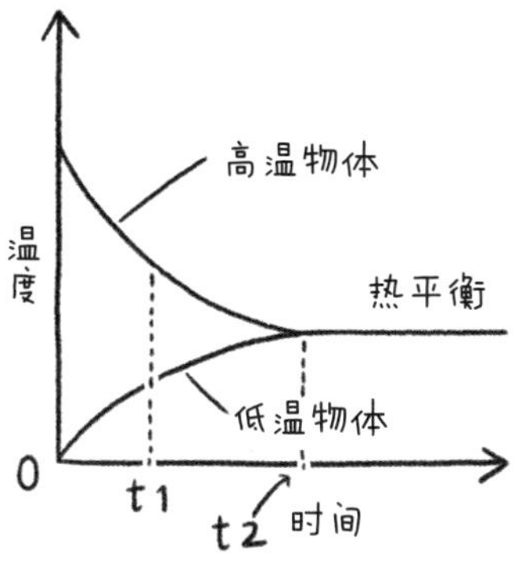

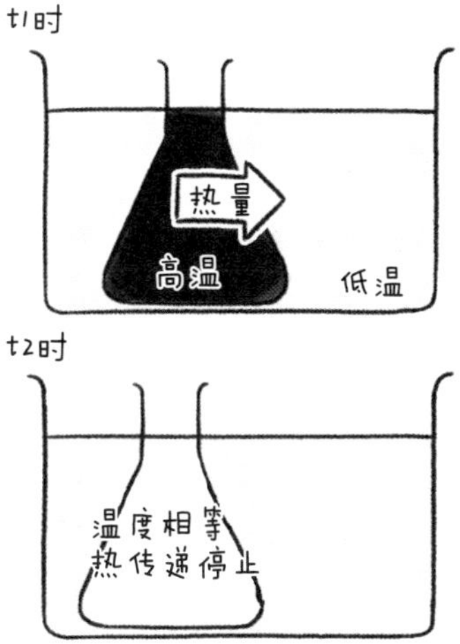

当两种气体完全混合在一起时，各部分的压强和温度都相等。

热力学第零定律

当一个高温物体与一个低温物体接触时，高温物体的温度就会下降，而低温物体的温度会上升。当它们达到相同的温度时，这种变化就会停止，如图1所示。

在这种情况下，我们认为有“某些东西”已经从高温物体移到了低温物体上，这里的“某些东西”就是热量。

当热达到相同的温度时，就不再有热传递。这时，被认为是达到了热平衡状态。

这种热平衡是一条从经验中得出的定律，我们称之为热力学第零定律。热力学第零定律是**决定温度性质含义的定律**。

[图1] 固体的热平衡

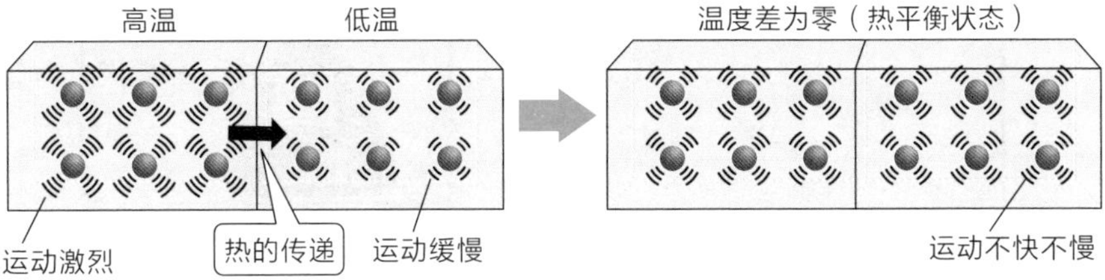

气体的分子运动论和热平衡

从微观分析各个气体分子叫作分子运动论。

在气体中，多数分子会散乱得噼里啪啦地飞来飞去。

气体温度较高时，分子的速度较快；气体温度较低时，分子的速度较慢。换句话说，当温度升高时，分子的平均动能变大；而当温度降低时，分子的平均动能变小。

分子飞来飞去的速度最小的状态是所有分子都处于静止状态。这时的温度是所有温度中最低的，也就是绝对零度。

“平均”是因为在一定温度下，有些气体分子比其他分子快，有些则比其他分子慢。另外，根据温度的不同，各个速度分子数量的分布是不同的。在较高温度下的快速分子比在较低温度下的快速分子多，这被称为麦克斯韦分布，如图2所示。

现在把高温气体和低温气体放在一个盒子里，中间用一块隔板隔开防止它们混合，接着把隔板移开。几个小时后，整个盒子的温度是一样的。

当高温气体和低温气体相互接触时，高温气体分子和低温气体分子开始碰撞。这时，动能从高温气体分子转移到低温气体分子，低温气体分子得到动能，其分子运动加强，导致温度上升。高温气体分子失去动能，其运动减弱，温度下降，如图3所示。

[图2] 麦克斯韦分布

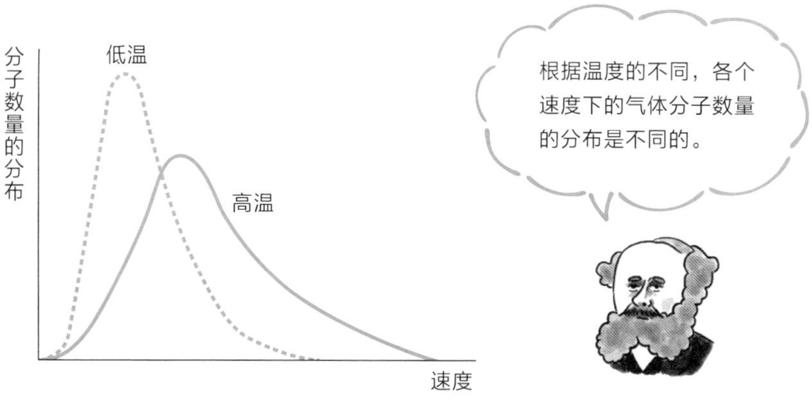

[图3] 气体的热平衡

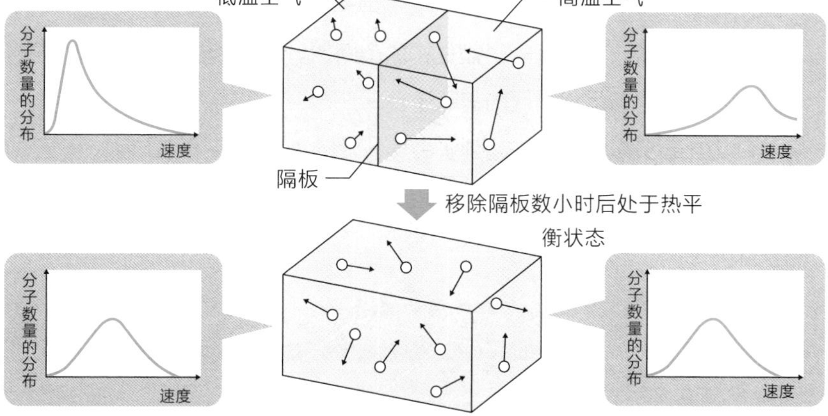

液体和固体中的热平衡

不仅仅是空气这样的气体，液体和固体也是如此。在液体或固体状态下，分子不会像气体那样自由地飞舞。

然而，当构成液体或固体的分子剧烈运动（热振动）时，温度较高，当它们缓慢运动时，温度较低。当高温物体和低温物体接触（或混合）时，和气体一样，分子碰撞，其动能交换，最后达到热平衡。

例如，如果将200克20℃的水与300克60℃的水混合，温度是多少呢？热量=质量×比热×温差，由于比热相同，低温侧获得的热量=高温侧损失的热量。设水为x℃，则200×（x−20）=300×（60−x），得出x=44（℃）。

原理应用知多少！

用热石蒸煮

如果把一块已经烧至高温的石头放入水中，石头的温度会下降，水的温度会上升。如果把许多热石头放入水中，水最终会沸腾。

这是笔者去斐济和汤加王国旅行参加庆祝活动时发生的事。在挖好的坑里放上烤好的石块，用香蕉叶子盖住，放上用树叶和铝箔包好的各种食物并用土盖住，然后就等着品尝蒸好的美味了。

这种用热石头做饭的方法起到了由煤气灶的火焰加热锅的作用。

炒锅的手柄为什么是木头做的

将一块钢板和一块聚苯乙烯泡沫板放置在一间25℃的房间里，一段时间后它们处于热平衡状态，铁板和聚苯乙烯泡沫板的温度应该是相同的。事实上，如果用非接触式辐射温度计测量温度，温度是相同的（辐射温度计利用的是根据物体温度的不同红外线和可见光的强度也不同的原理）。但是，我们会觉得钢板更冷一些，这是为什么呢?

由于25℃的室温低于人体温度，所以热将从温度较高的人手流向温度较低的钢板。一般来说，金属比其他材料更容易传递热。因此，热从人的手上流向了金属，手的温度会明显下降。

另一方面，聚苯乙烯泡沫板是一种不容易传递热的物质，这是因为它里面有很多不容易传递热的气泡。因此，与钢相比，聚苯乙烯泡沫板不怎么传递热，手的温度也不会下降那么多。

如果把它们放在温度为50℃的房间里，钢板和聚苯乙烯泡沫板都会变成50℃。如果触摸它们，热会从钢板和聚苯乙烯泡沫板传递到手上。

用手接触到钢时，会感到热，这就是在大热天触摸汽车引擎盖时会感到热的原因。相反，触摸聚苯乙烯泡沫板很难传递热，触摸时不会感到很热，这就是煎锅、炒锅等炊具使用木质或塑料手柄的原因，如图4所示。

[图4] 带塑料手柄的煎锅

热量是如何产生的？

詹姆斯·焦耳

热力学第一定律

功和热通过能量的概念联系在一起，其能量的总量是守恒的。

发现契机！

——“热力学第一定律”是由几位科学家在大约19世纪发现并确立的。在这次采访中，我们将与作为其代表的英国科学家詹姆斯·焦耳先生交谈。

我是焦耳，一位科学爱好者。

——焦耳先生的家族产业是酿酒，听说您在酿酒厂的一个角落里建了一间实验室，并立志自学做实验，这种经历真的与众不同啊！您这么喜欢科学研究，请问焦耳先生有什么发现吗？

热力学中的功是指“运动方向上的力×移动的距离”，但我发现以前认为不相关的热和功可以相互转换。我进行了从功和电等物理量中产生热的实验，阐明了热、电和运动等各种状态可以相互转化。

——您已经做了很多热力学方面的实验，而且是独自完成的！随着热力学的发展，工业革命也得到了进一步发展。

本来我小时候也没有去学校，都在家里学习，所以我可能并不抵触这样的环境。把我的名字命名为能量单位，这让我感到非常荣幸。

原理解读！

- 如果传递给物体的热量为Q，给物体做的功（能量）为W，那么物体的内能U的增加量ΔU由以下公式表示。

$$\Delta U = Q + W$$

内量U的单位是J（$kg \cdot m^2/s^2$）。

- 热力学的第一定律是能量守恒定律，也是不同形式的能量在传递与转换过程中守恒的定律。

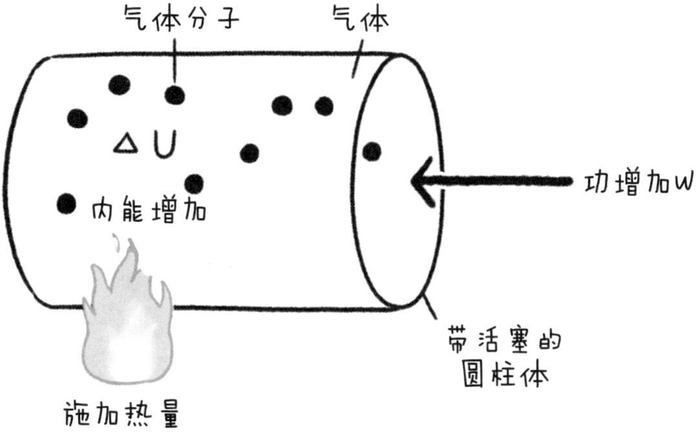

能量不会增加或减少，总量是守恒的。

当从外部施加功或热时，内能增加。

热力学第一定律是总能量守恒定律

热力学第一定律结合了机械能守恒定律（第72页）和热能的守恒定律。换句话说，它是总能量的守恒定律。

能量守恒定律指出，能量既不会凭空消失，也不会凭空产生。如果不与外界交换，能量既不会增加也不会减少。

接下来举个例子，在带有活塞的封闭圆柱体中加入气体。气体中有许多气体分子飞来飞去，而所有分子的能量之和被命名为气体的内能U。

给气缸加热并将活塞向内推。假设给气体的热量为Q，对气体做的功为W。

当物体被加热或压缩时，分子的速度加快，温度上升，能量增加。在这种情况下，是从外部给气体提供热量，并从外部对其做功，所以气体的内能增加了。

从能量守恒定律来看，所有的能量都是守恒的，所以如果此时内能的增加量为ΔU，那么$\Delta U=Q+W$。这个公式表明，给气体的热量和功的总和等于内能的增加量，如图1所示。

[图1] 如果能量被施加到带有活塞的圆柱体上

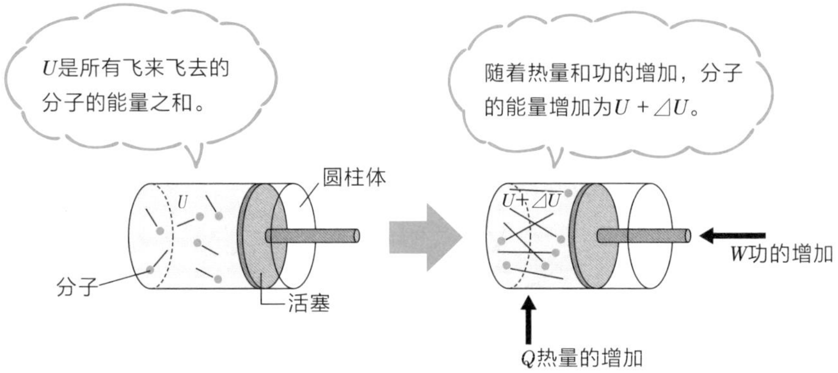

U是所有飞来飞去的分子的能量之和。
随着热量和功的增加，分子的能量增加为$U+\Delta U$。
圆柱体
U
分子
活塞
$U+\Delta U$
W功的增加
Q热量的增加

原理应用知多少！

热机

“热机”是一种将内能转化为功的机器。例如，对图2中的气缸进行加热时，气体会膨胀并推动活塞。而活塞可以对外部做功，如转动车轮。

但现在的情况是，推动一次活塞，做功就完成了，所以必须让活塞重新回到原始位置。于是，通过浇灌冷水或其他东西使气缸冷却，以降低内能，使气体收缩和活塞返回到其初始状态。通过重复这一过程，热机可以持续运行，正如你们所看到的，一个热机的组成有高温部分和低温部分。

[图2] 热机的概念

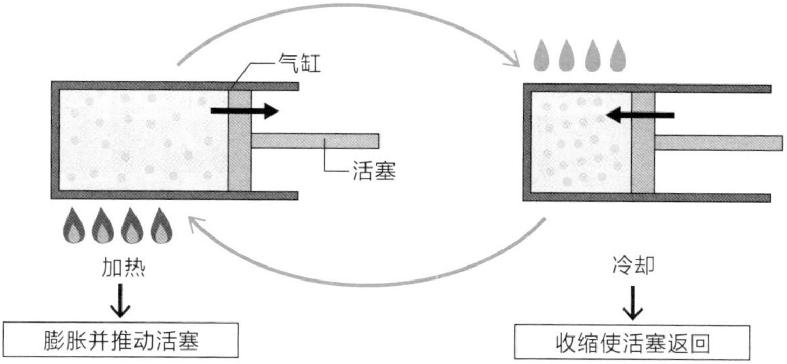

有两种类型的热机，内燃机在气缸内燃烧汽油或其他材料，外燃机控制来自外部的热量。内燃机用于汽车、船舶和飞机，而外燃机则用于蒸汽机车和蒸汽轮机。

在蒸汽机车中，煤炭燃烧产生的热能被转化为功。蒸汽机车燃烧煤炭所产生的热能（高温部分）用来烧水。此时，在这个过程中产生的蒸汽对活塞做功并推动活塞，使得车轮转动。然后，活塞中的水蒸气被释放到外面，也就是低温部分，多余的热被吸收掉了。如果不在低温部排放热，下一次活塞就无法完成其工作，它就会停止。

能否将废弃能源再利用

有一种东西叫作“斯特林发动机”，我们对它可能有点陌生。斯特林发动机也使用了热力学第一定律的原理，其特点是应用了外燃机，它是由一位苏格兰牧师罗巴特·斯特林在19世纪发明的。

斯特林发动机不像汽油发动机那样涉及爆炸性燃烧，而是非常安静。由于这个原因，它被用作潜艇的辅助发动机。然而，斯特林发动机由于其生产成本和技术问题，没有得到广泛使用。

今天，斯特林发动机也作为一种科学玩具出售。例如，某个玩具中，通过重复“将装置底面加热的气体在装置顶面冷却”，来使活塞移动并旋转轮子，如图3所示。当外界温度较低时，即使是手掌的热也会引起车轮的转动。实际上，通过斯特林发动机可以观察热是如何转化为能量的，这很有意思。

［图3］斯特林发动机

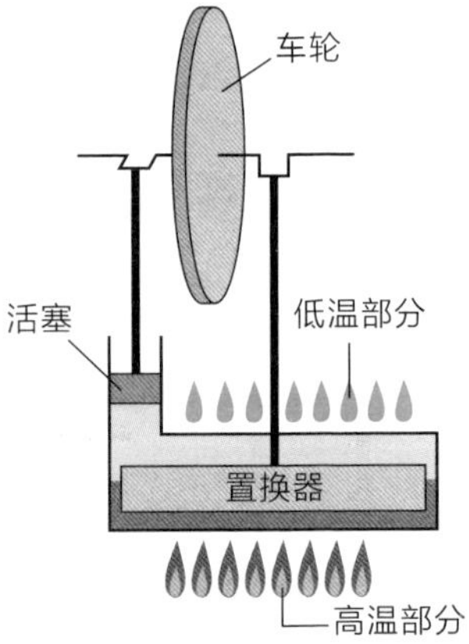

近年来，斯特林发动机作为可以重复利用能源的系统再次引起了人们的关注。因为有些能源如果不重复利用，它们就会被原封不动地释放掉，例如来自汽车、空调和地热的热量。

趣闻轶事

永动机的梦想推动了热力学的发展

知道什么是“永动机”吗？它是人们梦寐以求的机器，可以在没有任何外部帮助的情况下持续工作。其中，第一种类型的永动机被认为能够在没有能源的情况下产生能量。

图4被认为是第一种类型的永动机。轮子右边的重物比左边的重物离轮子更远。因此，总是产生顺时针旋转的力（力矩），这样轮子应该会永久地保持旋转。而上面的重物会砰的一下落在右边，更是增加了旋转的动力。

然而，实际操作这个设备时，它中途会出现平衡并停止运动。

不仅是这种类型的永动机，还有许多其他的永动机被设计出来，但都失败了。可以说，热力学定律是在这些失败的积累中诞生的。

[图4] 第一种类型的永动机

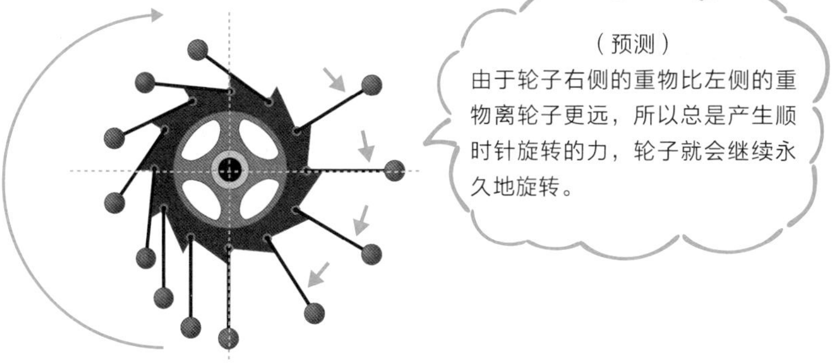

（预测）
由于轮子右侧的重物比左侧的重物离轮子更远，所以总是产生顺时针旋转的力，轮子就会继续永久地旋转。

热力学第二定律

热的传递是不可逆的，热力学第二定律是随着工业革命的发展而发展的。

发现契机！

——热力学第二定律是通过对各种热机进行不断研究的过程中发现和发展起来的。今天，让我们听听关于这一定律的两位领导人物，开尔文男爵（1824—1907）和克劳修斯先生（1822—1888）的访谈。

嗯，我是开尔文男爵。我的名字曾经是威廉·汤姆森，但我被封为爵士后改为开尔文男爵。很长时间以来，我一直在苦恼，为什么热只从高温的物体流向低温的物体。克劳修斯很快就解决了这个问题。

我是鲁道夫·克劳修斯。关于困扰开尔文男爵的难题，当时大家绞尽脑汁也找不到答案。所以我决定铤而走险，承认这是一个基本定律。

——这是一个许多领先的科学家思考过的问题，但最终却无法解决。因此，克劳修斯先生的“姑且接受自然界是以这种方式创造的”的想法成为主流。这种思维在物理学中很常见吗?

是这样的。我想“自然姑且就是这样的”，然后继续前进。如果我们接受热的这一特性作为基本原则，即“热力学第二定律”，就可以解决许多问题并获得新的知识。虽然是我自认为的，但这是划时代的突破。

原理解读！

- 热从高温物体传递到低温的物体，反之则不会自然发生。自然现象是不可逆的。
- 从热源获取热能并将其全部转化为功是不可能的。
- 熵的增加。熵是表示现象不可逆的标志，也是作为体系混乱度的量度。

不可逆的变化

向咖啡中倒入牛奶，牛奶扩散后就不能恢复原样。

热力学第二定律可以用各种方式表示，如热传递和熵的增加。

热是可以自然地从高温物体移向低温物体的，反之是行不通的

把热水倒入杯子中，热水会慢慢变凉，最后变成与周围空气相同的温度。也就是说，热量已经从杯中的热水（高温部分）传递到周围的空气（低温部分）。

然而，相反的情况不可能自然发生，例如再将一杯比之前更冷的水放在那儿，然后收集分散在周围的热量并再次变为热水。这是不可能自然发生的现象，这种不能恢复到原始状态的变化被称为“不可逆变化”。

如果没有外部作用，热总是从高温部分流向低温部分，而不会反过来。仔细想一想，这真是个神奇的特性。这是因为在其他物理现象中，只要没有热的流出，就有可能出现相反的变化。例如，一个钟摆没有失去能量，它就会重复同样的动作。

开尔文男爵也想知道为什么热是单向的，但无法找到答案（顺便说一下，至今也没有人能解释）。因此，克劳修斯接受了这一事实，并将其作为物理学的基本定律之一。

从热的源头获取热，然后把所有的热转化为功是不可能的

工业革命发生在18世纪中叶至19世纪。当时，为了满足让热机用尽可能少的燃料做尽可能多的功的愿望，人们积极开展了对发动机热效率（该数值表明给予发动机的热有多少比例可以转化为功）的研究。

然而，经验表明，要达到100%的热效率是不可能的（据说运行汽车的汽油发动机的热效率为20%～30%）。换句话说，热机不能将它在高温下吸收到的所有热转化为功，必须始终丢弃部分热到低温部分。可以理解为需要两个或更多具有温差的热源，如图1所示。

因此，从刚才提到的**热源中提取热量，并不能将其全部转化为功**。

[图1] 热机需要两个或更多具有温差的热源

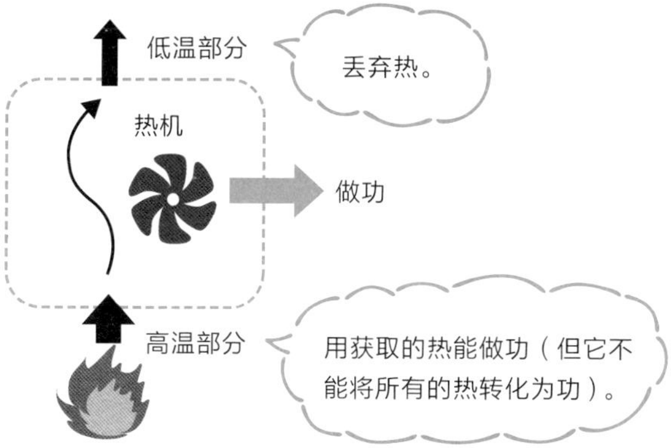

熵的增加

熵是作为体系混乱度的量度，是热力学的一个物理量。

当温度为T，吸收的热量为Q时，熵S的增加ΔS，可以用以下公式表示。在热力学中，使用绝对温度T，其中0K约为−273℃。

$$\Delta S = \frac{Q}{T}$$

现在假设有两个热源，温度较高的热源的绝对温度为$T_{高}$，温度较低的热源的绝对温度为$T_{低}$。Q的热量是从高温部分转移到低温部分的热，如图2所示。

[图2] 熵是如何变化的

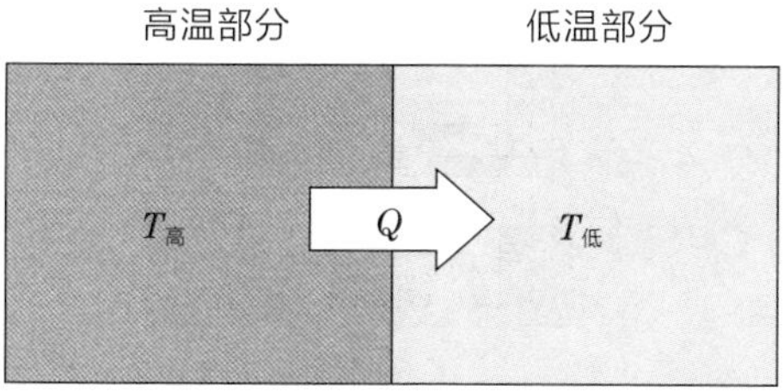

如果加上熵的变化，将永远是正数。

$$-\frac{Q}{T_{高}} + \frac{Q}{T_{低}} > 0$$

↓

熵增加了

因此，热量Q除以绝对温度T，就是$-\frac{Q}{T_{高}}$（是流出的，所以是$-Q$）和$\frac{Q}{T_{低}}$加在一起（但要考虑到Q非常小的情况），得到

$$-\frac{Q}{T_{高}}+\frac{Q}{T_{低}}$$

根据热力学第二定律，热总是从高温部分流向低温部分，而不能逆流。因此，与$T_{高}$有关的热量Q总是负的。当然，$T_{高}>T_{低}$，所以以上式子的值总是正的。

换句话说，**具有热现象的自然界总是朝着增加熵的方向发展**，这就是“熵增定律”。

自然现象是不可逆的，如果把宇宙作为一个整体来考虑，得出结论应该是，总熵会随着时间的推移继续增加。

熵的增加意味着什么呢？随着熵的增加，意味着**能量变得更难使用**。

这也可以表述为熵表示混乱程度。

比如，一个井然有序的图书馆和一个杂乱无章的图书馆。两者都有相同数量的书（能量），但杂乱的图书馆（熵增加）更难使用，如图3所示。换句话说，能量的质量随着熵的增加而降低，使其更难使用。

[图3] 熵和杂乱程度

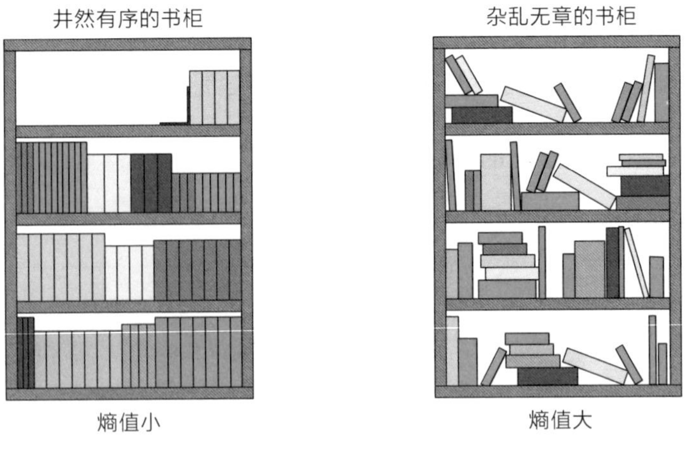

原理应用知多少！

能源消耗

经常听到“能源消耗”这个词。然而，根据热力学第一定律，能量永远不会消失，它只是转化为其他形式的能量。

驾驶汽车时，汽车通过将汽油的能量转化为内能和动能来运行。然而，当汽车停下来，所有的动能都转化为内能。换句话说，汽油中的所有能量最终都转化为内能。

这种内能比其他形式的能源更难再利用（机械能、化学能和电能更容易使用），这是因为大部分的内能会扩散（增加熵）。

考虑到全球环境和资源的枯竭，思考如何减少内能的浪费并尽可能地重复利用将是非常重要的。

第二种类型的永动机和汤姆森原理

第二种类型的永久发动机是将单一热源的所有热转化为功的发动机。例如，如果能够在没有低温热源的情况下从地球大气层中提取热并使其发挥作用，这样既可以缓解全球变暖也可以节约能源，岂不是一举两得？而且，这种发动机并不违反热力学第一定律。

然而，开尔文男爵在他提倡的汤姆森原理中指出：“只从单一热源获取热，并将其全部转化为功，而不留下其他变化能源，是不可能的。”换句话说，根据热力学第二定律，上文所述的第二种类型永动机是不可能存在的。

偶尔也有一些专利申请，声称发明了永动机。然而，在现代，任何违反热力学定律的东西都会被否定，因为那是不可能存在的。

热量是如何产生的？

瓦尔特·能斯特

热力学第三定律

实现绝对零度是不可能的，热力学第三定律用于探索人类操作冷却系统的可能性和极限。

发现契机！

——温度是否有“下限”？1905年，瓦尔特·能斯特（1864—1941）先生就这个问题发表了“能斯特定理”，现在被称为“热力学第三定律”。

温度是有下限的。它被称为“绝对零度”，摄氏温度为-273.15℃。如果这个下限是零，那说的便是开尔文的绝对温度。

——我无法想象这么低的温度，您能做出来吗？

正如热力学第二定律所说，如果不去管它，物体是不会降温的。一般来说，要冷却一个物体，必须让它与温度较低的东西接触，并转移其内能。然而，没有什么比绝对零度更低的温度，所以操作会在某处失败。

——如果温度因气体等分子群的绝热膨胀而降低呢？

这倒是真的。但这是永远持续下去的操作，因为这与压缩和排热的过程相结合，同时保持温度恒定。它不可能由有限的操作过程来达成。温度有下限，但这是无法实现的。

——我明白了，这是热力学第三定律的表达，即“绝对零度不能被创造”，同时表明了绝对零度的含义。然而，今天可以通过实验获得的最低绝对温度为0.000 000 000 1K，这是在金属铑中获得的，并在1993年创造纪录。

原理解读！

- 温度是有下限的，被称为“绝对零度”。
- 热力学第三定律表示熵在绝对零度时为零。
- 在热力学第二定律中，只介绍了熵的变化量，而热力学第三定律确定了熵的绝对值。
- 热的本质是原子和分子的无规则运动，当物体的温度高时，无规则运动会变得更加强烈，熵也会增加。
- 熵随着物体温度的降低而减少。当它接近绝对零度时，熵接近零。
- 如果熵为零，可以说它只固定在单一状态。

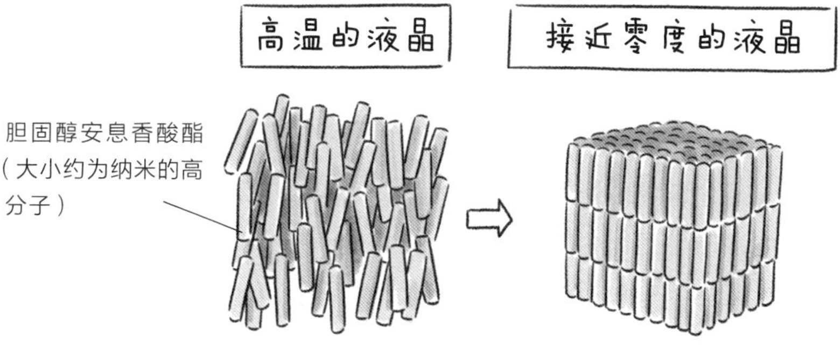

各个小棒在对准其长边聚齐时是稳定的。在高温下，位置和方向变得杂乱无序，“配置的可能性”是压倒性的大（熵大）。如果冷却下来，带走能量，它就会变得更加“有序”，熵就会接近零。

在“绝对零度”时，没有原子和分子的热运动，它们处于单一状态，即熵为零。

熵和物质状态

热的本质是原子和分子的无规则运动。一个物体的温度越高，这种无规则热运动就越剧烈。玻尔兹曼（1844—1906）认为，这种系统中的“混乱的可能性”就是熵。

当温度接近绝对零度本身的状态时，可以说是处于完全静止状态。热力学第三定律表示，在绝对零度时，所有的原子和分子都会整齐地排列着，并停止热运动，没有任何混乱的状态。没有“混乱的可能性”，只有一种配置方式，这一点可以定义为“温度的下限”，被称为“绝对零度”的状态。

绝对零度就是0K，温度区间与摄氏温度相同，称为开尔文温度，用K表示。零摄氏度（0℃）是273.15K。

利用这样的“温度原点”，一组原子或分子在某一温度状态下（正绝对温度）所拥有的熵的绝对值可以通过测量热量来确定。

正如热力学第二定律所介绍，熵的变化量ΔS和参与的热量（变化量）ΔQ之间的关系为：

$$\Delta S = \frac{\Delta Q}{T}$$

接下来举一个具体的例子，图1显示了从0K到500K的苯的熵图。熵被假定为零，尽管0K是不可能存在的。

随着温度从左下方的零点开始上升，状态从固态变为液态，又从液态变为气态。

通过观察固态变为液态时的变化图和液态变为气态时的变化图，可以看出，尽管有热量流入和流出，但温度保持不变，这被称为临界点。这时吸收和释放的热量被称为潜热，它们被称为“熔解热”和“汽化热”。

这种现象可以被描述为在恒温情况下熵的快速变化。

因此，熵随温度变化的图表包含非常有用的信息。

［图1］苯的熵

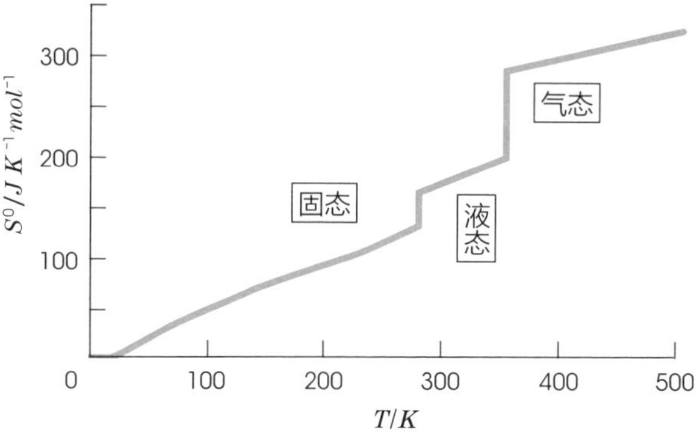

在这个苯的熵随温度增加的图表中，横轴是绝对温度（开尔文），纵轴是熵的绝对值（每摩尔）。

量子力学效应

即使在固体的结晶状态下，在达到绝对零度之前，也会出现一种叫作零点振动的量子力学效应。在这种效应中，即使在绝对零度，原子也会振动而不会静止。

热力学第三定律指出，不可能达到绝对零度，但是随着不断接近，液体氦的超流动等热运动消失，新的量子效应的世界就会打开，如图2所示。

［图2］液态氦的超流性

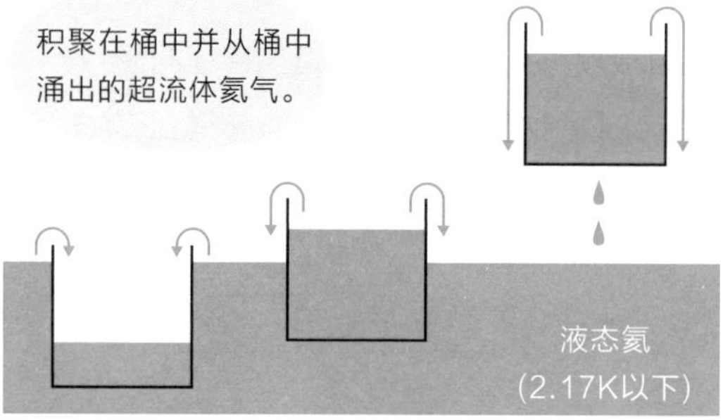

液态氦以薄膜形式进入容器，并通过墙壁返回到容器外部。

趣闻轶事

对极低温的挑战

曾经有一些气体被称为“永久气体”，这些是用以前的冷却技术无法液化的气体。人们认为，无论温度多低或压强多高，气体都不会变成液体。事实上，曾经有一段时间，甚至连我们周围空气的主要成分氮气和氧气都被认为是永久气体。

在19世纪末，氮气和氧气利用绝热膨胀的原理（气体压强的降低导致其温度的降低）被液化，而氢气和氦气仍然被认为是永久气体。在1896年（有人说是1895年），杜瓦（1842—1923）利用杜瓦瓶和绝热膨胀液化了氢气，杜瓦因其热绝缘的杜瓦瓶（一种用于储存液氮的保温瓶）而闻名。

许多科学家曾试图将剩余的氦气液化。荷兰莱顿大学的昂内斯在1908年成功地将其液化，当时，液体的温度约为4K。

此外，还开发了一种绝热去磁制冷方法。通过使用电子已经获得了大约0.001K的磁矩，而通过使用原子核获得了大约0.000 001K。

最近，出现了一种替代绝热过程的方法，称为“激光冷却”，即用光子轰击原子，直接剥夺它们的动量，增加存在的慢原子的比例。在用这种方法制成的钠原子群中，2003年得到了0.000 000 45K。

微观篇

时 间 和 空 间 是 如 何 形 成 的 ?

长冈半太郎

原子结构

原子是由体积极小的原子核和周围的电子组成的。

发现契机！

—— 在原子的结构中，人们首次观察到电子从物质中飞出，并发现原子含有带负电的电子。既然原子是电中性的，那么在某个地方肯定有带正电的粒子。因此，在19世纪末到20世纪初，英国的开尔文男爵（260页）和长冈半太郎先生（1865—1950）提出了原子模型。

开尔文男爵认为电子模型是“电子和平衡电子负电的正电散布在球形原子上”，我参考了土星模型，认为大量的电子围绕着一个正电球旋转，就像土星环那样。

当时，我成为东京大学理论物理系的教授，开始研究原子物理，并于1904年发表了一篇关于土星模型的论文。我还参考了因电磁学方程而闻名的麦克斯韦先生（第140、248页）的论文《为什么土星环会稳定地存在》。

—— 当谈到哪一个是正确的时候，卢瑟福先生（1871—1937）登场了。

卢瑟福发现了α射线是氦原子核，他做了一个实验，将α射线照射在金箔上。这个实验清楚地表明，原子中存在一个带有正电的原子核，证实了土星模型的正确性。

原理解读！

- 原子由电子和原子核组成。
- 原子的大小约为一亿分之一厘米。原子中心的原子核的大小约为原子的十万分之一。
- 原子核由带正电荷的质子和不带电荷的中子组成。质子和中子的质量大致相等。
- 原子核中的质子数由元素决定，这个数字称为该元素的原子序数。
- 围绕原子核的电子非常小，就质量而言，大约比质子和中子小1800倍。因此，原子的质量几乎可以被认为是原子核的质量。质子数和中子数之和被称为“质量数”。

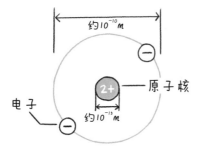

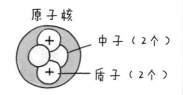

如果原子的大小是东京巨蛋，那么原子核的大小大约是一日元硬币。

氦原子的内部

约10^{-10}m

2+

原子核

电子

约10^{-15}m

原子核

中子（2个）

质子（2个）

原子序数=质子数（=电子数）

质量数=质子数+中子数

原子是由原子核（质子和中子）和电子组成的。原子中的质子数被称为原子序数，质子数和中子数之和被称为质量数。

卢瑟福的实验

卢瑟福发现，在真空中用镭发射的α射线（氦原子核）照射在一张非常薄的金箔上时，大多数α粒子直接穿过金箔，但只有少数粒子在其路径上以大角度反弹回来。

由此推测出："原子所包含的空间非常稀疏，有一个带正电的原子核在中心排斥带正电的α射线。与整个原子相比，原子核是非常小的。"，如图1所示。

基于这些想法，卢瑟福提出了一个原子模型，其中电子围绕原子中心带正电的原子核旋转，如图2所示。卢瑟福的原子模型的特点是原子核比长冈的小得多。

［图1］卢瑟福的实验

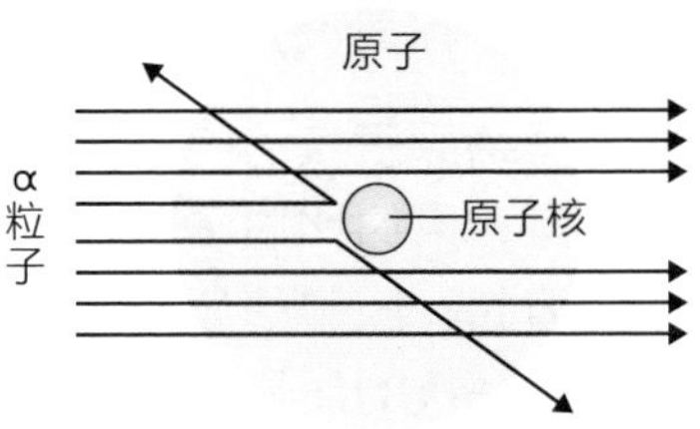

［图2］各种原子模型

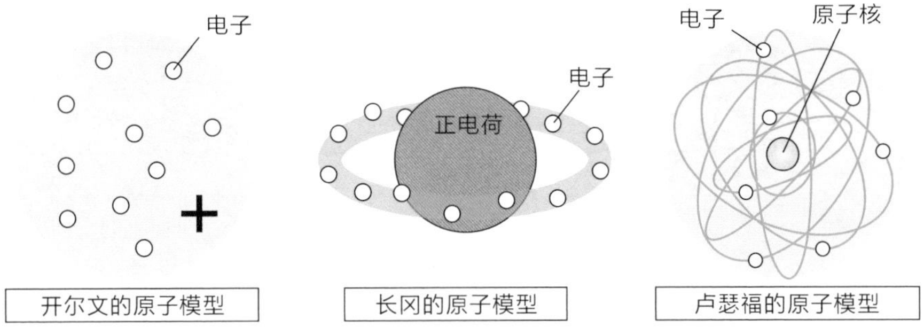

原子中的原子核非常小

如果把原子的大小看作是电子围绕原子核的运动范围，那么氢原子的直径约为1.06×10^{-10}m（一百亿分之一点零六厘米）。

氢的原子核由一个质子组成，其直径约为1.8×10^{-15}m。

它是如此之小，放大一万亿倍后，原子核的直径为1.8mm，原子的直径为106m。如果想用铅笔在笔记本上画一个氢原子，在中间画一个直径为1cm的原子核后，将无法在笔记本上画出原子的直径——需要拿着铅笔跑到53米外的地方画。

即使放大一万亿倍，电子也小得无法看到。原子的整体形象是电子在原子核周围非常稀疏的空间内运动。

正如本书中画的原子图一样，没有一个是以正确的放大比例画出来的。

电子层和电子构型

电子在原子核周围分几层运动，这些层被称为电子层，按照靠近原子核的顺序，分别被称为K层、L层、M层和N层……可以进入每个电子层的电子数是固定的。按照此顺序K层、L层、M层和N层……电子数分别为2、8、18和32……如图3所示。

每种元素的原子都有与其原子序数相同的电子数，这些电子依次进入内层电子层（有时在内层电子层尚未填满时进入外层电子层）。

电子在电子层中的排列方式被称为电子构型，含有电子的最外层电子层被称为最外层。最外层的电子在原子与原子之间的结合中起着重要作用。

[图3] 电子层的模型

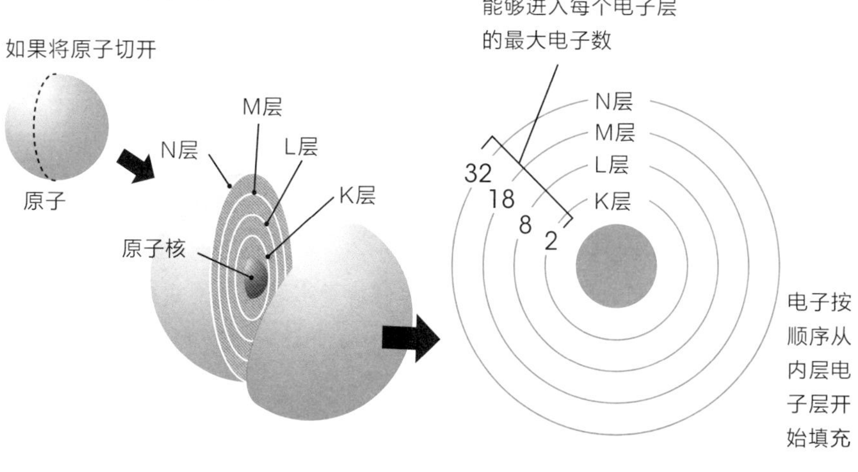

同位素

处于元素周期表同一方格的元素，即原子序数相同的元素，实际上可能包含几种不同原子核的元素。原子序数相同但原子核不同的元素，其原子核中的中子数目不同，这些就是同位素。

有两种类型的同位素：稳定同位素，不具有放射性；放射性同位素，由于其原子核的不稳定性，当其原子核衰变时，会发出某种辐射。

例如，有三种天然存在的铀（U）同位素，它们的质子数相同，但中子数不同。它们是放射性同位素，质子数都是92，但有的中子数是142，有的中子数是143，有的中子数是146。

这些被称为“不同的核素”。

为了区分这些元素，在元素符号的左上角加上质子数和中子数之和，如^{234}U、^{235}U和^{238}U，其分别表示为铀-234、铀-235和铀-238。

轻水和重水

氢有两种主要同位素：普通氢和氘。

有由普通氢和氧气组成的普通水（轻水），以及由氘和氧气组成的重水。我们喝的大部分水都是轻水，但也有少量的重水混在其中，一吨普通水大约含有160克重水。

轻水和重水同样都是无色透明的，折射率也相差不大，所以看上去没什么明显的区别。

但是轻水和重水的性质是有区别的。轻水的熔点和沸点分别为0℃和100℃，重水分别为3.82℃和101.42℃。轻水的最大密度在大约4℃时为$1g/cm^2$，重水在11.6℃时为$1.26g/cm^2$。然而，微量重水的存在不会影响正常水的特性。

趣闻轶事

原子新图像

量子力学的研究指出，原子中的电子与人们所熟悉物体的运动有很大的不同，不能作为单一平滑路径的轨迹来追踪。

正如光中存在着粒子和波的二重性一样，波的特性在电子等轻的粒子中特别明显。就像波在一点上是局部的、在空间上是扩散的一样，电子在整个原子上也是扩散的。

表现为波的电子无法准确确定它在某时所处的位置，因为不确定性原理，不可能同时准确确定一组相关的物理量，如位置和动量。

因此，与电子的存在概率相对应，有着浓淡的电子云在原子核周围扩散，将其描绘成缠绕在一起的图像。电子层的形象与电子云中存在概率高的位置相对应，电子层的形象也有反映实际情况的一面。图4为氢原子的外观。

[图4] 氢原子的外观

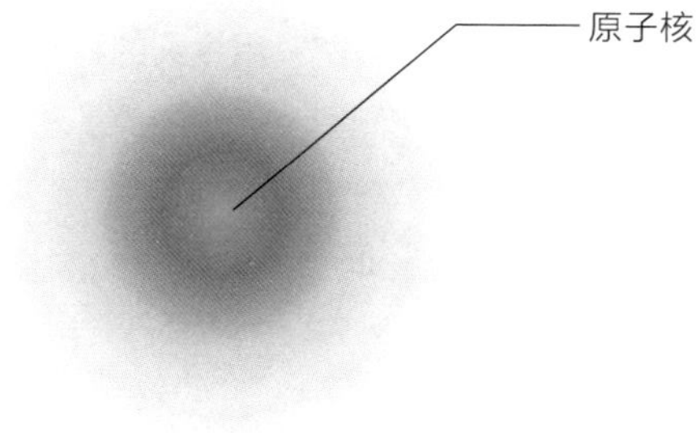

蓝色部分用浓度表示电子存在的概率，但大部分是空的空间。

原子和分子

我们周围的常见物质是由原子和分子组成的。

发现契机！

——据我所知，是古希腊哲学家德谟克利特先生（约公元前470—前380年）首次提出了“原子”（ATOM）一词的含义。

万物的源头是由无数的粒子组成的，而每一粒都是不可摧毁的。这些粒子中的每一个都被称为“原子”（ATOM），来自希腊语，意思是“牢不可破”。

——德谟克利特先生，您主张的是“原子论”，对吧?

实际上，我的原子论是：万物的本源是原子和虚空。我相信，为了让原子占据一个位置或四处移动，必须有空的空间让它们这样做。

——德谟克利特先生描述的“虚空”用今天的科学术语来说就是真空。

在一个只有原子的空旷空间里，无数的原子剧烈地、不间断地运动着，相互碰撞，形成旋涡。某个原子与其他几个原子粘在一起，形成一个单一的块状物，最终分解并返回到其最初的离散原子状态。这就是我心中的世界。

——如果改变原子的排列和组合，就可以制造不同种类的物质。万物都是由原子组合而成的。

所有的物质都被认为是由“火、气、水、土”组成的，但是我认为火、气、水、土也不例外，是由原子组成的。

原理解读!

- 地球上的所有物质都是由原子组成的。
- 原子不会简单地改变成另一种类型的原子，也不会消失或形成新的原子。
- 现在，一个元素代表一种原子类型，有118种元素（2020年）被整理成了元素周期表。
- 一般来说，一个分子是几个原子的组合。

例：**氢气**（H_2）、**水**（H_2O）、**甲烷**（CH_4）、**二氧化碳**（CO_2）

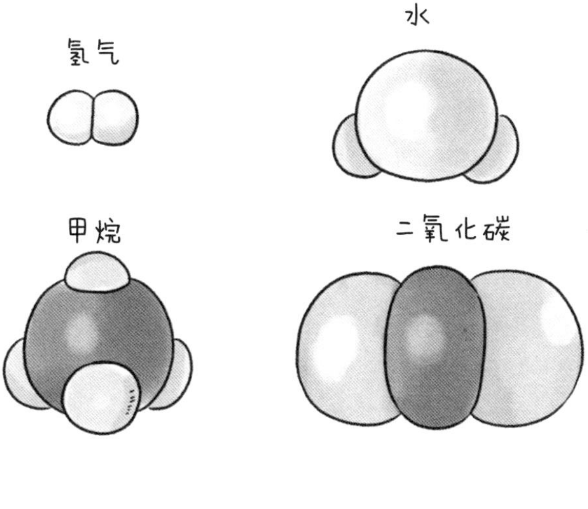

- 组成物质（离子物质、离子晶体）的离子有两类：带正电的阳离子和带负电的阴离子。

每种物质都是由原子组成的。此外，有些物质是由分子和离子组成的。

物质分为三类

物质可以分为三大类：金属、离子型物质（离子结合物质，典型的是氯化钠）以及分子型物质。图1（a）为金属和非金属元素表，图1（b）为国内常见物质分类方法。就固体（晶体）而言，它们对应于金属晶体、离子晶体和分子晶体。由于离子性物质总是化合物，所以它们被称为离子化合物。

构成金属、离子型物质和分子型物质的原子大致有以下几种。

金属：金属元素的原子。

离子型物质：金属元素的原子+非金属元素的原子。

分子型物质：非金属元素的原子。

再细分的话，除了上述三种类型的物质外，还有由大分子组成的共价晶体，它们是由许多非金属元素结合在一起组成的。然而，只有石墨、钻石、硅和二氧化硅等少数几种。

还有有机高分子化合物（也被简单称为聚合物或高分子），是由相对分子质量高于10 000的大分子组成的有机化合物，例如淀粉、纤维素、蛋白质、合成纤维和塑料等。

[图1] 金属和非金属元素（原子序数113～118省略）

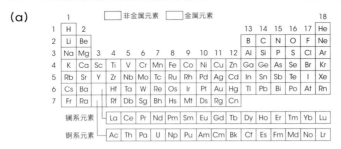

(a)

□非金属元素 □金属元素

	1	2	3	4	5	6	7	8	9	10	11	12	13	14	15	16	17	18
1	H																	He
2	Li	Be											B	C	N	O	F	Ne
3	Na	Mg											Al	Si	P	S	Cl	Ar
4	K	Ca	Sc	Ti	V	Cr	Mn	Fe	Co	Ni	Cu	Zn	Ga	Ge	As	Se	Br	Kr
5	Rb	Sr	Y	Zr	Nb	Mo	Tc	Ru	Rh	Pd	Ag	Cd	In	Sn	Sb	Te	I	Xe
6	Cs	Ba		Hf	Ta	W	Re	Os	Ir	Pt	Au	Hg	Tl	Pb	Bi	Po	At	Rn
7	Fr	Ra		Rf	Db	Sg	Bh	Hs	Mt	Ds	Rg	Cn						

镧系元素	La	Ce	Pr	Nd	Pm	Sm	Eu	Gd	Tb	Dy	Ho	Er	Tm	Yb	Lu
锕系元素	Ac	Th	Pa	U	Np	Pu	Am	Cm	Bk	Cf	Es	Fm	Md	No	Lr

(b)

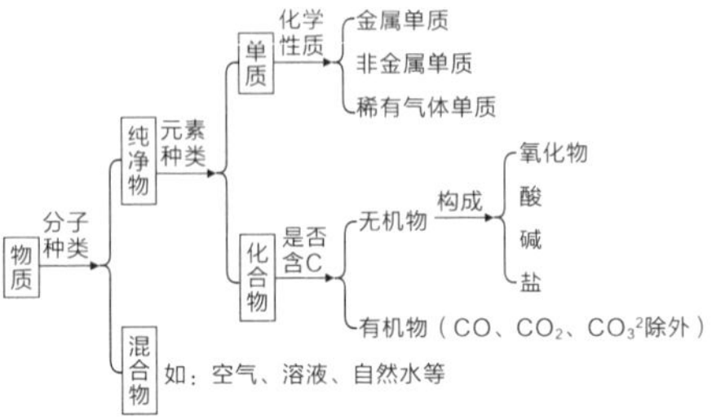

物质常见的三种状态（固态、液态和气态）

固体、液体和气体这三种状态是由于原子、分子、离子的组合方式不同而产生的。在这里，以由分子构成的物质为例进行介绍。

组成固体的分子围绕一个点振动，在固体中，分子彼此紧密结合，呈规则排布。

在液体状态下，分子之间相互吸引，就像在固体状态下一样。但与固体分子不同的是，固体分子不能移动位置，液体分子可以到处移动。一般来说，液体分子之间的结合比固体分子之间的结合更松散，而且有更多的空间让它们相互交换位置。

气体分子以每秒几百米的速度自由飞行，比喷气式飞机还快。以空气为例，它的分子数量在1cm^3中约为2.6875×10^{19}个，因此只要它飞过十万分之一厘米，就会与其他的分子发生碰撞。这就是为什么分子每秒碰撞约1亿次，并以“之”字形式飞来飞去。

分子间作用力

由于分子之间的吸引力，分子聚集形成液体和固体。分子之间的作用力被称为分子间作用力，分子间作用力包括氢键、基于极性的力和范德华力等。分子间作用力的强度按以下顺序排列：氢键>基于极性的力>范德华力。

范德华力在所有分子之间发挥作用，而且分子的质量越大，范德华力就越强。

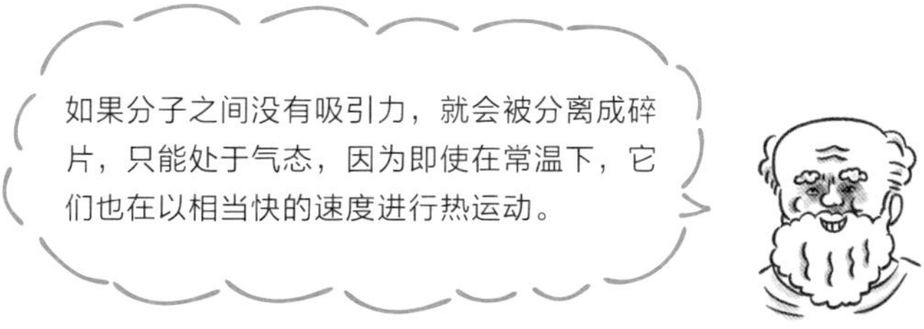

如果分子之间没有吸引力，就会被分离成碎片，只能处于气态，因为即使在常温下，它们也在以相当快的速度进行热运动。

物质的第四状态“等离子体”

内能作用于冰时，它在1个大气压下的熔点为0℃，成为液态水。即使水的沸点没有达到100℃，水分子也可以从冰或水的表面喷出，形成水蒸气。在100℃时，水蒸气的气泡也可以从液体内部冒出，引起沸腾现象。

当水蒸气被进一步加热时，它就变成了高温水蒸气。即使使用煤气灯加热，水蒸汽也能达到几百摄氏度，当它与纸张接触时，纸张会被烧焦。

在约3000K（约2727℃）时，水分子解离，每个水分子变成两个氢原子和一个氧原子。

在高于约10 000K（约9727℃）的温度时，构成原子的原子核和电子之间的键被打破，成为阳离子和电子分散的等离子体状态，如图2所示。

电离层、太阳风和星际气体等都是等离子体状态，等离子体状态在宇宙中很常见。在日常生活中，蜡烛或煤气炉的火焰含有少量等离子体。等离子体也在闪电和极光中产生。

[图2] 等离子体

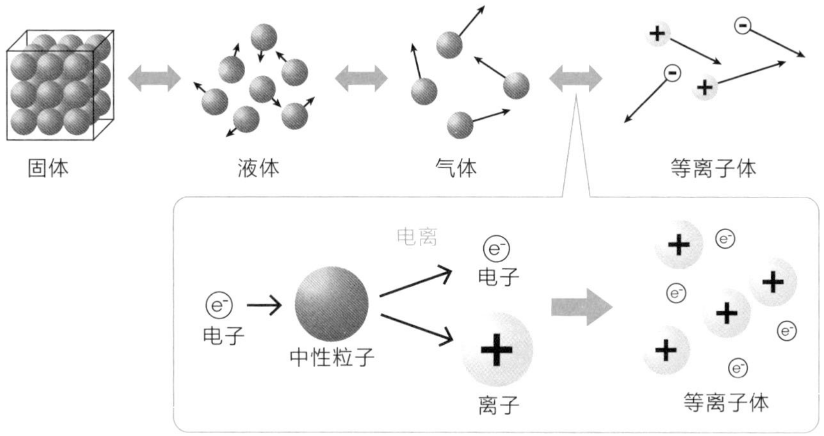

趣闻轶事

证明原子和分子存在的实验

当小到1μm（1/1000mm）的微小粒子漂浮在水等介质中时，它会抽搐并轻微地、不规则地移动（可以用200倍左右的显微镜来观察），这被称为布朗运动，如图3所示。

1828年，罗伯特·布朗将这一发现发表在其论文《论植物花粉中的微粒》中。当花粉浸泡在水中，花粉会吸收水分并破裂。他把花粉中的微小粒子放在显微镜下观察，发现所有的微小粒子都在到处来回移动。

1905年，爱因斯坦发表了《关于热的分子运动论所要求的静止液体中悬浮小粒子的运动》，并确立了布朗运动的理论。后来，法国的贝兰对布朗运动进行了精确的实验。

这结束了科学家们关于原子和分子是否真实存在的争论，原子和分子的存在开始被人们所相信，这是爱因斯坦最伟大的成就之一。

［图3］布朗发现的微小粒子的运动（布朗运动）

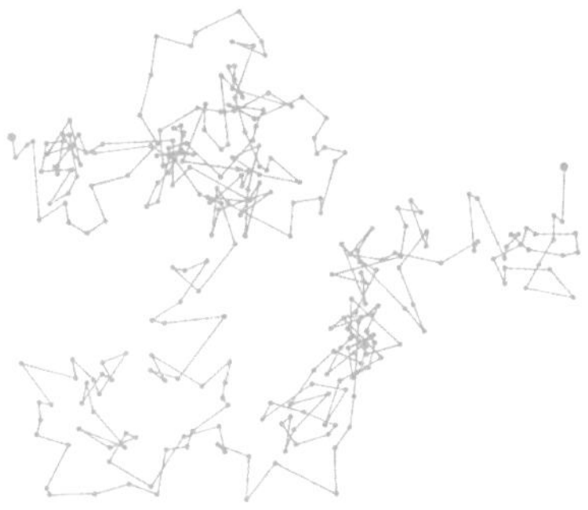

玛丽·居里

放射性与放射线

这是将科学技术的发展与危险相结合的重要原理。

发现契机！

——从19世纪末到20世纪初，德国的伦琴先生（1845—1923）发现了X射线（1895）。然后，法国的贝克勒尔先生（1852—1908）发现了铀的放射性（1896）。是什么促使玛丽·居里女士（1867—1934）研究放射性的呢？

女儿艾芙出生后，我的身体一恢复，就马上开始了研究。对我影响最大的是贝克勒尔的发现。因为是全新的问题，所以我被深深吸引了。

——准确地测量出放射性的强度是很困难的。当放射线使空气电离时，会有极弱的电流流经空气。于是，您想出了测量方法。

我是从含有铀的沥青矿物中，以放射性的强度为线索分离出来的。我确定这两部分含有比铀的放射性高几百倍的元素，我将这两种元素分别命名为钋和镭，并在1898年发表。

——您以您祖国波兰命名了钋这一元素，是吧？

是的。但是，那之后非常艰难。如果不把各个元素分离出来，得到光谱和原子量所需的量，就无法得到社会的认可。我们花了四年时间才从大约1吨沥青中分离出约0.1克的镭。

原理解读！

- 放射性是指放射线的特性或能力。
- 放射性原子的原子核发出放射线的同时，会自然转化为其他原子核。有三种代表性的放射线：阿尔法（α）射线、贝塔（β）射线和伽玛（γ）射线。
- 放射线具有电离作用（即弹出原子所拥有的电子），可以使原子变为离子。
- 电离作用的强度为：α射线>β射线>γ射线。

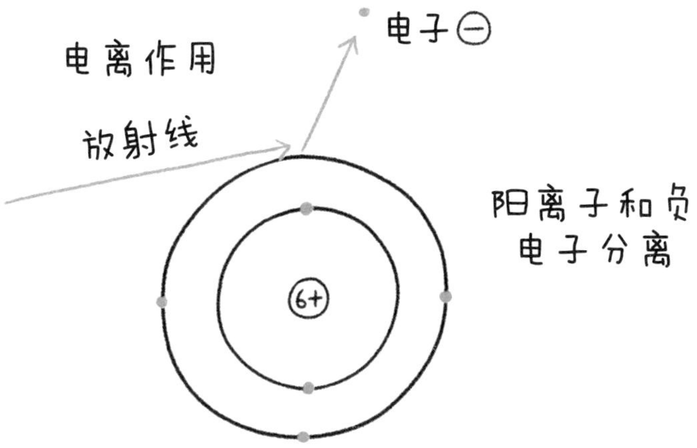

如果原子的电子（带负电荷）被辐射射出，它就变成了电子和带正电荷的阳离子。

放射线具有穿透力和电离作用。这些作用因放射线的类型和能量而异。

放射线主要特征

在α射线、β射线和γ射线中，α射线的穿透力最低，甚至一张纸就能阻挡它（在空气中几厘米）。β射线可以被一块几毫米厚的铝板阻挡（在空气中几米）。γ射线具有最强的穿透力，需要用铅板或厚厚的混凝土进行屏蔽，如图1所示。

α射线、β射线和γ射线的特征如下。

α射线：氦核的流动（由两个质子和两个中子强烈结合在一起的粒子）。

β射线：从原子核中喷出的电子流。

γ射线：类似于X射线的高能量电磁波。

其他类型的放射线包括X射线、中子辐射和质子辐射。它们可以将电子从构成物质的原子中敲出来（电离），使摄影胶片感光、使荧光材料发光或穿透物质。

［图1］放射线的穿透力

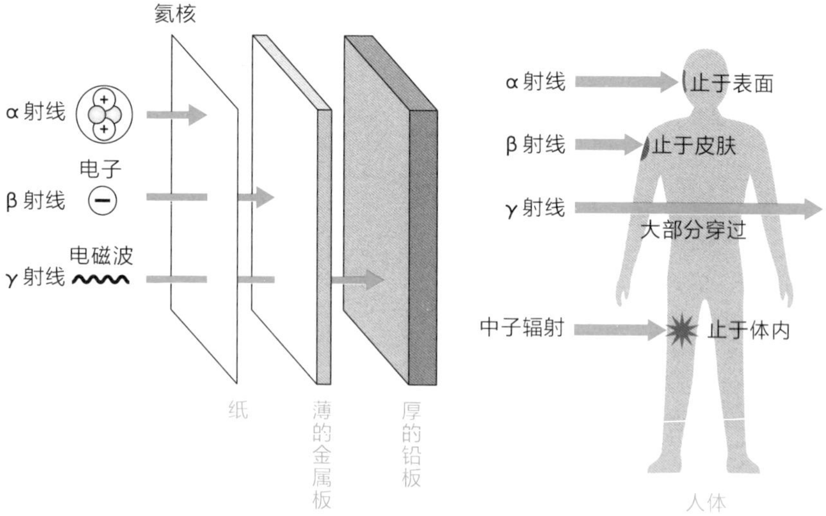

放射性、放射性物质和放射线

放射性、放射性物质和放射线这三个词非常相似，它们共同的“放射”可以理解为“从一个点向四面八方发射”和“物体向其周围发射光或粒子”。放射性的“性”是“性能”，放射性物质的“物质”是“东西”，而放射线的“线”是“飞出的粒子或电磁波”。

接下来，以燃烧的蜡烛为例子，解释这三个词。

假如蜡烛是一种放射性物质。蜡烛的火焰有大有小，每支蜡烛产生的光量和强度都不同。换句话说，每支蜡烛都有不同的性能，这就是所谓的放射性。蜡烛的火焰所发出的光被称为放射线，如图2所示。

[图2] 用蜡烛作比喻

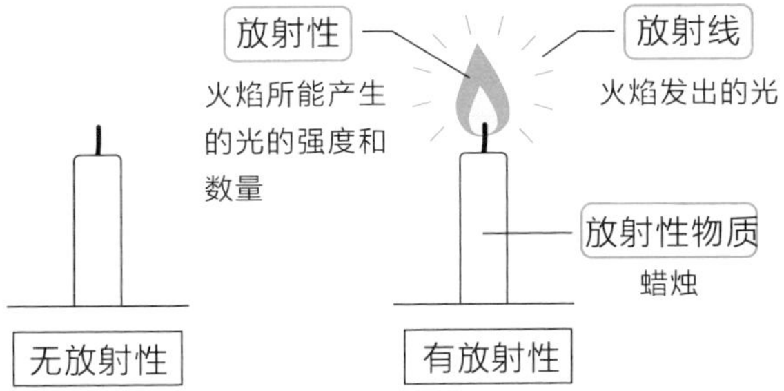

放射线的危害

放射性和放射线的单位如下。

贝克勒尔（Bq）：1 Bq是指每秒钟有多少个原子核发生衰变。

西弗特（Sv）：衡量人体受放射线影响的程度。放射线对生物体的影响取决于放射线的类型和能量，并通过将戈瑞乘以系数来计算。

戈瑞(Gy)：物质吸收放射线能量的剂量。1Gy表示每1kg物质吸收了1J的能量。暴露在放射线中的人，暴露后不久出现的病症称为急性射线病症，包括淋巴细胞减少、恶心、呕吐、皮肤红斑、脱发、闭经和不孕。在暴露约大于200mSv的情况下会出现急性病症，如图3所示。

像癌症一样，这种病毒很晚才能被发现，是一种慢性病。在某些情况下，如白血病，得病后2～5年才被发现，但大多数癌症在得病后约10年才开始被发现。而且，该病也是得病多年才能被发现，也可能是由其他因素如生活方式引起的，所以并不能明确病因。

[图3] 全身辐射的剂量和影响

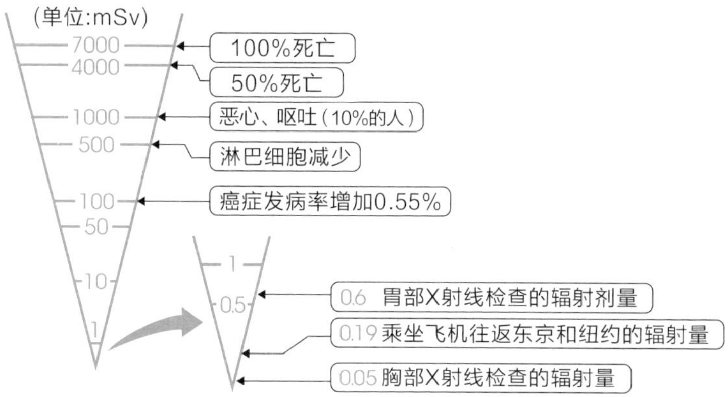

天然放射线

放射线总是在自然界中飞来飞去，这就是所谓的天然放射线。天然放射线的来源之一是宇宙射线，另一个是放射性原子，如铀、钍、镭、氡和钾-40，它们在地球上以自然状态存在。

食物中约有万分之一的钾是放射性钾-40，考虑到与排泄物的平衡，人类体内有4000～5000Bq的放射性物质。

在日本，每个人一年中平均从太空中受到约0.3mSv，从地球上受到约0.33mSv，从氡和其他来源受到约0.48mSv，从食物中受到约0.99mSv。

原理应用知多少！

放射线的用途

· 医疗（诊断和治疗）

放射线具有容易穿透物质的特性，因此使用X射线可以显示骨、胃等人体情况。

如果把身体放在X射线发射器和感光板之间，或放在X射线发射器和检测器之间，X射线将不会穿透密集的物体，如骨骼，所以这些区域不会被感光。另外，通过饮用安全且X射线难以透过的硫酸钡那样的物质，照射X射线，可以诊断胃和消化管的病灶。

放射线从体外局部照射，摧毁身体的病变部分，或通过使用放射性药物来治疗。

· 非破坏性检查

利用放射线容易穿透物质的特性，可以在不破坏物体的情况下检查其内部，例如登机时基于X射线检查行李。X射线和γ射线也被用来检测材料内部的缺陷和测量其厚度。

· 瓜实蝇的消灭

瓜实蝇在黄瓜、苦瓜和葫芦上产卵，其幼虫会吞食农作物。雌性虫蛹与已被γ射线绝育的雄性交配，所产的卵将不会存活。在西南群岛，通过释放大量的不育雄性与雌性交配来消灭了瓜实蝇。

· 追踪器

如果是放射性物质，可以用检测放射线的测量装置来追踪它。例如，在光合作用中将使用的碳原子换成放射性碳-14的二氧化碳，就可以通过跟踪碳原子来研究二氧化碳在光合作用中变成了什么样的物质。

汤川秀树

核反应

原子核的碰撞产生了能量，这是太阳能和核能发电的机制。

发现契机！

——1935年，28岁的汤川秀树先生（1907—1981）创建了“核力”理论，这是支配原子核内部的“强力”。

原子的原子核是原子的万分之一大小，包含了电中性的中子。正电荷和负电荷可以通过库仑力相互吸引，但我想不出是什么力量将核内的中子与中子结合起来。由于质子和质子之间都带正电，通过库仑力它们应该相互排斥，但它们却稳定地存在于原子核中，说明有一个比库仑力强得多的吸引力存在，这就是核力。

——质子和中子被称为“核子”，虽然有一些关于核力（作用于核子之间的力）的简单预测，但没有具体的理论来解释它是如何工作的。

所以我认为这种相互作用是某些粒子调解的结果。这是一种非常强大的力，但它只在很短的距离内发挥作用，大约是一个原子核的大小。鉴于此，我预测调解核力的粒子应该是电子质量的200倍左右，正好在核子和电子之间，这种新的“粒子”是“介子”。

——“具有中间质量的粒子”是一个大胆的预测。从那时起，这种相互作用是承载了“专用粒子的集合体”的观点，成为一个世纪以来指导粒子物理学的基本理论。

原理解读！

- 在原子核的反应中，核子（质子和中子）的数量在反应前后是不变的。
- 作用在核子之间的核力强大且距离短。
- 不稳定原子核的衰变会发出 α 射线、β 射线和 γ 射线。
- 在原子核中，中子被转化为质子，电子被发射出去，这被称为 β 衰变。
- 在重原子的核裂变反应中，当反应以链式继续进行时，会释放出巨大的能量。
- 当轻原子相互碰撞形成核聚变时，也会产生巨大的能量，这便是太阳能的起源。

人类首次对原子核进行人工转变

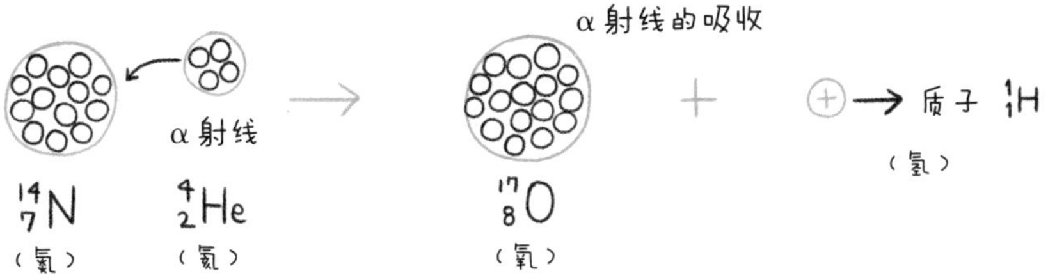

原子核的转变

1919年，卢瑟福成功地用 α 射线将氮转化为氧，其中 α 射线（氦核）被氮核吸收，并发射出质子。

在核反应中，核子的数量在反应前后没有变化。

汤川秀树的介子理论

原子核由带正电的质子和不带电的（电中性）中子组成。将核子（质子和中子）结合在一起的介子是汤川秀树在1934年预测的介子。直到介子被发现，汤川预测的介子才引起人们的注意。

1937年，美国的安德森在宇宙射线中发现了类似介子的粒子，1947年，鲍威尔证实了介子的存在。1948年，介子在加利福尼亚大学的回旋加速器（一种利用电磁铁将离子加速成螺旋形的装置）中被创造出来。

人们还发现有两种类型的介子：较重、寿命较短的类型与核力有关，而较轻、寿命较长的类型则与宇宙射线有关。因此，在1949年，汤川秀树因其在介子理论方面的工作而成为第一个获得诺贝尔物理学奖的日本人。

构成物质的粒子只有质子、中子和电子。然而，随着对中微子的需求、介子的发现以及其他“基本”粒子的发现，现在需要对许多类型的基本粒子进行梳理，理论也有了进一步进展。

核反应和化学反应

卢瑟福利用α射线将氮转化为氧表明：通过用不同的粒子轰击原子核，有可能创造出所需的原子核。甚至有可能从贱金属（大量生产的廉价金属）中创造出金核，也就是“现代炼金术”的可行性。

这种原子核发生转变的反应被称为核反应，但它与化学反应有什么不同呢?

化学反应不改变原子核，是原子核周围的电子与其他原子的电子相互作用。例如，在钠和氯形成氯化钠的反应中，钠原子给了氯原子电子，而氯原子获得钠原子的电子，形成化学键。虽然这种反应非常剧烈，但进出核反应的能量比它大一百万倍。

当进出核反应的能量如此之大时，基于爱因斯坦相对论的质量和能量的等价关系（方程式：$E=mc^2$），核反应前后的质量会变小。例如，长崎原子弹爆炸的能量约为9×10^{13}J（=21万亿cal），但如果用$E=mc^2$计算，m就是1g。换句话说，在长崎原子弹爆炸中，1g的质量从地球上消失了，而9×10^{13}J的能量击中了人们。此外，化学反应也会减少质量，但其数量可以忽略不计，为0.000 000 1%。

原子核捕获中子

作为中子撞击的一个重要例子，接下来将介绍一个实验，在实验中，中子撞击在像铀那样的重原子（核）上。之所以是中子而不是质子，是因为中子没有电荷，所以它们不会受到原子核中质子的排斥（库仑力）。

原子核捕获中子并将其带入内部，使其变得不稳定，这也是人工制造放射性元素的一种方法。在带有许多核子的原子核中，俘获中子可以引起裂变，如图1所示。

[图1] 中子撞击裂变实验的示意图

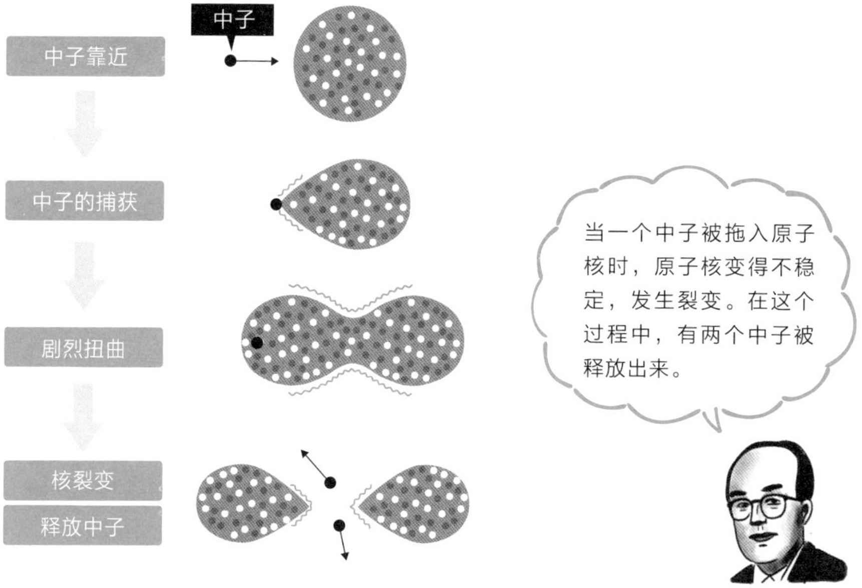
中子靠近
中子
中子的捕获
剧烈扭曲
核裂变
释放中子
当一个中子被拖入原子核时，原子核变得不稳定，发生裂变。在这个过程中，有两个中子被释放出来。

原理应用知多少！

裂变链式反应

在本节中，会触及核裂变的应用。如上文所述，在中子对铀核的裂变中，能释放出能量。尽管对于单个原子核来说，释放的能量很大，但对于大约1克的原子集合体来说，释放的能量却极小。

但是，如果一次裂变产生的两个中子进入别的原子核呢？这将引起进一步的裂变，中子再次被释放。接下来，如果变成链式反应，那就不得了了。裂变原子的数量将不断增加，而这时，将会有巨大的能量被释放出来。微观机制促进了宏观能量的释放，这就是核能（原子能）。铀-235的链式反应如图2所示。

裂变链式反应在人类历史上是糟糕的应用，它是广岛和长崎原子弹爆炸的原理。原子弹爆炸是一次性启动的裂变链式反应，而核能发电则是通过控制核裂变使其稳定地连续启动，并从中获得热能。

［图2］铀-235的链式反应

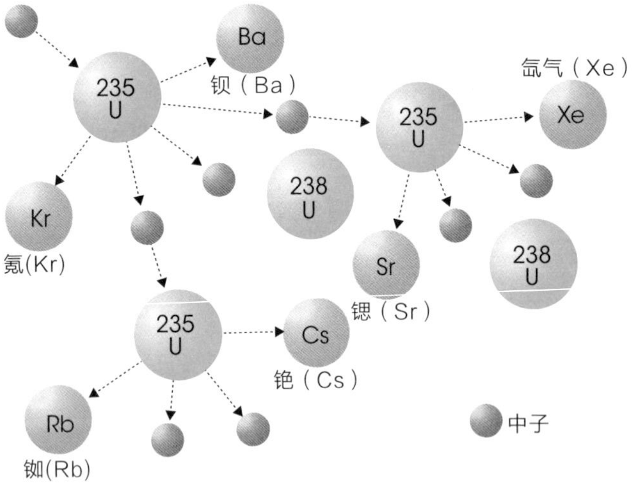

趣闻轶事

太阳的能量：核聚变

轻原子发生碰撞时，它们可能会融合形成新的原子。在这个过程中，大量的能量被释放出来。特别是最终导致氦的反应，由于结合能很高，会释放出巨大的能量。自然界的例子是太阳内部的核聚变反应。在那里，四个氢（应该被称为质子，因为它们处于等离子体状态，其电子已被剥离）经历了几个过程，产生一个氦核。

在这个时候，巨大的能量被释放出来，这是太阳的能量来源，如图3所示。太阳中的氢含量，据说还够太阳再维持100亿～1000亿年。可以说，太阳仍然很“年轻”。

[图3] 太阳内部的反应（几个过程的例子）

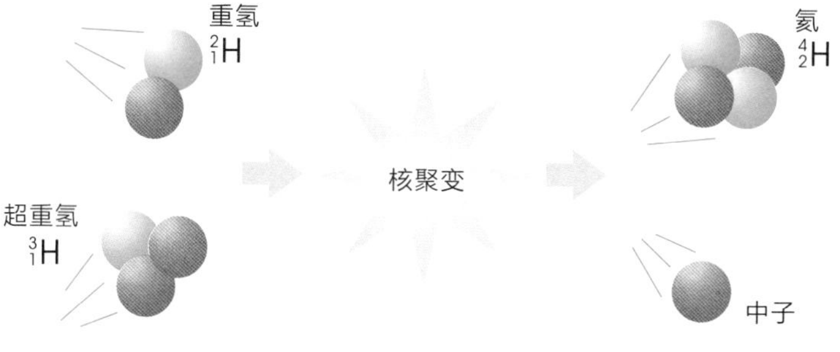

一个重氢和一个超重氢碰撞后形成一个氦和一个中子，释放的能量将是巨大的。

时间和空间是如何形成的？

默里·盖尔曼

基本粒子和夸克

对构成物质最小单位的研究，是物理学的终极追求。

发现契机！

——默里·盖尔曼先生（1929—2019），您就质子和中子提出了作为其内部结构的“夸克模型”。

原子的中心有一个原子核，其周围有电子。组成原子核的质子和中子，加上电子，就是“基本粒子”，这就是它的全部内容。这不是一幅美丽的图画吗？而加速器的进步导致了许多新粒子的发现。一位因发现新粒子而获得诺贝尔奖的科学家甚至开玩笑说：“如果有太多的粒子，新粒子发现者会被罚款的。”

——于是，您在1963年整理粒子群时创造了一个“超基本粒子”，并将其命名为“夸克”。

是的。但这是我为了能很好地解释数学模型而提出的建议。

——夸克是很难找到的。甚至有一种理论认为夸克从来不会自己出现。

然而夸克模型却与理论如此一致，以至于它被扩展并增加了各种属性：上（u）、下（d）、奇（s）、粲（c）、底（b）及顶（t）。

——此外，在此期间，夸克已经在实验中被发现。

夸克终于变成实实在在的东西了。

原理解读！

- 构成物质的最小单位被称为“基本粒子”。
- 构成物质的基本粒子可以分为夸克和轻子。
- 质子和中子等重子和介子，可以用夸克模型解释。

	第一代	第二代	第三代
夸克	~0.002 u 上（u）	1.27 c 粲（c）	172 t 顶（t）
夸克	~0.005 d 下（d）	0.101 s 奇（s）	~4.2 b 底（b）
轻子	≠0 V_e 电子中微子	≠0 V_μ μ子中微子	≠0 V_τ τ子中微子
轻子	0.000511 e 电子	0.106 μ μ子	1.78 τ τ子

※表中的数字为质量，质子的质量为1（中微子的质量还不太清楚）。

※各个夸克（u、d、c、s、t、b）也有被称为“颜色”（绿色green，红色red，蓝色blue）的属性（自由度）。

重子（重粒子）是由夸克组成的。还有一些更轻的粒子，比如电子，称为轻子。

创造原子核的力是夸克之间的强大作用力，比电强100倍。

探索ATOMOS（基本构成要素）

自古以来，人类就认为自然界是由少数的元素组成的。“原子”（ATOM）这个词来自希腊语ATOMOS，意思是“不能分割的东西”。然而，原子有其内部结构，这意味着它们可以被分割，所以原子并不是ATOMOS。

其次，有一种观点认为，原子核本身是ATOMOS，但很快就被发现是质子和中子的集合体。

有相当长的一段时间里，质子和中子是ATOMOS，但它被夸克改写了。如今，夸克和轻子（电子等轻的粒子）是ATOMOS。

这样一来，人类将物质一步步划分为其基本组成部分：分子、原子、原子核……从而推进了人们对物质的认识。在现代，“基本粒子”一词被广泛用于描述位于质子更下方（内部）的东西。图1为各种类型的ATOMOS和它们的尺寸。

［图1］各种类型的ATOMOS和它们的尺寸

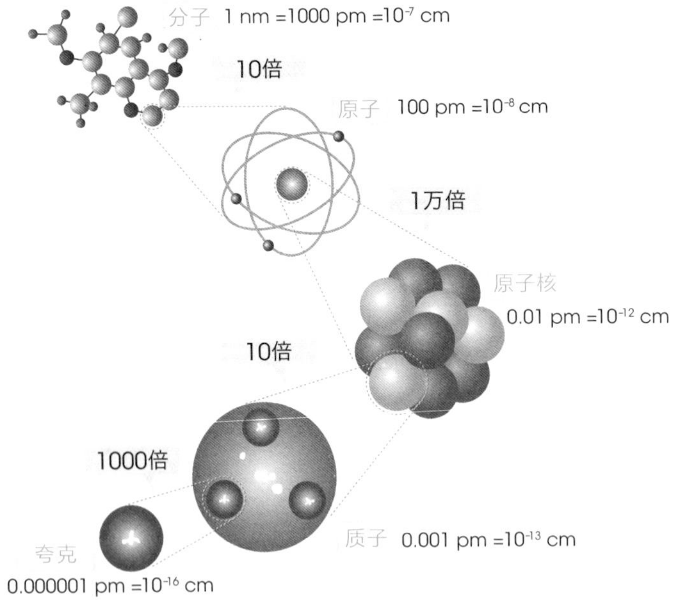

重子的夸克模型

强子大致上分为重子（质子和中子）和介子。重子是由三个夸克组成，介子是由两个夸克组成，如图2所示。

除了强子之外，还有叫作轻子的群体，电子和中微子都属于这个群体。轻子被视为基础的“基本粒子”。

组成质子和中子的上夸克和下夸克的质量都很小。如果说这是一个巨大的质量损失，就意味着质子和中子内部的结合能很大。该领域的“夸克举动”已经成为最前沿的研究主题。

［图2］中子和质子的组成

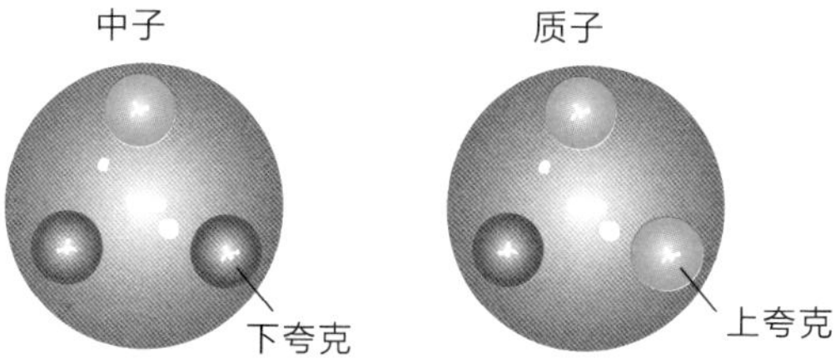

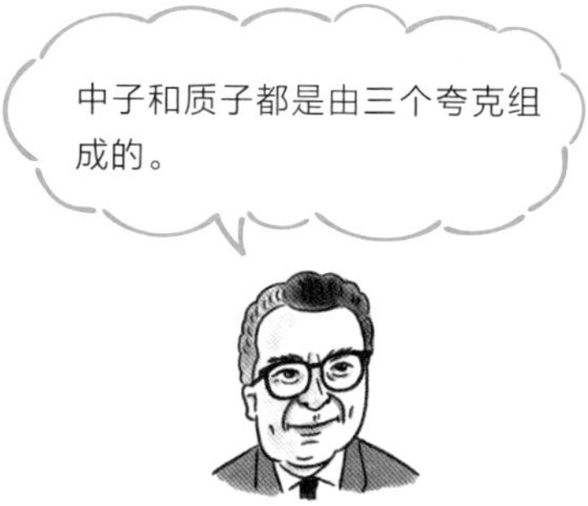

原理应用知多少！

对基本粒子的研究有什么用？

有一种观点认为，继续追逐ATOMOS的粒子研究是人类智力好奇心的壮举，但并没有直接的作用。

然而，通过对ATOMOS的追求所获得的知识，在那个时代创造了新的研究领域，扩大了应用领域，并更新人类对自然的认知，从而促使文明的创造。这种自然观不仅包括日常生活（例如工业），还包括宇宙的问题（例如如何看待物质世界）。

19世纪初，法拉第在贵族面前进行电磁感应实验时（第139页），一位贵族问他："用电和电池做的磁铁，东西有可能动一下，但这有什么用呢？"然而，从那时起，100年过去了，我们已经进入了电气时代。从20世纪开始，人类文明就离不开电了。

从能源的角度来看，只要通过极其简单的操作就可以获得巨大的能量。从马和牛到蒸汽再到电力的发展，改变了整个社会结构。这促使人们通过研究基本粒子发展核能。

这不仅仅是能源问题，也是信息操作问题。各个阶段对ATOMOS的理解，给了人们细致的信息操作方法。在现代，高速化的"信息革命"正在不断发生，信息数量增加了一个数量级，处理速度也增加了一个数量级。越来越需要具有微小元素的信息处理功能。

基本粒子研究的"实际意义"在于，它能够继续为回答这些问题提供理论基础。

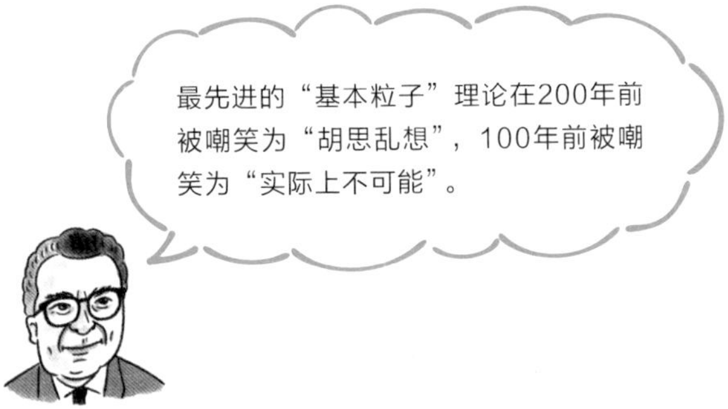

最先进的"基本粒子"理论在200年前被嘲笑为"胡思乱想"，100年前被嘲笑为"实际上不可能"。

趣闻轶事

利用中微子探索地球内部

在岐阜县飞弹市（原神冈町）的一座矿山中，有一个中微子探测器叫“超级神冈探测器”。它因捕捉到1987年一颗超新星爆炸产生的中微子而闻名，后来由该装置改装的反中微子探测器KamLAND在地球物理学领域取得了重大成就。

这是对来自地球内部的低能量中微子的高精度观测，人们能够确定由地球内部的放射性衰变而产生的总热量。

辐射应该是由地球内部的放射性物质衰变产生的，但它不能到达地球表面，因为它被内部的物质阻挡了。因此，无法讨论定量的问题，但与辐射一起发射的中微子不会受到内部物质的阻碍，所以它们可以在地球表面被精确勘测到。

结果发现，地球内部由放射性衰变产生的总热量约为200亿千瓦，相当于2万个100万千瓦的核电站。整个地球产生的热量为440亿千瓦，它占比约45%。换句话说，大约一半的地热来自放射性物质的衰变。

另一半的能量被认为是在地球形成时，大质量的物体被重力（万有引力）相互吸引并合并在一起时产生的。在地球物理学各领域的研究中，这些都在一定程度上被预期到了，但中微子的观测证明它们的存在，从而可以更精确地定量讨论。

时间和空间是如何形成的？

爱因斯坦

光速不变原理和狭义相对论

光速在任何场合都是一样的，因此产生了“相对论”。

发现契机！

——爱因斯坦先生（1879—1955）是专利局的一名小职员，在1905年提出了一个新的时空观。也就是说，宇宙中唯一绝对不变的东西是光速（光速不变原理）。

在此之前，人们含糊地认为“时间是均匀地从过去流向未来的，它在宇宙中任何地方的流动方式都没有区别”“它的长度、宽度和高度是绝对保持不变的”。我对这些关于时间和空间的简单想法表示否定。

——当时，物理学界认为：“光在真空中传播很奇怪，那里没有物质存在。宇宙中充满了一种叫作以太的物质，而光在其中穿行。”

但是，如果存在以太，光速应该根据它的行进方向而改变，除非光源和观察者都在随以太运动。然而，当我们实际测量各个方向的光速时，发现它们都是一样的。因此，我将集中精力解答“如果和光一起移动，光是什么样子的”这个问题。

——如果我们用和光速相同的速度一起跑，光应该出现停止。

是的。但是，我无法想象停止的光。于是，我就从“光的速度在任何情况下都不会改变”的假设出发，想象一下会变成什么样，就想出了“狭义相对论”。

原理解读！

光速不变原理

- 宇宙中唯一绝对不变的东西是光速。

狭义相对论

- 从不同人的角度看，空间可能缩小，时间可能推迟。

光的速度是300 000km/s，地球赤道的一圈大约是40 000km。所以光的传播速度如此之快，它可以在短短的一秒钟绕地球赤道七圈半。

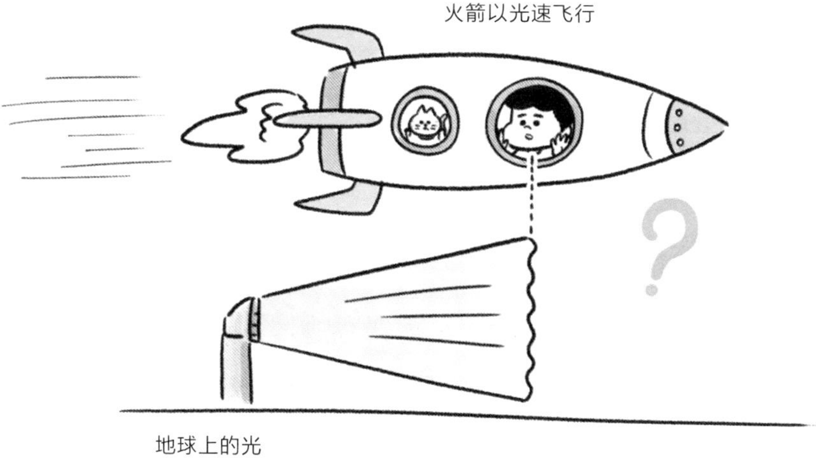

在以光速飞行的火箭上看地上的光，看起来是静止的吗？

为了使光速不变成立，否定了时间和空间的绝对性。

光速不变的原理是什么？

在一列火车上，看到另一列火车以同样的速度朝同一方向行驶时，那列火车似乎是静止的。同样地，如果以与光速相同的速度一起跑，光也应该出现停止。但是，这让年轻的爱因斯坦感到困惑，因为他无法想象静止的光。

当时，物理学家们详细研究了光线，发现无论是运动时看着光，还是光源在移动，光的速度都是相同的。换句话说，光源或看它的人，无论移动得多快，光速总是300 000km/s不变。

爱因斯坦很困惑，最终他得出了一个结论。他说："如果无论我怎么仔细研究，光速都不会改变，那么我就接受'无论观察者以何种速度运动，光速都不会改变'这样的事实。"这就是光速不变原理。直到现在，没有任何实验结果可以推翻这一结论。

在狭义相对论中，空间和时间都是收缩的

狭义相对论的出发点是两条基本假设：光速不变原理和狭义相对性原理（自然规律对每个人都是一样的，无论他们是静止还是移动）。

当一列静止的火车开始移动并达到一定速度时，火车上的人认为火车长度不变。然而，在地面上的人看到的是，火车的长度比火车静止时要短。

假设火车的速度是光速的一半（在现实中，这是不可能的，但在粒子加速器中颗粒很容易得到这个速度），在这种情况下，火车的长度会被减少到86%。如果火车有100m长，那么它就变成86m长。

那么火车上的人和物似乎更纤细，这不是一种幻觉，对地面上的人来说是事实。但是，这是缩短的火车这个空间（坐标系）全体的缩短，火车中的尺子也缩短了，所以火车内的人感受不到缩短。

关于时间，也发生了一些惊人的事情。同样的时钟被放在地面和火车上，并测量各自时间。火车行驶时，火车上的时钟比地面上的时钟走得慢

（更准确地说，是地面上的人能看到的情况）。如果火车以一半的光速行驶，在地上已经过了100s，但在列车内却只过了86s，如图1（a）所示。

地面和火车之间的这种关系只是彼此之间的相对速度问题。如果改变立场，从火车内看地面，地面上的人和物体似乎也变得纤细。而且，地面上的时间似乎也变慢了，如图1（b）所示。

事实上，无论是在地面还是在火车上，两个系统中的人，视野都是平等的。这并不意味着哪一方的人有多特别，而是他们都在以“自己的角度”看“对方的过去”。可以说，自然规律对每个人都是一样的。

［图1］双方都从自己的角度看待对方的过去

（a）地面上的人看火车　　**（b）火车上的人看地面上的人**

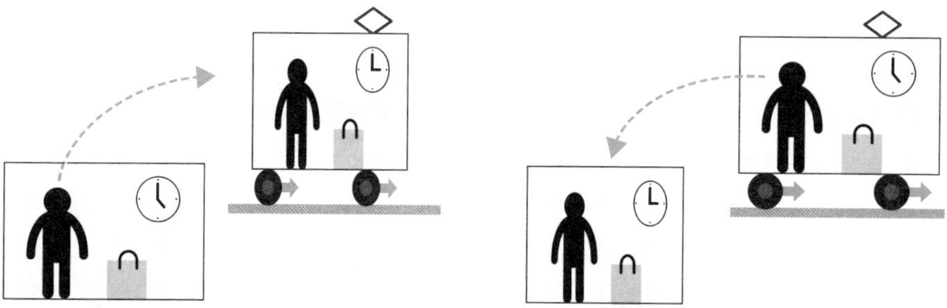

对地面上的人来说

空间：火车上的人和物体似乎变得更纤细。

时间：火车上的时钟似乎比地面上的时钟走得更慢。

对火车上的人来说

空间：地面上的人和物体似乎变得更纤细。

时间：地面上的时钟似乎比火车上的时钟走得更慢。

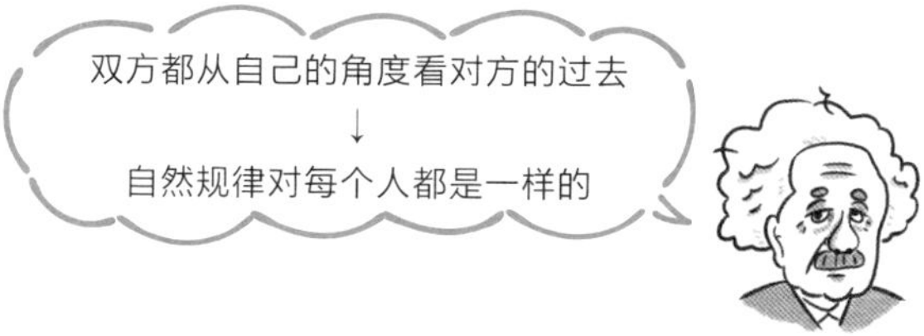
双方都从自己的角度看对方的过去
↓
自然规律对每个人都是一样的

质能等价理论（$E=mc^2$）

由于狭义相对论而变得清晰的一个重要概念是，质量和能量是等价的，而质量和能量的区别在于能量等于质量与光速的平方的乘积，即爱因斯坦的方程式$E=mc^2$。

在那之前，质量和能量是两种完全没有关系的东西，但现在它们被联系起来了。事实上，在能量释放的过程中，质量会有所下降，这被称为“质量损失”。

空间是一张蹦床网吗？

爱因斯坦的相对论包括这里介绍的狭义相对论和广义相对论。爱因斯坦没能通过狭义相对论解决引力问题，所以他与数学家合作，在10年内完成了广义相对论的研究。

从广义相对论来看，可以说时间在重物（具有强大引力的物体）周围流动缓慢。基本上，光是以直线方式传播的，但如果在其路径上有一个具有强大引力的地方，它就会有凹陷，如图2所示。把空间当成蹦床网，并想象一个地方变得弯曲的情况。光线会弯曲并沿着那个“凹陷地方”行进，这将需要额外的时间，从而导致速度变慢。

另外，如果质量的集中变得极端大，以至于这个领域的空洞变得很深，一旦有光进入就不能出来，这便是黑洞。

［图2］光沿着凹陷地方行进图示

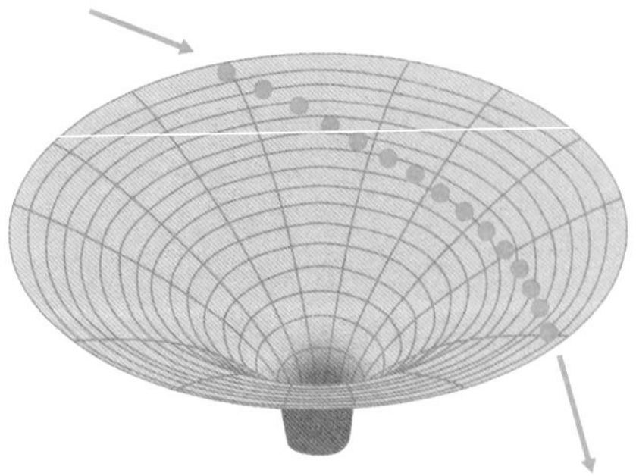

关于这个理论，2020年诺贝尔物理学奖被授予罗杰·彭罗斯，以表彰他在黑洞方面的研究。

原理应用知多少！

现代生活离不开的GPS

GPS（Global Positioning System，全球定位系统）是应用相对论的技术之一。GPS通过接收来自人造卫星的无线电波来确定当前位置，被用于智能手机和汽车导航系统，以获得准确的位置和信息，是现代生活中不可缺少的系统。

GPS卫星以约14 000km/h（约4km/s）的高速度运动，所以从地面看时间走得比较慢（狭义相对论）。另一方面，GPS卫星在地球上空约20 000km的高度飞行。由于地球引力的作用随着高度的增加而减弱，所以出现了与“重物周围时间变慢”相反的情况，即“离重物越远，时间越快”（广义相对论）。

在这两种现象中，广义相对论“时间加速”的影响更大，所以GPS卫星上的时钟会提前，这个误差为每天30微秒（0.000 03秒）。乍一看，似乎不是什么大问题，但这一误差可导致每小时高达400m的定位误差。

因此，GPS卫星的时钟搭载了自动修正这个误差的功能。如果将误差放置不管，GPS的位置信息就会偏离原来的精度（由卫星的位置控制等决定，在地面上有多少米的范围是详细知道的）使其不实用。

还有人提出，可以将超精确的时钟延伸到全球各地，用来建立一个基于广义相对论的新的“云传感”系统。因为它可以实时观测地下发生的重力波动，所以期待能够应用于地壳运动的调查、地下资源开发等方面。